ÉLECTROTECHNIQUE

Transformateurs et machines tournantes

Dominique Bareille
Professeur en BTS électrotechnique au lycée Saint-Cricq de Pau,
ancienne élève de l'École Normale Supérieure de Cachan,
agrégée de physique appliquée.

Jean-Pierre Daunis
Professeur en BTS électrotechnique au lycée Jean Dupuy de Tarbes,
ancien élève de l'École Normale Supérieure de Cachan,
agrégé de physique appliquée.

DUNOD

Illustration de couverture : *Digitalvision*

ISBN 2 10 007616 7

Table des matières

Avant-propos

Au cours des vingt dernières années, les progrès réalisés dans le domaine de l'électronique de puissance et de commande ont permis une utilisation plus rationnelle de l'énergie électrique. Les transformateurs sont de plus en plus fréquemment associés à des convertisseurs qui constituent des charges non linéaires. Le développement considérable de la vitesse variable met la machine tournante au cœur d'un système dont le variateur contrôle le comportement. Il est donc utile d'avoir une nouvelle approche de ces dispositifs.

Transformateurs et machines tournantes propose une étude des transformateurs monophasés et triphasés dans leurs applications traditionnelles de régime sinusoïdal basse fréquence, mais aussi pour des utilisations en haute fréquence (alimentations à découpage, commandes d'interrupteurs de puissance…).

La machine à courant continu reste la référence historique en matière de variation de vitesse : l'étude de son comportement permet de mieux appréhender les objectifs poursuivis par les systèmes comportant des machines alternatives.

Les dernières générations de variateurs permettant d'obtenir des performances équivalentes avec des machines alternatives, s'appuient sur des modèles mathématiques complexes, développés dans de nombreuses publications destinées aux spécialistes.

Les étudiants de premier cycle (BTS, IUT...) et les techniciens qui souhaitent actualiser leurs connaissances trouveront dans cet ouvrage des liens entre les présentations « classiques » des machines synchrone et asynchrone proposées au niveau du baccalauréat, et les approches mises en œuvre dans le cadre de l'autopilotage et de la commande vectorielle (transformée de Park) qui sont développées en annexe. Le niveau mathématique requis pour la lecture de l'ouvrage correspond à celui du premier cycle scientifique universitaire. De nombreux exercices corrigés permettent à l'étudiant de s'entraîner et de vérifier ses connaissances.

Les auteurs remercient vivement tous ceux qui ont accepté de relire les ébauches de ce travail et tout particulièrement Monsieur Georges Lafourcade.

Chapitre 1

Le transformateur monophasé

1.1 DESCRIPTION, PRINCIPE

Le transformateur monophasé dont le schéma de principe est dessiné figure 1.1 est un convertisseur « alternatif-alternatif » ; il permet de faire passer de l'énergie électrique d'un bobinage à un autre par couplage magnétique.

Il comporte :

– un circuit magnétique destiné à canaliser les lignes de champ magnétique ;
– deux circuits électriques indépendants : ce sont les deux enroulements qui sont bobinés autour du circuit magnétique.

Principe de fonctionnement : l'un des deux bobinages jouant le rôle de primaire du transformateur, est alimenté sous tension variable et donne naissance à un flux variable dans le circuit magnétique. À son tour, ce flux induit une f.é.m. dans le deuxième bobinage appelé secondaire du transformateur. Les deux bobinages étant électriquement indépendants, le transformateur réalise l'isolation galvanique entre les circuits primaire et secondaire.

Remarques :

– de par son principe, le transformateur ne peut pas fonctionner en régime de tension continue puisque les forces électromotrices dans les bobinages sont induites par les variations du flux.
– le transformateur est réversible : chaque bobinage peut jouer le rôle de primaire ou de secondaire.

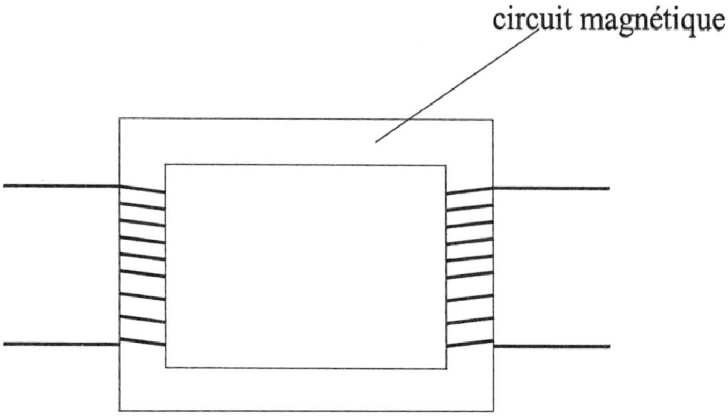

Figure 1.1 Schéma de principe du transformateur.

1.2 ÉQUATIONS DE FONCTIONNEMENT

L'écriture des équations traduisant le fonctionnement du transformateur ne peut se faire qu'après orientation des différentes grandeurs intervenant dans ces équations ; ces orientations sont indiquées figure 1.2.

1. Un sens positif arbitraire est choisi pour le flux ϕ_C à travers le circuit magnétique.
2. Les courants primaire et secondaire i_1 et i_2 sont orientés en concordance avec ce flux : un courant positif créerait, s'il était seul à le produire, un flux ϕ_C positif. La borne par laquelle le courant ainsi orienté rentre dans chaque bobinage est repérée par un point.
3. On termine par les tensions primaire et secondaire de façon à orienter, en général, le primaire en convention récepteur et le secondaire en convention générateur.

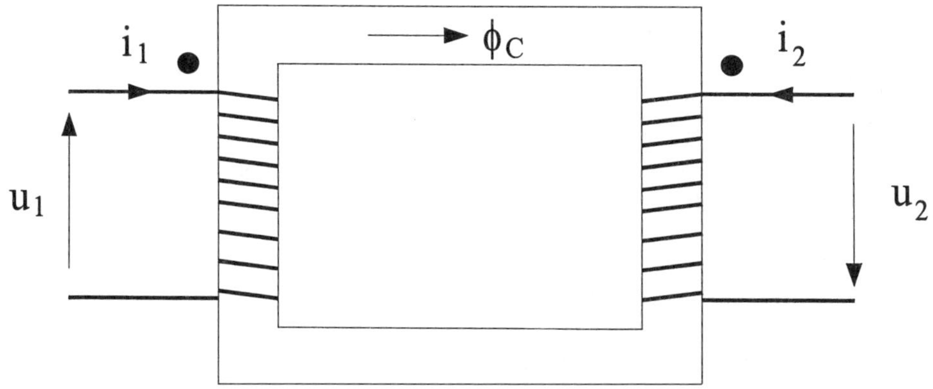

Figure 1.2 Orientation des différentes grandeurs.

En désignant par r_1, r_2, l_1, l_2 les résistances et inductances de fuites des bobinages primaire et secondaire, n_1 et n_2 leurs nombres de spires ; ϕ_C le flux commun à toutes les spires et $\Re$ la réluctance du circuit magnétique correspondant à ce flux, les équations de fonctionnement du transformateur s'écrivent :

$$u_1 = r_1 i_1 + l_1 \frac{\mathrm{d}i_1}{\mathrm{d}t} + n_1 \frac{\mathrm{d}\phi_C}{\mathrm{d}t}$$
$$u_2 = -r_2 i_2 - l_2 \frac{\mathrm{d}i_2}{\mathrm{d}t} - n_2 \frac{\mathrm{d}\phi_C}{\mathrm{d}t}$$
$$n_1 i_1 + n_2 i_2 = \Re \phi_C$$

À ces trois équations, nous pouvons en adjoindre une quatrième : $f(u_2,i_2) = 0$ traduisant le fonctionnement de la charge du transformateur.

Lorsque la tension d'alimentation u_1 du primaire est fixée, les quatre équations ci-dessus permettent théoriquement d'obtenir toutes les autres grandeurs.

En fait, nous nous heurtons au problème de la détermination de la réluctance $\Re$ qui dépend de l'état magnétique du transformateur. De plus les inductances l_1 et l_2 sont difficilement accessibles expérimentalement.

Pour contourner ces difficultés, nous allons tout d'abord définir un transformateur dit « parfait » d'étude très simple, puis nous introduirons successivement les différentes imperfections du transformateur réel.

1.3 LE TRANSFORMATEUR PARFAIT

Nous définissons le transformateur parfait comme un transformateur qui ne présente pas de pertes Joule ($r_1 = r_2 = 0$) et dont le circuit magnétique est parfait : pas de fuites magnétiques ($l_1 = l_2 = 0$) et réluctance nulle ($\Re = 0$).

Le circuit magnétique canalisant alors parfaitement les lignes de champ, il n'y a plus lieu de distinguer le flux de fuites et le flux commun à toutes les spires. Nous désignerons par ϕ le flux à travers une section droite du circuit magnétique.

Les équations de fonctionnement deviennent alors :

$$u_1 = n_1 \frac{\mathrm{d}\phi}{\mathrm{d}t}$$

$$u_2 = -n_2 \frac{\mathrm{d}\phi}{\mathrm{d}t}$$

$$n_1 i_1 + n_2 i_2 = 0$$

En désignant par $m = \dfrac{n_2}{n_1}$ le rapport de transformation du transformateur, ces équations se réduisent à :

$$u_1 = n_1 \frac{d\phi}{dt}$$

$$\frac{u_2}{u_1} = -m$$

$$\frac{i_2}{i_1} = -\frac{1}{m}$$

Le symbole du transformateur parfait est dessiné figure 1.3 et le diagramme de Fresnel associé à son fonctionnement figure 1.4.

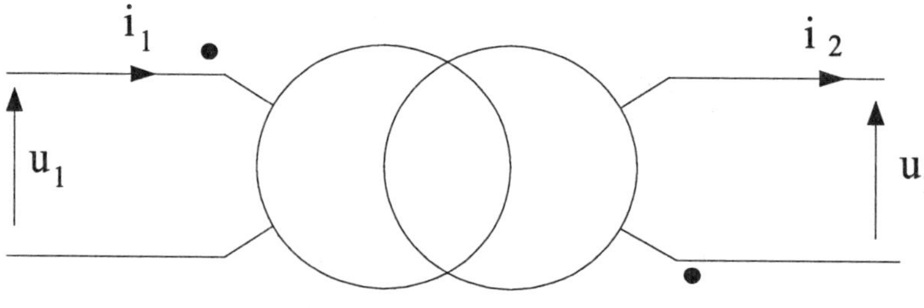

Figure 1.3 Le transformateur parfait.

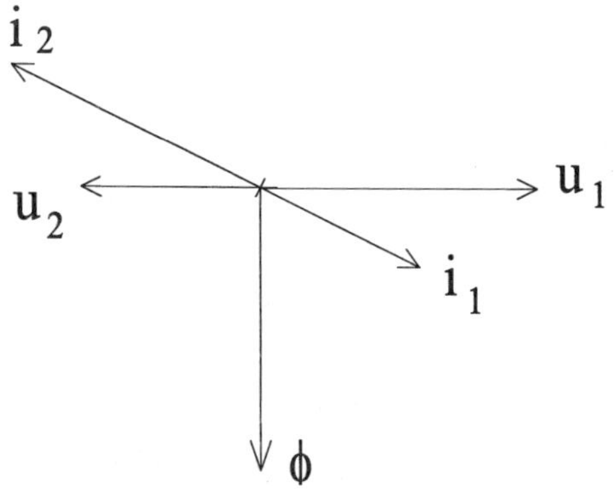

Figure 1.4 Transformateur parfait : diagramme de Fresnel.

Dans la représentation du transformateur parfait, les bobinages primaire et secondaire n'apparaissent plus et sont seulement symbolisés par deux bornes. Seul le repérage des bornes par un point permet de retrouver les orientations des différentes grandeurs : flux, courant et tension.

Deux bornes pointées sont dites bornes homologues. Les tensions se développant sur deux bobinages différents sont en phase si elles sont orientées de la même façon par rapport aux bornes homologues, en opposition de phase dans le cas contraire.

Les relations liant courants et tensions permettent d'écrire : $u_1 i_1 = u_2 i_2$; cette relation montre que la puissance absorbée par le primaire est à chaque instant égale à la puissance fournie par le secondaire du transformateur. Il en résulte plusieurs conséquences :

– le transformateur parfait a un rendement égal à 1 ;

– à vide, le courant appelé par le primaire du transformateur est nul ;

– aucune énergie n'est emmagasinée dans le circuit magnétique du transformateur.

Si une impédance $\underline{Z_2}$ est connectée au secondaire du transformateur, les valeurs efficaces complexes $\underline{U_2}$ et $\underline{I_2}$ de la tension et du courant secondaires sont liées par la relation : $\underline{U_2} = \underline{Z_2}\,\underline{I_2}$. Compte tenu du fait que $\underline{U_2} = -m\underline{U_1}$ et $\underline{I_2} = -\frac{1}{m}\underline{I_1}$, nous pouvons écrire : $\underline{U_1} = \frac{\underline{Z_2}}{m^2}\underline{I_1}$. Cette relation montre que, vu du primaire, l'association du transformateur et de sa charge est vue comme une impédance de valeur : $\underline{Z_1} = \frac{\underline{Z_2}}{m^2}$.

Le transformateur joue le rôle d'adaptateur d'impédance. Il est à noter toutefois que, si la valeur de cette impédance est changée par le transformateur, sa nature (résistive, inductive ou capacitive) n'est pas affectée puisque les impédances $\underline{Z_1}$ et $\underline{Z_2}$ ont même argument.

1.4 LE TRANSFORMATEUR RÉEL

Nous nous plaçons en régime de fonctionnement sinusoïdal : le primaire du transformateur est alimenté par une tension alternative sinusoïdale et le secondaire débite dans une charge linéaire.

Pour traduire le fonctionnement du transformateur, nous utiliserons indifféremment les valeurs instantanées des différentes grandeurs ou les valeurs efficaces complexes de ces différentes grandeurs.

1.4.1 Transformateur sans pertes Joule ni fuites magnétiques

Dans ce modèle, nous introduisons en partie les imperfections du circuit magnétique dont la réluctance $\mathfrak{R}$ n'est plus nulle, les pertes fer ne sont plus négligées. En revanche, les résistances et inductances de fuites sont toujours considérées comme nulles.

Seule l'équation « aux ampères-tours » est modifiée :

$$u_1 = n_1 \frac{\mathrm{d}\phi}{\mathrm{d}t}$$

$$u_2 = -n_2 \frac{\mathrm{d}\phi}{\mathrm{d}t}$$

$$n_1 i_1 + n_2 i_2 = \Re\phi$$

Si nous considérons le fonctionnement à vide du transformateur alimenté sous la tension u_1, les équations de fonctionnement deviennent, en tenant compte du fait que $i_2 = 0$ et en désignant par i'_{10} le courant primaire à vide :

$$u_1 = n_1 \frac{\mathrm{d}\phi}{\mathrm{d}t}$$

$$u_2 = -n_2 \frac{\mathrm{d}\phi}{\mathrm{d}t}$$

$$n_1 i'_{10} = \Re\phi$$

Le courant i'_{10} s'identifie au courant dans une bobine à noyau de fer alimentée par une tension alternative sinusoïdale : il est non sinusoïdal. Afin de pouvoir donner un schéma équivalent simple du transformateur, nous allons remplacer ce courant par un courant sinusoïdal équivalent i_{10} pour lequel nous nous fixons les contraintes suivantes :

– i_{10} et i'_{10} ont même valeur efficace ;

– i_{10} et i'_{10} donnent la même consommation de puissance active.

i_{10} entraîne une consommation de puissance réactive de la part du transformateur. Avec les orientations de la figure 1.2, i_{10} est donc en retard sur la tension u_1.

Expérimentalement, la valeur efficace I_{10} de i_{10} sera donc mesurée à l'aide d'un ampèremètre donnant la valeur efficace vraie d'un courant (ampèremètre RMS). Un wattmètre permettra de mesurer la puissance active P_{10} consommée par le transformateur à vide et d'en déduire le retard φ_{10} de i_{10} sur u_1 puisque

$$P_{10} = U_1 I_{10} \cos\varphi_{10}$$

Dans ces conditions, nous pourrons donc remplacer dans les équations de fonctionnement du transformateur, $\Re\phi$ par $n_1 i_{10}$ ce qui conduit à :

$$u_1 = n_1 \frac{\mathrm{d}\phi}{\mathrm{d}t}$$

$$u_2 = -n_2 \frac{\mathrm{d}\phi}{\mathrm{d}t}$$

$$n_1 i_1 + n_2 i_2 = n_1 i_{10}$$

En mettant la dernière équation sous la forme :

$$n_1(i_1 - i_{10}) + n_2 i_2 = 0$$

nous retrouvons les équations d'un transformateur parfait alimenté sous la tension u_1, délivrant la tension u_2 et traversé par les courants : $i_{1t} = i_1 - i_{10}$ au primaire et par i_2 au secondaire.

Le courant i_{10} quant à lui est le courant sinusoïdal équivalent au courant réel appelé par le transformateur à vide qui se comporte alors comme une bobine à noyau de fer dont le schéma équivalent peut être représenté par l'association en parallèle d'une résistance R et d'une inductance L alimentée sous la tension primaire u_1. Cette inductance porte le nom d'inductance magnétisante traversée par le courant magnétisant du transformateur.

Nous pouvons alors donner figure 1.5 le schéma équivalent du transformateur :

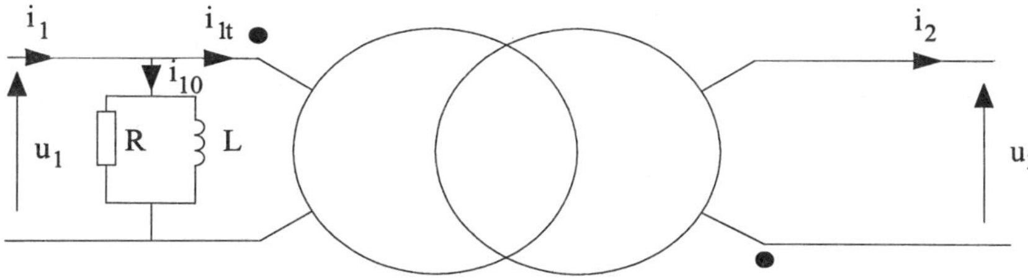

Figure 1.5 Schéma équivalent du transformateur sans pertes Joule ni fuites magnétiques.

Le diagramme de Fresnel traduisant le fonctionnement de ce transformateur est dessiné figure 1.6 :

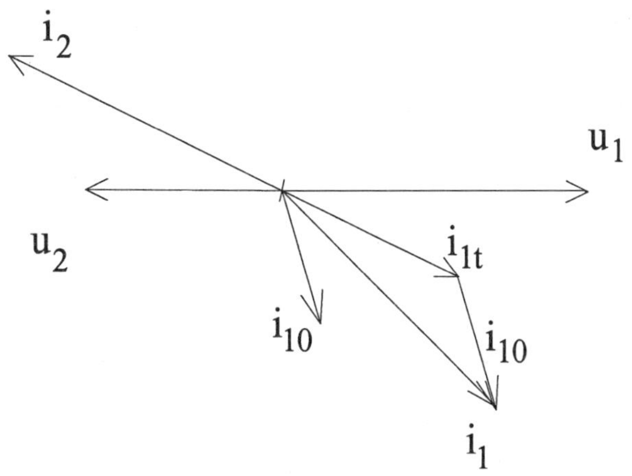

Figure 1.6 Diagramme de Fresnel du transformateur sans pertes Joule ni fuites magnétiques.

L'équation relative à la tension primaire écrite en valeurs efficaces complexes conduit à :

$$\underline{U_1} = jn_1\omega\underline{\Phi}$$

soit en module :

$$U_1 = n_1\omega\Phi = \frac{2\pi}{\sqrt{2}}n_1 f \Phi_M$$

f étant la fréquence de la tension d'alimentation et Φ_M la valeur maximale du flux à travers une section du circuit magnétique. Cette relation est plus connue sous le nom de relation de Boucherot :

$$U_1 = 4{,}44 n_1 f \Phi_M$$

Remarques :

– Le courant à vide dépendant d'une manière non linéaire de la tension d'alimentation, les valeurs de R et L dépendent aussi de cette tension.

– Ce courant représente le courant nécessaire pour magnétiser le circuit magnétique et compenser les pertes fer, il a pour valeur efficace quelques % du courant primaire nominal.

– Si les pertes fer sont suffisamment faibles pour être négligées, le courant à vide i_{10} traverse l'inductance magnétisante. Les équations de fonctionnement permettent d'écrire :

$$\phi = \frac{n_1 i_{10}}{\mathfrak{R}} \text{ et } u_1 = n_1 \frac{\mathrm{d}\phi}{\mathrm{d}t}$$

ce qui conduit à : $u_1 = \frac{n_1^2}{\mathfrak{R}}\frac{\mathrm{d}i_{10}}{\mathrm{d}t} = L\frac{\mathrm{d}i_{10}}{\mathrm{d}t}$ permettant d'exprimer l'inductance magnétisante en fonction du nombre de spires du bobinage primaire et de la réluctance du circuit magnétique : $L = \frac{n_1^2}{\mathfrak{R}}$.

1.4.2 Transformateur réel

Nous devons maintenant prendre en compte toutes les imperfections du transformateur en introduisant les résistances et inductances de fuites et donc en distinguant le flux commun ϕ_C à toutes les spires et les flux de fuites relatifs aux bobinages primaire et secondaire :

$$u_1 = r_1 i_1 + l_1 \frac{\mathrm{d}i_1}{\mathrm{d}t} + n_1 \frac{\mathrm{d}\phi_C}{\mathrm{d}t}$$

$$u_2 = -r_2 i_2 - l_2 \frac{\mathrm{d}i_2}{\mathrm{d}t} - n_2 \frac{\mathrm{d}\phi_C}{\mathrm{d}t}$$

$$n_1 i_1 + n_2 i_2 = \Re \phi_C = n_1 i_{10}$$

Nous pouvons transformer ces équations pour nous ramener au modèle défini dans le paragraphe précédent pour lequel les tensions primaire et secondaire sont respectivement u'_1 et u'_2 ; les courants i_1 et i_2.

$$u'_1 = u_1 - r_1 i_1 - l_1 \frac{\mathrm{d}i_1}{\mathrm{d}t} = n_1 \frac{\mathrm{d}\phi_C}{\mathrm{d}t}$$

$$u'_2 = u_2 + r_2 i_2 + l_2 \frac{\mathrm{d}i_2}{\mathrm{d}t} = n_2 \frac{\mathrm{d}\phi_C}{\mathrm{d}t}$$

$$n_1(i_1 - i_{10}) + n_2 i_2 = 0$$

Ces équations sont traduites par le schéma équivalent dessiné figure 1.7 en posant $i_{1t} = i_1 - i_{10}$; le transformateur parfait apparaissant dans ce schéma a pour rapport de transformation $m = \frac{n_2}{n_1}$.

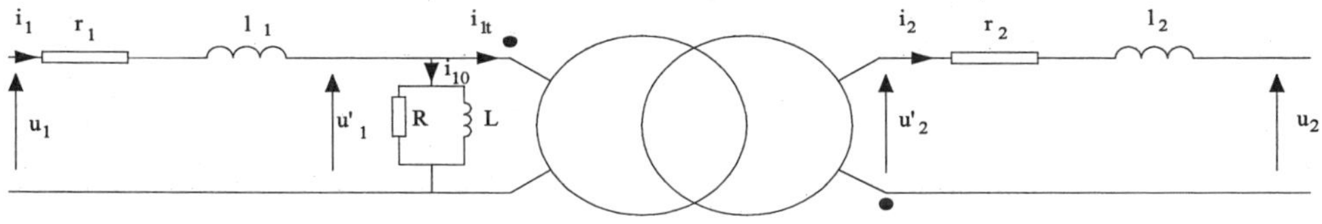

Figure 1.7 Le transformateur réel.

Les éléments de ce schéma étant peu accessibles expérimentalement, nous allons le modifier.

En considérant que la chute de tension dans r_1 et l_1 est faible devant les valeurs de u_1 et u'_1, nous pouvons déplacer l'association en parallèle de R et L pour la rame-

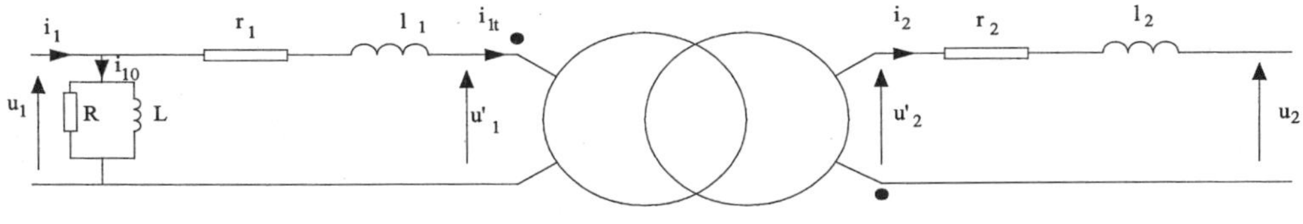

Figure 1.8 Le transformateur réel dans le cadre de l'hypothèse de Kapp.

ner « en tête » du schéma équivalent comme indiqué sur la figure 1.8. Cette approximation est connue sous le nom d'hypothèse de Kapp.

Cette modification nous permet d'écrire les équations suivantes en utilisant les notations complexes :

$$\underline{U_2} = \underline{U_2'} - r_2\underline{I_2} - jl_2\omega\underline{I_2}$$
$$\underline{U_2'} = -m\underline{U_1'}$$
$$\underline{U_1'} = \underline{U_1} - r_1\underline{I_{1t}} - jl_1\omega\underline{I_{1t}}$$
$$\underline{I_{1t}} = -m\underline{I_2}$$

Ce qui nous conduit à :

$$\underline{U_2} = -m\underline{U_1} - m^2r_1\underline{I_2} - jm^2l_1\omega\underline{I_2} - r_2\underline{I_2} - jl_2\omega\underline{I_2}$$

En regroupant les différents termes de cette équation et en posant $r_s = r_2 + m^2r_1$ et $l_s = l_2 + m^2l_1$ que l'on désigne respectivement par résistance totale et inductance de fuites totale ramenées du côté secondaire, nous obtenons :

$$\underline{U_2} = -m\underline{U_1} - r_s\underline{I_2} - jl_s\omega\underline{I_2}$$

Cette équation, jointe aux équations ci-dessous sont traduites par le schéma équivalent dessiné figure 1.9.

$$\underline{I_{1t}} = -m\underline{I_2}$$
$$\underline{I_{1t}} = \underline{I_1} - \underline{I_{10}}$$

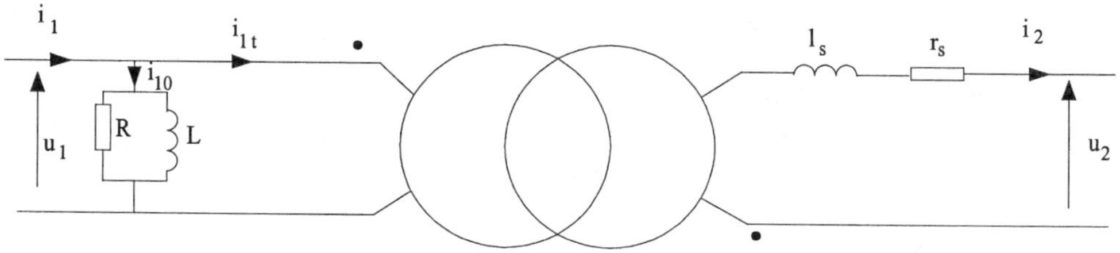

Figure 1.9 Schéma équivalent du transformateur réel.

Ce schéma et ces équations donnent lieu à un diagramme de Fresnel particulier traduisant le fonctionnement en régime alternatif sinusoïdal : le diagramme de Kapp.

1.4.3 Diagramme de Kapp

Montrons tout d'abord que les éléments du schéma équivalent dessiné figure 1.9 sont facilement accessibles expérimentalement à l'aide de deux essais.

a) Essai à vide sous tension nominale

Le transformateur étant à vide, on l'alimente sous tension nominale en mesurant les valeurs efficaces des tensions primaire U_{10}, secondaire U_{20}, du courant primaire à vide I_{10} et la puissance active absorbée P_{10}.

On en déduit :

– la valeur du rapport de transformation $m = \dfrac{n_2}{n_1} = \dfrac{U_{20}}{U_{10}}$;

– la puissance de pertes fer : $P_{\text{fer}} = P_{10} = \dfrac{U_{10}^2}{R}$ permettant de déterminer R ;

– la valeur de l'inductance L en considérant : $Q_{10} = \dfrac{U_{10}^2}{L\omega}$.

Remarques :

– Le courant à vide étant non sinusoïdal devra être mesuré par un ampèremètre donnant la valeur efficace vraie.

– La puissance à vide comprend également les pertes Joule primaires qui lors de cet essai sont négligeables devant les pertes fer.

b) Essai en court-circuit sous tension réduite au courant nominal

Le transformateur dont le secondaire est en court-circuit est alimenté sous tension réduite et cette dernière est réglée pour obtenir des courants dans les bobinages voisins des courants nominaux du transformateur.

On mesure alors la puissance active P_{1CC} consommée lors de cet essai ainsi que les valeurs efficaces du courant secondaire I_{2CC} et de la tension primaire U_{1CC}.

On en déduit les valeurs de r_s et l_s en considérant que les puissances active et réactive lors de cet essai sont respectivement consommées dans r_s et l_s.

$$r_s = \frac{P_{1CC}}{I_{2CC}^2}$$

$$l_s\omega = \sqrt{\frac{m^2 U_{1CC}^2}{I_{2CC}^2} - r_s^2}$$

Remarques :

– Une part des puissances active et réactive est en fait consommée dans R et L mais, du fait de la faible valeur de U_{1CC}, les valeurs correspondantes sont négligeables par rapport à celles consommées dans r_s et l_s.

– Lors de cet essai I_{10} est négligeable devant I_{1CC}, on peut donc considérer que $I_{1CC} = mI_{2CC}$.
– L'impédance $\underline{Z_s} = r_s + jx_s$ représente l'impédance de court-circuit ramenée du côté secondaire. On peut la ramener du côté primaire en la divisant par m^2.

L'ensemble des éléments ainsi déterminés permet de tracer le diagramme de Kapp traduisant le fonctionnement du transformateur dessiné figure 1.10. Sur celle-ci apparaissent les vecteurs représentant les valeurs efficaces complexes des différentes grandeurs.

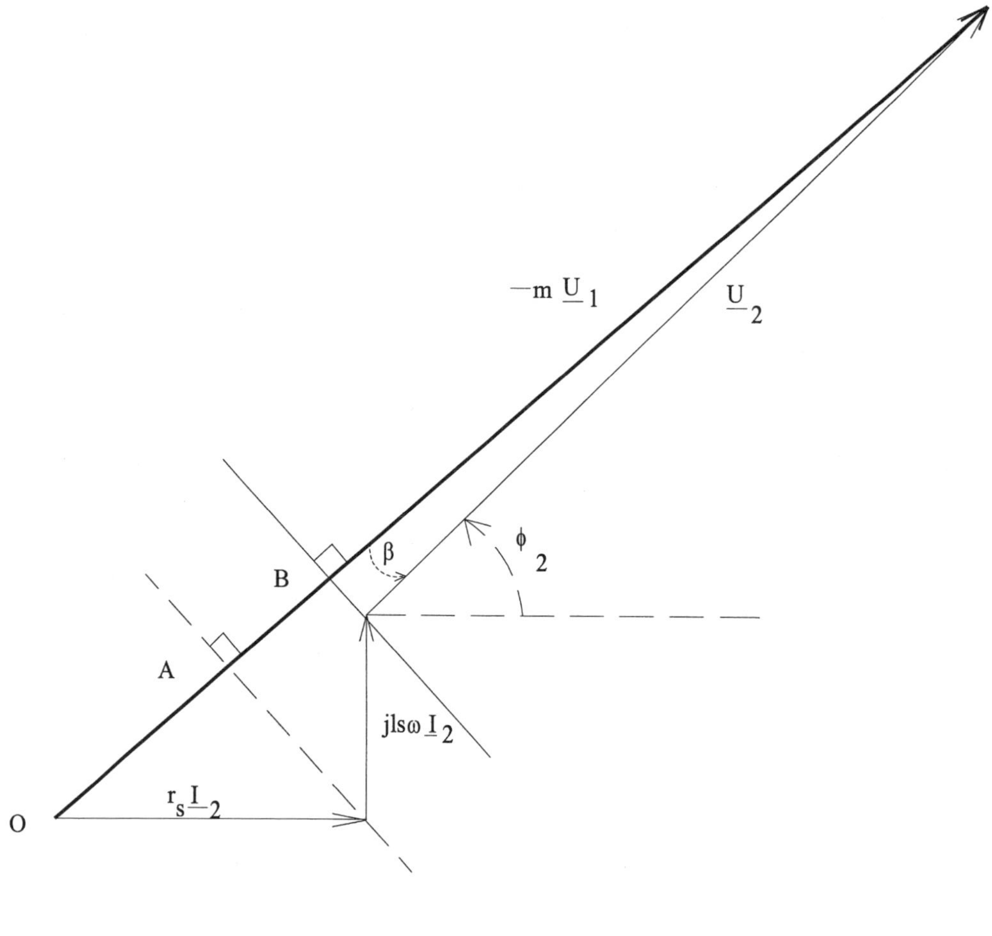

Figure 1.10 Diagramme de Kapp.

c) Chute de tension en charge

La chute de tension en charge est mesurée par la différence :

$$\Delta U_2 = mU_1 - U_2$$

Si nous reprenons le diagramme de Kapp en tenant compte du fait que les vecteurs représentant $r_s \underline{I_2}$ et $jl_s\omega \underline{I_2}$ sont de dimensions très petites devant les vecteurs représentant $\underline{U_2}$ et $m\underline{U_1}$, nous pouvons considérer que l'angle β formé par ces deux derniers vecteurs est très faible.

Nous pouvons alors confondre le déphasage ϕ_2 imposé par la charge placée au secondaire et le déphasage entre i_2 et $-mU_1$. En nous référant à la figure 1.10, nous pouvons évaluer la chute de tension au secondaire du transformateur :

$$\Delta U_2 = mU_1 - U_2 = OB = OA + AB = r_s I_2 \cos\phi_2 + l_s\omega I_2 \sin\phi_2$$

1.5 ÉTUDE ÉNERGÉTIQUE

1.5.1 Rendement du transformateur

La puissance utile délivrée par le transformateur est la puissance P_2 fournie par le secondaire à la charge ; alors que la puissance qu'il absorbe est la puissance P_1 appelée par le transformateur à la source qui l'alimente.

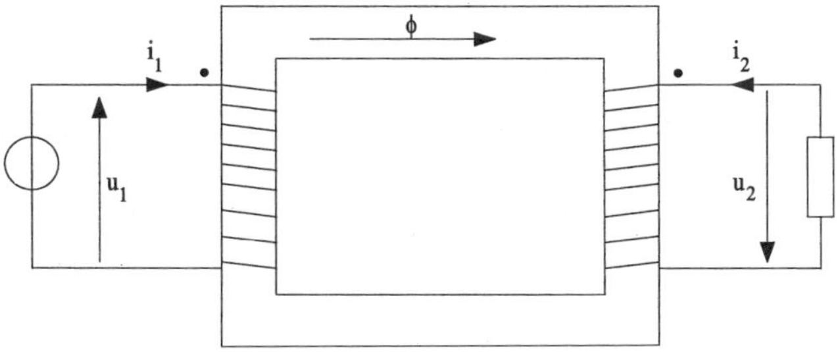

Figure 1.11 Fonctionnement en charge du transformateur.

Le rendement du transformateur se définit donc comme le rapport de P_2 à P_1.

On peut remarquer que la différence entre P_1 et P_2 est égale à la somme des pertes dans le transformateur :

– pertes fer désignées ici par P_{fe} fonction de la valeur efficace et de la fréquence de la tension d'alimentation du primaire ;

– pertes Joule proportionnelles au carré de la valeur efficace du courant secondaire dans le cadre de l'hypothèse de Kapp.

En désignant par ϕ_2 le déphasage entre u_2 et i_2 imposé par la charge du transformateur et par r_s la résistance totale des bobinages ramenée côté secondaire, le rendement a pour expression :

$$\eta = \frac{P_2}{P_1} = \frac{U_2 I_2 \cos\phi_2}{U_2 I_2 \cos\phi_2 + r_s I_2^2 + P_{\text{fe}}} = \frac{1}{1 + \dfrac{1}{U_2 \cos\phi_2}\left(r_s I_2 + \dfrac{P_{\text{fe}}}{I_2}\right)}$$

Nous pouvons remarquer que :

– le rendement est maximal pour $\phi_2 = 0$ à U_2 et I_2 donnés (donc sur charge résistive) ;

– à U_2 et ϕ_2 constants, le rendement est maximal à égalité des pertes joules et des pertes fer.

1.5.2 Mesure du rendement

Pour mesurer le rendement, trois possibilités s'offrent à nous :

– mesure directe de P_1 et P_2 ;

– mesure des pertes et de P_1 ou P_2 ;

– méthode d'opposition.

a) Mesure directe du rendement

Comme indiqué au paragraphe 4.3.1. lors de l'étude de la machine à courant continu, pour donner un bon résultat, cette méthode exige une mesure très précise des puissances primaire et secondaire. Retenons que l'incertitude relative sur le rendement est alors la somme des incertitudes relatives sur P_1 et P_2.

Cette méthode est en fait très peu utilisée, on lui préfère la méthode des pertes séparées donnant des résultats plus précis.

b) Méthode des pertes séparées

Cette méthode consiste à évaluer les différentes pertes du transformateur à savoir les pertes fer et les pertes Joule.

Les pertes fer sont déterminées par un essai à vide pour lequel : $P_{\text{fe}} = P_{10}$. Cet essai doit être mené sous la même tension primaire que celle du point de fonctionnement pour lequel on veut évaluer le rendement.

Les pertes Joule sont déterminées à partir de la connaissance de la résistance totale ramenée du côté secondaire r_s. Elles ont pour expression $P_j = r_s I_2^2$.

La mesure de P_1 ou P_2 permet ensuite d'évaluer le rendement par l'une des deux formules ci-dessous :

$$\eta = \frac{P_2}{P_2 + r_s I_2^2 + P_{10}} = \frac{P_1 - r_s I_2^2 - P_{10}}{P_1}$$

L'inconvénient de cette méthode réside dans le fait que les pertes étant évaluées lors d'essais à puissance réduite, elles ne sont pas forcément les mêmes qu'en charge : température des bobinages différentes, trajets des lignes de champ, donc réluctances et pertes fer elles aussi différentes...

Une autre méthode dite méthode d'opposition permet d'éviter ces inconvénients en mesurant les pertes lors du fonctionnement en charge du transformateur.

c) *Méthode d'opposition*

Cette méthode nécessite deux transformateurs identiques. Elle consiste à alimenter un transformateur par le réseau et à le faire débiter dans le secondaire du second, à charge pour ce dernier de renvoyer cette énergie sur le réseau d'alimentation auquel on connectera son primaire conformément au schéma de la figure 1.12.

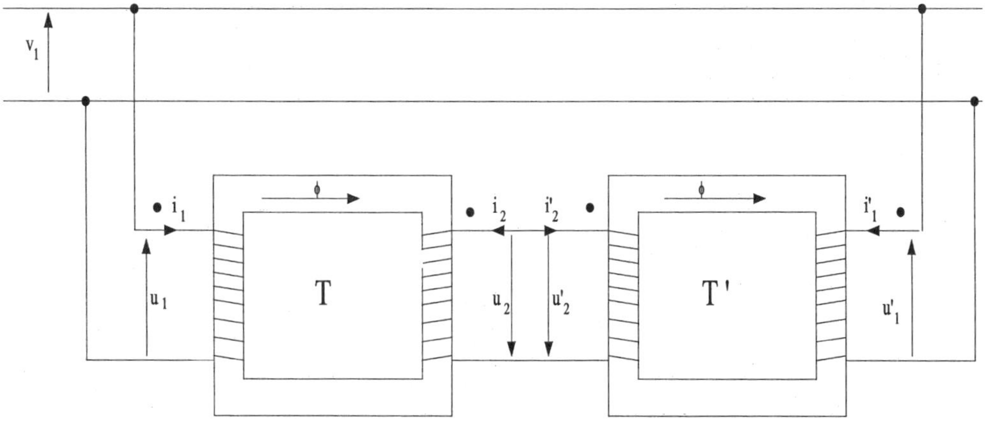

Figure 1.12 Montage en opposition de deux transformateurs.

Avec ce montage, le réseau ne fournira donc finalement que les pertes des deux transformateurs que l'on pourra faire fonctionner dans n'importe quelle condition si l'on peut faire varier la tension V_1 délivrée par le réseau et le courant secondaire circulant dans les deux transformateurs.

Remarquons tout d'abord que les deux secondaires doivent être montés en opposition ; si ce n'était pas le cas, on observerait dans ces bobinages la circulation d'un courant de valeur efficace :

$$I_2 = I_2' = \frac{2mV_1}{2\sqrt{r_s^2 + 1_s^2\omega^2}}$$

Cette valeur correspond à la valeur du courant de court-circuit du secondaire du transformateur alimenté sous la tension V_1, valeur destructrice si V_1 est proche de la valeur nominale de la tension primaire.

Le montage dessiné figure 1.12 ne permet pas de faire varier le courant I_2 qui sera toujours nul si les deux transformateurs sont bien identiques.

Il faut donc mettre en série avec les deux secondaires une source de tension v_2 alternative sinusoïdale de même fréquence que le réseau, de valeur efficace réglable.

Le schéma équivalent du montage devient alors celui de la figure 1.13 :

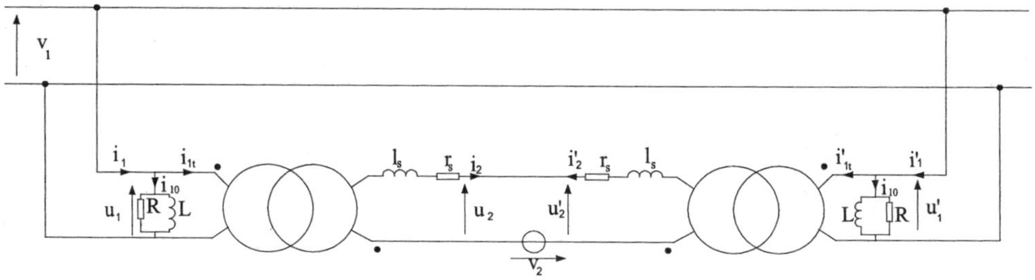

Figure 1.13 Schéma équivalent du montage en opposition des deux transformateurs.

Le montage ainsi constitué impose les relations suivantes :

$$i_1 = i_{10} + i_{1t}$$
$$i'_1 = i_{10} + i'_{1t}$$
$$i_2 = -i'_2$$
$$i_{1t} = -mi_2$$
$$i'_{1t} = -mi'_2 = mi_2$$

La source u_1 débite donc à chaque instant le courant : $i_1 + i'_1 = 2i_{10}$. Elle fournit donc comme puissance active la puissance de pertes fer des deux transformateurs et comme puissance réactive celle consommée par les inductances magnétisantes.

Le schéma équivalent au secondaire permet d'écrire les équations suivantes :

$$v_2 = u_2 - u'_2$$
$$u_2 = -mu_1 + r_s i'_2 + l_s \frac{di'_2}{dt}$$
$$u'_2 = -mu_1 - r_s i'_2 - l_s \frac{di'_2}{dt}$$

ce qui conduit à :

$$v_2 = 2\left(r_s i_2' + l_s \frac{\mathrm{d}i_2'}{\mathrm{d}t}\right)$$

La source v_2 fournit la puissance active de pertes joules des deux transformateurs et la puissance réactive consommée par les inductances de fuites.

Les mesures de la puissance fournie par le réseau d'une part et par la source v_2 d'autre part permettent alors de déterminer les pertes fer et les pertes Joule pour un fonctionnement donné.

Les transformateurs en régime sinusoïdal sont principalement utilisés pour la distribution et (ou) pour réaliser l'isolation galvanique entre deux circuits dans le domaine des fréquences industrielles allant jusqu'à quelques centaines de hertz. Pour minimiser les pertes fer, le circuit magnétique est constitué d'un assemblage de tôles laminées d'épaisseur variant de 0,1 mm à 0,5 mm isolées les unes des autres limitant ainsi les pertes par courant de Foucault. Elles sont constituées d'un matériau ferromagnétique doux pour réduire les pertes par hystérésis. En général, on emploie un alliage de fer et de silicium, ce dernier permettant d'amoindrir les pertes par courant de Foucault en augmentant la résistivité du matériau.

On obtient ainsi des transformateurs donnant des pertes fer de l'ordre de 2 W par kilogramme de matériau à la fréquence de 50 Hz, pour une valeur maximale de 1 T du champ magnétique.

De tels transformateurs ne sont pas adaptés à un fonctionnement en hautes fréquences pour lesquelles les pertes dans le fer deviendraient prohibitives.

1.6 UTILISATION DU TRANSFORMATEUR EN HAUTE FRÉQUENCE

Les transformateurs sont utilisés en haute fréquence (de quelques kHz à quelques centaines de kHz) soit pour transmettre des signaux de commande à des interrupteurs de puissance (c'est le cas du transformateur d'impulsion) soit pour transmettre de la puissance (dans le cas des alimentations à découpage par exemple). Dans ces deux types d'application, le transformateur fonctionne en régime non sinusoïdal et réalise l'isolation galvanique entre les différents circuits.

1.6.1 Constitution

L'utilisation en haute fréquence des transformateurs nécessite l'emploie de matériaux à faibles pertes pour constituer le circuit magnétique. On utilise principalement des ferrites qui sont des céramiques magnétiques. Elles présentent :

– une haute résistivité (de 10^2 à 10^8 Ωcm) et donnent donc des pertes par courant de Foucault particulièrement faibles ;

– une grande perméabilité magnétique relative (de 2 000 à 10 000 environ) ;
– une induction de saturation de l'ordre de 0,4 à 0,5 T.

Leur fabrication par moulage permet de réaliser toutes formes de géométrie et donc une grande variété de circuits magnétiques.

On obtient ainsi des pertes de l'ordre de 12 W/kg à 10 kHz et de 45 W/kg à 100 kHz pour des champs magnétiques de valeur maximale voisine de 0,3 T.

Le courant traversant les conducteurs est alternatif, les électrons libres ont alors tendance à se répartir à la périphérie du conducteur, dans une zone caractérisée par son épaisseur appelée épaisseur de peau réduisant ainsi la section utile du conducteur.

Une valeur couramment admise pour l'épaisseur de peau dans un conducteur de résistivité ρ est donnée par : $e_P = \sqrt{\frac{\rho}{\pi \mu_0 f}}$, soit pour un fil de cuivre une épaisseur $e_p \approx \frac{70}{\sqrt{f}}$.

Cette réduction de la section utile se traduit par une augmentation de la résistance R du conducteur et donc une augmentation des pertes Joule $(P_j = RI^2)$.

Si l'on souhaite utiliser un conducteur cylindrique de façon correcte, il ne faut pas que son rayon excède l'épaisseur de peau.

On peut calculer pour différentes fréquences l'intensité maximale admissible dans un fil, par : $S_{\text{fil}} = \pi r^2 = \frac{I_{\text{eff}}}{\delta}$, δ étant la densité de courant dans le conducteur (généralement fixée autour de 5 A/mm^2). On peut alors calculer le courant maximal admissible dans un conducteur de section S à la fréquence f par : $I_{\text{eff max}} = \delta.\pi.e_p^2$.

f en kHz	e_p en mm	I_{max} en A
5	1,00	15
10	0,70	7,5
20	0,50	4
50	0,30	1,5
100	0,22	0,8

Si le courant efficace devant circuler dans les bobinages est supérieur à ces valeurs limites, il est nécessaire de prévoir l'utilisation de fil divisé (ou fil de Litz, fil multibrins dont chaque brin est isolé) ou de fil méplat.

Toutes les lignes de champ ne se referment pas dans le circuit magnétique, certaines se referment dans l'air engendrant un flux dit de fuite qui n'intéresse qu'un bobinage.

Ce flux n'induit donc aucune f.é.m. dans les bobinages voisins mais crée dans le bobinage qui lui donne naissance la f.é.m. : $e = l_f \frac{di}{dt}$, où i est le courant dans le bobinage considéré et l_f l'inductance de fuite du bobinage.

Ces f.é.m. peuvent devenir importantes pour les utilisations en haute fréquence et en particulier dans les alimentations à découpage pour lesquelles on impose des discontinuités de courant dans les différents bobinages.

On réduit ces inductances de fuite en canalisant au mieux les lignes de champ dans le circuit magnétique : matériaux de perméabilité élevée et de forme torique.

1.6.2 Schéma équivalent

Pour la plupart des applications, nous pouvons négliger toutes les pertes du transformateur et donc utiliser le schéma équivalent dessiné figure 1.14.

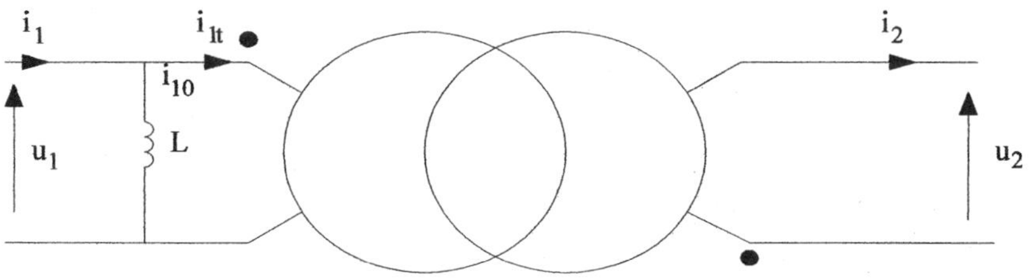

Figure 1.14 Schéma équivalent du transformateur en haute fréquence.

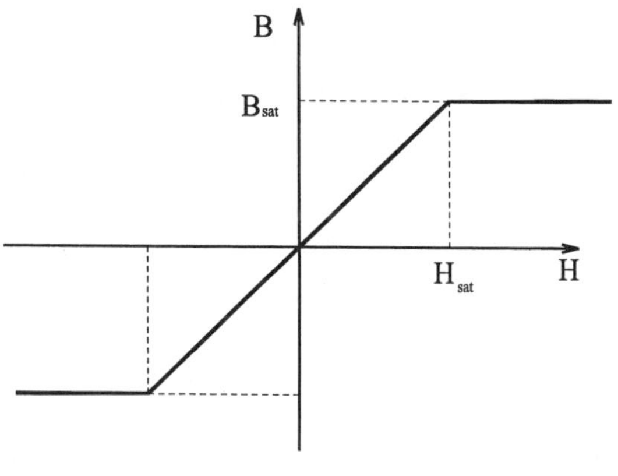

Figure 1.15 Caractéristique magnétique idéalisée.

Si nous considérons la caractéristique $B(H)$ du matériau ferromagnétique sous sa forme idéalisée dessinée figure 1.15, nous pouvons calculer l'inductance magnétisante L :

$$L = \frac{n_1^2}{\mathfrak{R}} = n_1^2 \frac{\mu S}{l}$$

n_1 étant le nombre de spires du bobinage primaire, l la longueur du circuit magnétique, S sa section et μ la perméabilité magnétique absolue du matériau le constituant qui est mesurée par la pente de la partie linéaire de la caractéristique $B(H)$.

Si la saturation du matériau magnétique est atteinte, le flux ϕ reste alors constant. Il en découle alors deux conséquences : le primaire du transformateur se comporte comme un court-circuit vis-à-vis de la source qui l'alimente et aucun signal n'est transmis au secondaire. Il est donc impératif dans tous les fonctionnements d'éviter la saturation du circuit magnétique du transformateur.

1.6.3 Équations de fonctionnement

Les équations de fonctionnement du transformateur sont alors données par :

$$u_1 = n_1 \frac{d\phi}{dt}$$

$$u_2 = -n_2 \frac{d\phi}{dt}$$

$$n_1 i_{1t} + n_2 i_2 = 0$$

La première de ces équations montre que le transformateur est à flux forcé par la tension d'alimentation primaire u_1 qui va déterminer l'état magnétique du transformateur.

En prenant comme instant origine l'instant où apparaît la tension u_1 aux bornes du primaire et en supposant que le transformateur est préalablement démagnétisé, nous obtenons :

$$\phi(t) = \frac{1}{n_1} \int_0^t u_1(t) dt$$

Il est donc important de vérifier que la saturation du transformateur n'est jamais atteinte, celle-ci étant en général destructive.

On peut remarquer que la tension u_1 ne doit pas comporter de composante continu. En effet si tel était le cas, u_1 se décomposant en :

$$u_1 = U_0 + u_{ond}(t)$$

U_0 représentant la composante continue de u_1 et $u_{\text{ond}}(t)$ son ondulation.

On obtiendrait alors :

$$\phi(t) = \frac{1}{n_1}\int_0^t U_0 \mathrm{d}t + \frac{1}{n_1}\int_0^t u_{\text{ond}}(t)\mathrm{d}t$$

soit :

$$\phi(t) = \frac{1}{n_1}U_0 t + \frac{1}{n_1}\int_0^t u_{\text{ond}}(t)\mathrm{d}t$$

Le premier terme de cette somme conduit irrémédiablement à la saturation du transformateur si U_0 est différent de 0.

Le transformateur fonctionnant dans la zone linéaire du matériau magnétique, le signal primaire est parfaitement transmis au secondaire : $u_2 = -mu_1$ et le courant primaire est la somme du courant i_{10} traversant l'inductance magnétisante et du courant i_{1t} qui est l'image du courant i_2 puisque $i_{1t} = -mi_2$.

1.6.4 Énergie magnétique emmagasinée

À chaque instant, l'énergie stockée dans l'inductance magnétisante L a pour expression :

$$W = \frac{1}{2}Li_{10}^2$$

L'inductance L a été évaluée au paragraphe 6.2, elle a pour expression :

$$L = n_1^2\frac{\mu S}{l}$$

Par ailleurs le théorème d'Ampère appliqué au circuit magnétique permet d'écrire :

$$n_1 i_1 + n_2 i_2 = n_1 i_{10} = \mathfrak{R}\phi = Hl$$

soit :

$$i_{10} = \frac{1}{n_1}\frac{B}{\mu}l$$

ce qui nous conduit à l'expression :

$$W = Sl\frac{B^2}{2\mu}$$

L'énergie stockée dans le circuit magnétique est donc :

– proportionnelle au volume de matériau représenté par le produit Sl ;
– proportionnelle au carré de l'intensité du champ magnétique ;
– inversement proportionnelle à la perméabilité magnétique du matériau constituant le circuit magnétique.

Si on veut limiter cette énergie, on a intérêt à choisir un matériau de perméabilité élevée, l'inductance magnétisante est alors élevée et le courant magnétisant faible.

Par contre si on veut utiliser le transformateur non seulement pour transmettre des signaux mais aussi pour stocker de l'énergie (c'est le cas des alimentations à découpage de type *flyback*), on a intérêt à travailler avec des matériaux de perméabilité plus faible. L'inconvénient est alors que ce matériau canalise moins bien les lignes de champ magnétique.

On résout le problème en gardant un matériau de perméabilité la plus grande possible dans lequel on pratique un entrefer d'épaisseur très faible devant la longueur du circuit magnétique pour qu'il n'y ait pas de dispersion des lignes de champ.

Considérons par exemple un circuit magnétique constitué d'un matériau de perméabilité relative $\mu_r = 4\,000$ dans lequel on a pratiqué un entrefer d'épaisseur $e = 1$ mm. En admettant que le champ magnétique est le même dans le matériau magnétique et dans l'entrefer, l'énergie stockée dans l'entrefer par unité de volume est alors 4 000 fois plus élevée que celle stockée dans le matériau. L'entrefer d'épaisseur 1 mm stocke donc autant d'énergie que 4 m de matériau magnétique !

Chapitre 2

Transformateur triphasé

2.1 CONSTITUTION

Les transformateurs triphasés sont utilisés principalement en distribution dans le domaine des basses fréquences. On les trouve en sortie des centrales de production pour élever la tension avant transport de l'énergie. De la même façon ils sont utilisés pour abaisser cette tension avant utilisation.

2.1.1 Principe

On peut transformer un système triphasé à l'aide de trois transformateurs monophasés identiques comme l'indique la figure 2.1.

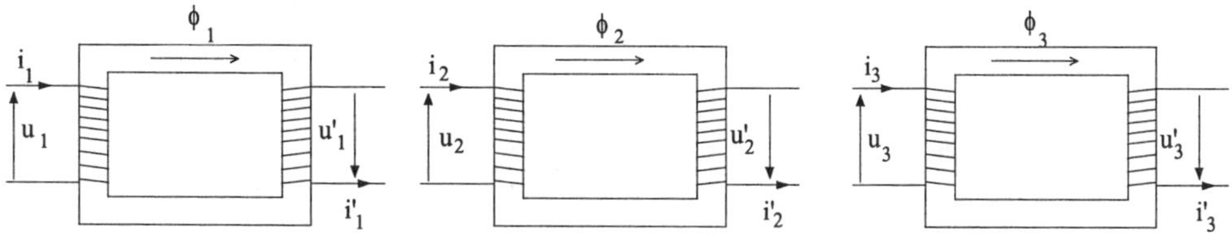

Figure 2.1 Transformateur à phases indépendantes.

Les primaires de ces transformateurs seront alors groupés :

- soit en étoile et donc alimentés par les tensions simples ;
- soit en triangle, les tensions primaires seront alors les tensions composées du système triphasé.

De la même façon, les bobinages secondaires pourront être couplés en étoile ou en triangle.

En supposant les transformateurs parfaits et en désignant par $m = \dfrac{n'}{n}$ leur rapport de transformation, on obtient, avec les orientations de la figure 2.1, les équations de fonctionnement :

$$u'_1 = -mu_1 \quad i_1 = -mi'_1 \quad u_1 = n\frac{d\phi_1}{dt}$$

$$u'_2 = -mu_2 \quad i_2 = -mi'_2 \quad u_2 = n\frac{d\phi_2}{dt}$$

$$u'_3 = -mu_3 \quad i_3 = -mi'_3 \quad u_3 = n\frac{d\phi_3}{dt}$$

Les tensions primaires (u_1,u_2,u_3) et secondaires (u'_1,u'_2,u'_3) sont des *tensions simples ou composées* suivant le mode de couplage des phases. De la même façon, les courants (i_1,i_2,i_3) et (i'_1,i'_2,i'_3) représentent des *courants ligne ou des courants phase.*

Les flux (ϕ_1,ϕ_2,ϕ_3) dans les circuits magnétiques des transformateurs sont imposés par les tensions d'alimentation primaire et sont donc eux aussi équilibrés : leur somme est nulle à chaque instant.

On peut donc *a priori* réunir les trois transformateurs en un seul comportant trois colonnes (puisque $\phi_1 + \phi_2 + \phi_3 = 0$). Chacune de ces colonnes porte un bobinage primaire et un bobinage secondaire comme cela est représenté sur le schéma de principe dessiné figure 2.2.

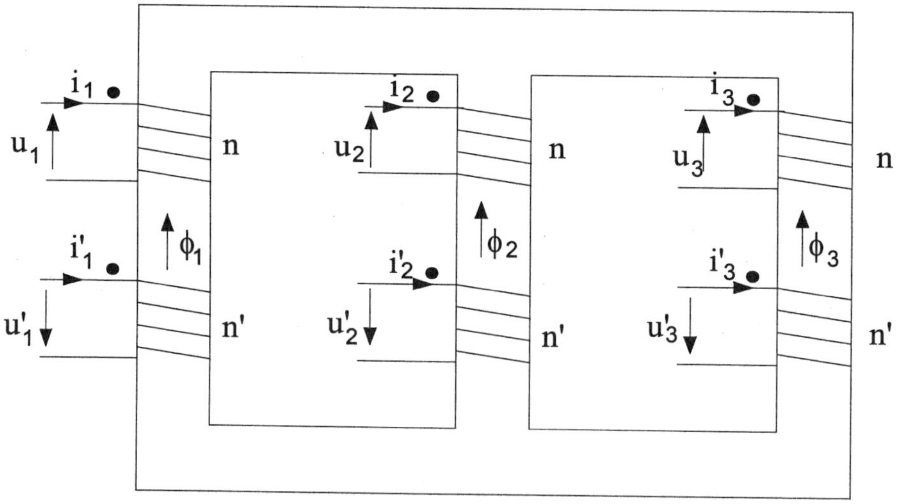

Figure 2.2 Schéma de principe du transformateur triphasé.

2.1.2 État magnétique

Les flux dans les trois colonnes du transformateur sont imposés par les tensions d'alimentation des bobinages primaires (qu'elles soient simples ou composées) comme l'indiquent les équations ci-dessous :

$$u_1 = n\frac{\mathrm{d}\,\phi_1}{\mathrm{d}\,t} \qquad u_2 = n\frac{\mathrm{d}\,\phi_2}{\mathrm{d}\,t} \qquad u_3 = n\frac{\mathrm{d}\,\phi_3}{\mathrm{d}\,t}$$

Si les tensions sont équilibrées, les flux le sont aussi et leur somme est nulle. Toutes les lignes de champ sont contenues à l'intérieur du circuit magnétique du transformateur.

En revanche, un déséquilibre des tensions primaires se traduit par un déséquilibre des flux dont la somme désignée ici par ϕ_S peut alors ne plus être nulle :

$$\phi_1 + \phi_2 + \phi_3 + \phi_S \neq 0$$

Pour se refermer, les lignes de champ magnétique constituant ce flux ϕ_S empruntent un trajet de réluctance $\mathfrak{R}_S$ symbolisé sur la figure 2.3.

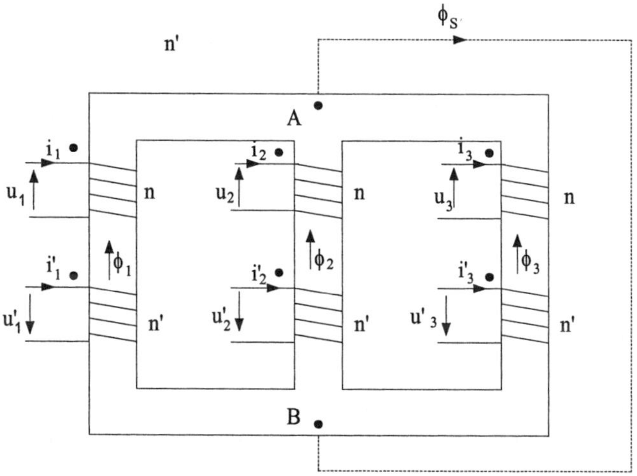

Figure 2.3 Répartition des flux.

L'expression de la différence de potentiel magnétique $v_A - v_B$ entre les points A et B de la culasse du transformateur est donnée par :

$$v_A - v_B = ni_1 + n'i'_1 - \mathfrak{R}_1\phi_1$$
$$v_A - v_B = ni_2 + n'i'_2 - \mathfrak{R}_2\phi_2$$
$$v_A - v_B = ni_3 + n'i'_3 - \mathfrak{R}_3\phi_3$$
$$v_A - v_B = \mathfrak{R}_S\phi_S$$

Si les tensions primaires et donc les flux, sont équilibrés, $\phi_S = 0$, la différence de potentiel magnétique $v_A - v_B$ est nulle. Les courants à vide du transformateur sont alors donnés par :

$$ni_{10} = \mathfrak{R}_1 \phi_1$$
$$ni_{20} = \mathfrak{R}_2 \phi_2$$
$$ni_{30} = \mathfrak{R}_3 \phi_3$$

puisque, à vide, les courants secondaires sont nuls.

Si, de plus, les réluctances des trois colonnes ne sont pas identiques, ce qui est le cas avec une structure coplanaire des colonnes (figure 2.1), il en résulte un déséquilibre des courants à vide.

Pour réduire ce déséquilibre, on peut placer les trois colonnes du transformateur dans l'espace, à 120° les unes des autres ou donner une section différente à la colonne centrale.

Si le déséquilibre des tensions primaires est tel que la différence de potentiel magnétique $v_A - v_B$ est non nulle, c'est le produit $\mathfrak{R}_S \phi_S$ qui est alors imposé. On doit distinguer alors deux types de construction des transformateurs :

– transformateurs à flux liés : ils ne comportent que trois colonnes, le flux ϕ_S se referme au moins en partie dans l'air en suivant des chemins de réluctance élevée. Dans le produit $\mathfrak{R}_S \phi_S$ c'est $\mathfrak{R}_S$ qui est élevée, le flux ϕ_S reste très faible, on peut considérer que $\phi_1 + \phi_2 + \phi_3 = \phi_S \approx 0$;
– transformateurs à flux libres : on dote le transformateur d'une quatrième voire d'une cinquième colonne canalisant le flux par un trajet de faible réluctance. Ce flux peut devenir important : il n'est plus imposé par la structure du transformateur.

2.1.3 Modes de couplages des enroulements

Aux couplages étoile et triangle déjà connus, vient s'ajouter le couplage zigzag. Dans ce couplage, l'enroulement intéressé (primaire ou secondaire) est divisé en deux demi-enroulements identiques.

Chaque phase est alors constituée par la mise en série de deux demi-enroulements pris sur des colonnes voisines. Les bornes homologues des bobinages étant repérées d'une manière identique sur les trois colonnes, la mise en série est telle que chaque phase est constituée de deux enroulements pris « en sens inverse » l'un de l'autre comme indiqué figure 2.4.

La tension secondaire v'_1 par exemple apparaît alors comme la somme des tensions w et w' aux bornes des deux demi-bobinages mis en série pour constituer la phase 1 secondaire :

$$v'_1 = w + w'$$

avec, en supposant le transformateur parfait :

$$w = n' \frac{\mathrm{d}\,\phi_1}{\mathrm{d}\,t} \qquad \text{et} \qquad w' = -n' \frac{\mathrm{d}\,\phi_3}{\mathrm{d}\,t}$$

Les tensions aux bornes des bobinages primaires sont ici (couplage étoile) les tensions simples du réseau d'alimentation.

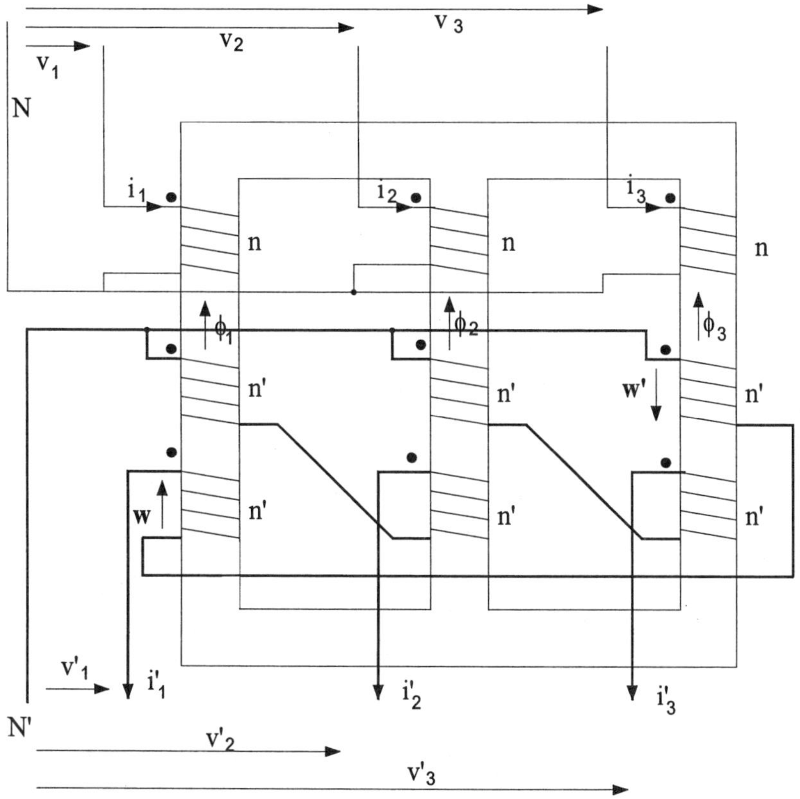

Figure 2.4 Couplage étoile des enroulements primaires et zigzag des enroulements secondaires.

Les équations de fonctionnement s'écrivent alors :

$$v_1 = n\frac{\mathrm{d}\,\phi_1}{\mathrm{d}\,t} \qquad v_2 = n\frac{\mathrm{d}\,\phi_2}{\mathrm{d}\,t} \qquad v_3 = n\frac{\mathrm{d}\,\phi_3}{\mathrm{d}\,t}$$

$$v_1' = n'\frac{\mathrm{d}\,\phi_1}{\mathrm{d}\,t} - n'\frac{\mathrm{d}\,\phi_3}{\mathrm{d}\,t} \qquad v_2' = n'\frac{\mathrm{d}\,\phi_2}{\mathrm{d}\,t} - n'\frac{\mathrm{d}\,\phi_1}{\mathrm{d}\,t} \qquad v_3' = n'\frac{\mathrm{d}\,\phi_3}{\mathrm{d}\,t} - n'\frac{\mathrm{d}\,\phi_2}{\mathrm{d}\,t}$$

L'utilisation du couplage zigzag présente un réel intérêt lorsque la charge est déséquilibrée puisqu'il permet de répartir le déséquilibre sur les trois colonnes du transformateur (voir paragraphe 2.5).

Trois couplages des enroulements sont donc possibles, chacun d'eux est désigné par une lettre : Y pour le couplage étoile, D pour le triangle et Z pour le zigzag.

Si, pour les transformateurs monophasés, les tensions primaires et secondaires ne peuvent être qu'en phase ou en opposition de phase, il en va autrement pour les transformateurs triphasés. Le déphasage entre les tensions primaires et secondaires, important notamment pour le fonctionnement en parallèle des transformateurs dépendra notamment du couplage des enroulements. Ce déphasage sera défini par l'indice horaire du transformateur.

2.2 INDICE HORAIRE

2.2.1 Définitions

Pour le transformateur monophasé, nous avons indiqué que les rôles du primaire et du secondaire sont interchangeables puisque le transformateur est réversible. Il en va évidemment de même pour les transformateurs triphasés.

Pour distinguer sans aucune ambiguïté les deux groupes de bobinages, nous les différencions par leurs nombres de spires. Nous les désignons alors par enroulement haute tension (HT) et enroulement basse tension (BT).

Nous appellerons tensions homologues deux tensions de même nature (simple ou composée) relatives aux mêmes phases, l'une du côté haute tension, l'autre du côté basse tension.

En considérant le transformateur alimenté par un système de tensions triphasé équilibré direct, le déphasage sera mesuré par l'avance d'une tension côté basse tension sur son homologue côté haute tension.

Ce déphasage étant toujours un multiple de 30°, on a imaginé la représentation suivante :

– sur un même diagramme de Fresnel, on porte deux vecteurs représentant deux tensions homologues l'une du côté HT l'autre du côté BT ;
– la tension relative à la HT est représentée en position verticale dirigée vers le haut ;
– si l'on considère ces deux vecteurs comme les deux aiguilles d'une montre, *l'heure indiquée par celle-ci est, par définition, l'indice horaire du transformateur.*

2.2.2 Exemple

Considérons le transformateur dessiné figure 2.4 en supposant que les bobinages de n spires sont les bobinages haute tension.

Le diagramme de Fresnel construit en supposant le transformateur parfait et le réseau triphasé équilibré direct est représenté figure 2.5.

La tension w est en phase avec la tension v_1 alors que la tension w' est en opposition de phase avec la tension v_3. La tension de la phase 1 côté basse tension est la somme des tensions w et w'.

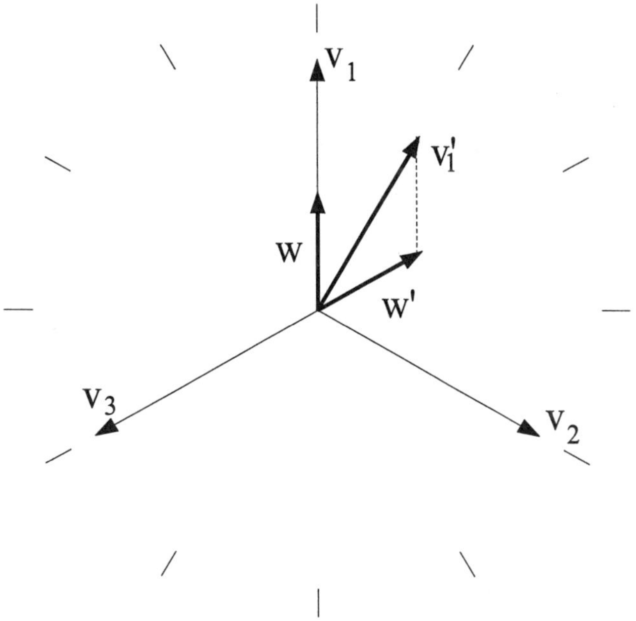

Figure 2.5 Détermination de l'indice horaire.

Sur ce diagramme, nous pouvons constater que v_1' est en retard de 30° sur v_1. L'indice horaire de ce transformateur est donc égal à 1.

Pour caractériser synthétiquement un transformateur, nous devons indiquer :

– le mode de couplage de ses enroulements ;

– le déphasage introduit entre tensions homologues ;

– la possibilité d'accéder au neutre (pour les couplages étoile ou zigzag).

À cette fin, le transformateur est désigné par deux lettres : une majuscule et une minuscule donnant la nature des couplages HT et BT, chacune d'elles étant éventuellement suivie de la lettre « *n* » si le neutre est accessible et d'un nombre de 0 à 11 qui est son indice horaire.

Le transformateur étudié correspond donc à un couplage $Y_N z_n 1$.

> ***Remarques :*** Quel que soit l'ordre de succession des phases devant alimenter le transformateur, l'indice horaire est donné en considérant un système direct afin de lever toute ambiguïté. (Le diagramme de Fresnel construit avec un réseau inverse donnerait pour le transformateur étudié ci-dessus un indice de 11).

Par permutation circulaire des phases du côté haute tension par exemple, l'indice horaire varie de $4h$, correspondant à une rotation de 120° du système haute tension par rapport au système basse tension. Par simple permutation des phases, le transformateur étudié voit son indice horaire passer de 1 à 5 puis à 9. On définit ainsi quatre groupes d'indice horaire : (1, 5, 9) ; (2, 6, 10) ; (3, 7, 11) et (4, 8 ,12).

2.3 SCHÉMAS ÉQUIVALENTS EN RÉGIME TRIPHASÉ ÉQUILIBRÉ

Tout ce que nous dirons dans ce paragraphe suppose un fonctionnement en régime sinusoïdal équilibré du transformateur :

– le primaire est alimenté par une source triphasée équilibrée ;

– le secondaire débite sur une charge elle-même équilibrée ;

– les trois colonnes du transformateur sont supposées identiques (même réluctance).

2.3.1 Schéma équivalent par colonne

a) Élaboration du schéma équivalent

Nous prendrons comme exemple le transformateur étoile triangle dessiné figure 2.6. Les enroulements couplés en étoile sont alimentés par une source triphasée équilibrée, ils constituent le primaire du transformateur. Les enroulements couplés en triangle jouent le rôle de secondaire.

Le fonctionnement étant parfaitement équilibré, les équations de fonctionnement du transformateur s'écrivent en désignant par r_1, r_2, l_1, l_2 les résistances et inductances de fuites des bobinages et par $\mathfrak{R}$ la réluctance de chacune des colonnes :

$$v_1 = r_1 i_1 + l_1 \frac{\mathrm{d}i_1}{\mathrm{d}t} + n\frac{\mathrm{d}\phi_1}{\mathrm{d}t} \quad u'_{13} = -r_2 j'_1 - l_2 \frac{\mathrm{d}j'_1}{\mathrm{d}t} - n'\frac{\mathrm{d}\phi_1}{\mathrm{d}t} \quad ni_1 + n'j'_1 = \mathfrak{R}\phi_1$$

$$v_2 = r_1 i_2 + l_1 \frac{\mathrm{d}i_2}{\mathrm{d}t} + n\frac{\mathrm{d}\phi_2}{\mathrm{d}t} \quad u'_{21} = -r_2 j'_2 - l_2 \frac{\mathrm{d}j'_2}{\mathrm{d}t} - n'\frac{\mathrm{d}\phi_2}{\mathrm{d}t} \quad ni_2 + n'j'_2 = \mathfrak{R}\phi_2$$

$$v_3 = r_1 i_3 + l_1 \frac{\mathrm{d}i_3}{\mathrm{d}t} + n\frac{\mathrm{d}\phi_3}{\mathrm{d}t} \quad u'_{32} = -r_2 j'_3 - l_2 \frac{\mathrm{d}j'_3}{\mathrm{d}t} - n'\frac{\mathrm{d}\phi_3}{\mathrm{d}t} \quad ni_3 + n'j'_3 = \mathfrak{R}\phi_3$$

Considérons les équations de la première ligne écrite ci-dessus. Elles sont relatives à la première colonne du transformateur et aux deux bobinages qu'elle porte.

Nous reconnaissons les équations d'un transformateur monophasé comportant n spires primaires, n' spires secondaires dont les résistances et inductances de fuites

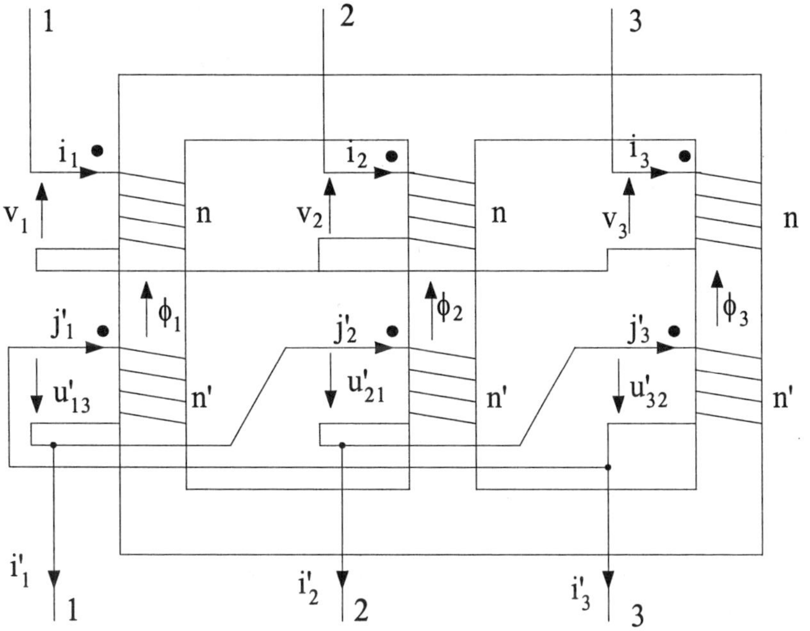

Figure 2.6 Transformateur étoile triangle.

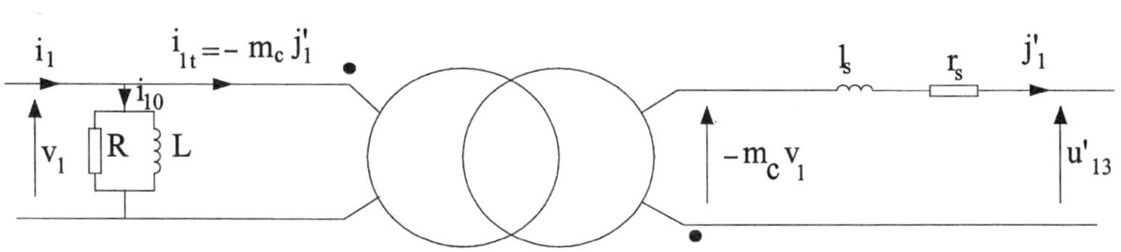

Figure 2.7 Schéma équivalent par colonne du transformateur.

sont respectivement : r_1, r_2, l_1, l_2. Ce transformateur apparaît alimenté côté primaire par la tension simple v_1 et délivre côté secondaire la tension composée u_{13}. Son schéma équivalent est représenté figure 2.7.

Ce schéma équivalent est appelé *schéma équivalent par colonne du transformateur triphasé*. Il permet de définir le rapport de transformation par colonne : $m_c = \dfrac{n'}{n}$.

Remarque : Chacune des 3 colonnes du transformateur donne lieu à un schéma équivalent identique, seuls changent les indices des différentes grandeurs (tensions, courants et flux).

Deux essais permettent de déterminer les éléments de ce modèle.

b) Détermination des éléments du modèle

Essai à vide sous tension nominale : le transformateur est alimenté par une source triphasée équilibrée.

On mesure les valeurs efficaces des tensions primaire et secondaire, ici V_0 et U'_0 ; du courant ligne primaire I_0 ainsi que les puissances active P_0 et réactive Q_0 absorbées par le primaire lors de cet essai. On détermine ainsi :

– le rapport de transformation par colonne $m_c = \dfrac{n'}{n} = \dfrac{U'_0}{V_0}$;

– la résistance $R = \dfrac{3V_0^2}{P_0}$;

– l'inductance magnétisante $L = \dfrac{3V_0^2}{Q_0 \cdot \omega}$.

> ***Remarque :*** La valeur de Q_0, si elle n'a pas été mesurée peut être déterminée par :
>
> $$Q_0 = \sqrt{(3V_0I_0)^2 - P_0^2}$$

Essai en court-circuit sous tension réduite : le transformateur dont le secondaire est fermé sur un court-circuit équilibré est alimenté par une source triphasée elle même équilibrée. Cette dernière est réglée de façon à obtenir un courant voisin du courant nominal des bobinages.

On mesure les valeurs efficaces des tensions primaire V_{CC}, du courant ligne primaire I_{CC} ou éventuellement du courant phase secondaire J'_{CC} ainsi que les puissances active P_{CC} et réactive Q_{CC} absorbées lors de cet essai. On détermine ainsi :

– la résistance des bobinages ramenée du côté secondaire :

$$r_s = \frac{P_{CC}}{3J'^2_{CC}} = \frac{m_c^2 P_{CC}}{3I_{CC}^2}$$

– l'inductance de fuites des bobinages ramenée du côté secondaire :

$$l_s\omega = \frac{Q_{CC}}{3J'^2_{CC}} = m_c^2 \frac{\sqrt{(3V_{CC}I_{CC})^2 - P_{CC}^2}}{3I_{CC}^2}$$

Comme pour le transformateur monophasé, ce schéma équivalent permet de faire toutes les prédéterminations de fonctionnement.

> S'agissant d'un schéma équivalent par colonne, il nécessite cependant d'examiner avec soin quelles sont les grandeurs intéressées : tensions simples ou composées, courants phases ou lignes.

Pour le couplage étudié, la chute de tension en charge calculée à partir du modèle et du déphasage φ' imposé par la charge est la chute de tension composée :

$$\Delta U' = r_S J'\cos\varphi' + l_S \omega J' \cos\varphi'$$

Ce schéma équivalent pourra être utilisé pour des couplages étoile ou triangle ; par contre on ne peut pas le définir lorsqu'intervient un couplage zigzag puisque sur une même colonne entrent en jeu des grandeurs relatives à deux phases différentes.

Nous ne pourrons plus alors raisonner que sur un schéma équivalent par phase.

2.3.2 Schéma équivalent par phase

Nous prendrons comme exemple le transformateur étoile zigzag Yz de la figure 2.8 alimenté côté haute tension par une source triphasée équilibrée directe. Pour écrire les équations de fonctionnement du transformateur, nous adopterons les notations suivantes :

– r : résistance d'un bobinage haute tension ;

– ℓ_r : inductance de fuites d'un bobinage haute tension ;

– $\frac{r'}{2}$: résistance d'un demi bobinage basse tension ;

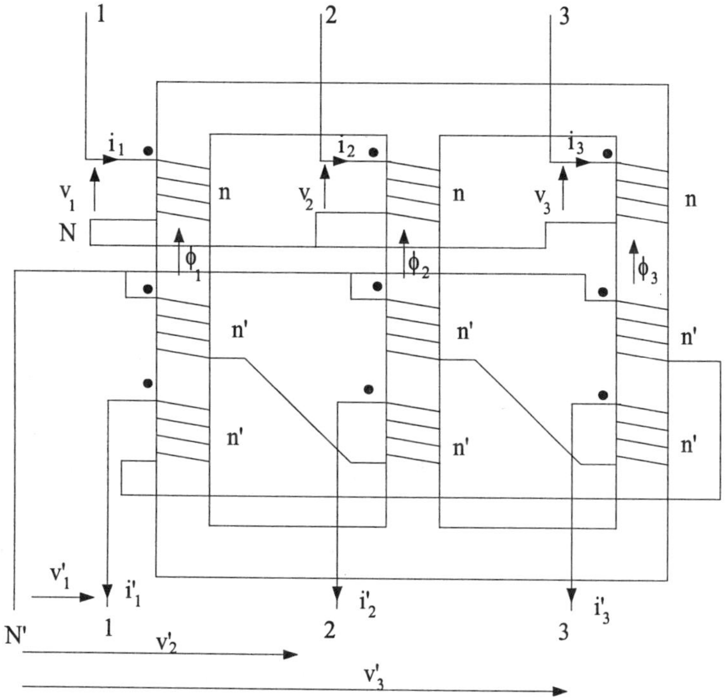

Figure 2.8 Transformateur étoile zigzag.

– $\frac{\ell'}{2}$: inductance de fuites d'un demi bobinage basse tension ;
– n : nombre de spires d'un bobinage haute tension ;
– n' : nombre de spires d'un demi bobinage basse tension ;
– $\mathfrak{R}$: réluctance d'une colonne du transformateur.

a) Équations de fonctionnement

Nous pouvons, avec les orientations données figure 2.8, écrire les équations de fonctionnement relatives aux phases 1 du côté haute tension et du côté basse tension :

$$v_1 = ri_1 + l\frac{\mathrm{d}i_1}{\mathrm{d}t} + n\frac{\mathrm{d}\phi_1}{\mathrm{d}t}$$

$$v'_1 = -r'i'_1 - \ell'\frac{\mathrm{d}i'_1}{\mathrm{d}t} + n'\left(\frac{\mathrm{d}\phi_1}{\mathrm{d}t} - \frac{\mathrm{d}\phi_3}{\mathrm{d}t}\right)$$

$$ni_1 + n'(i'_2 - i'_1) = \mathfrak{R}\phi_1$$

On déduirait les équations relatives aux autres phases par permutation circulaire sur les indices.

En désignant par i_{10} le courant sinusoïdal équivalent au courant parcourant la phase 1 du transformateur à vide alimenté sous la tension v_1 côté haute tension, nous pouvons utiliser la relation : $ni_{10} = \mathfrak{R}\phi_1$ traduisant le fonctionnement à vide du transformateur.

Les équations de fonctionnement deviennent, en utilisant la notation complexe :

$$\underline{V_1} = r_1\underline{I_1} + jl\omega\underline{I_1} + jn\omega\underline{\phi_1}$$

$$\underline{V'_1} = -r'\underline{I'_1} - jl'\omega\underline{I'_1} + jn'\omega(\underline{\phi_1} - \underline{\phi_3})$$

$$n(\underline{I_1} - \underline{I_{10}}) + n'(\underline{I'_2} - \underline{I'_1}) = 0$$

Ces équations permettent de déterminer le schéma équivalent dessiné figure 2.9.

En considérant, comme pour le transformateur monophasé, que la chute de tension dans r et l est négligeable devant V_1, nous pouvons ramener en tête du schéma équivalent l'ensemble R, L : c'est l'hypothèse de Kapp qui conduit au schéma équivalent dessiné figure 2.10.

En posant $i_{1t} = i_1 - i_{10}$, les équations de fonctionnement deviennent :

$$\underline{V_1} = (r + jl\omega)\underline{I_{1t}} + jn\omega\underline{\Phi_1}$$

$$\underline{V'_1} = -(r' + jl'\omega)\underline{I'_1} + jn'\omega(\underline{\Phi_1} - \underline{\Phi_3})$$

$$n\underline{I_{1t}} + n'(\underline{I'_2} - \underline{I'_1}) = 0$$

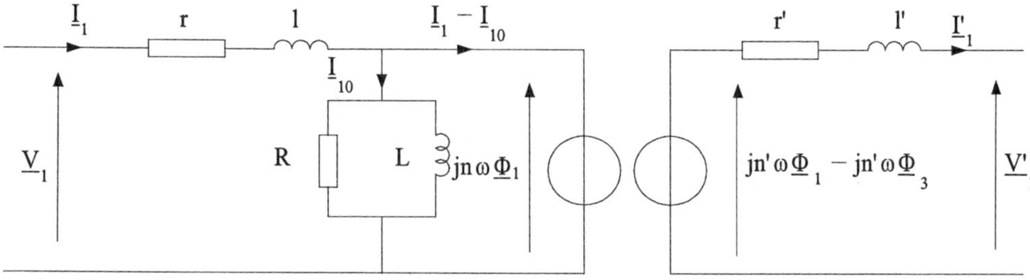

Figure 2.9 Schéma équivalent d'une phase du transformateur.

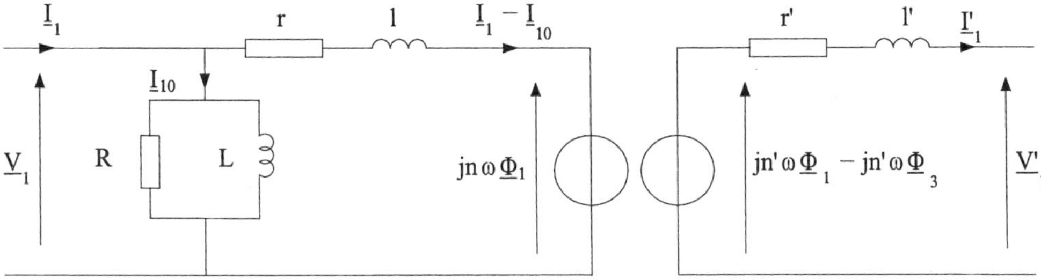

Figure 2.10 Schéma équivalent dans le cadre de l'hypothèse de Kapp.

Dans ces équations relatives à la phase 1 interviennent :

– la phase 2 par son courant $\underline{I_2'}$;

– la phase 3 par son flux $\underline{\Phi_3}$.

Nous devons les éliminer pour ne garder que des grandeurs relatives à la phase 1.

b) Rapport de transformation complexe

Les flux, tout comme les courants et les tensions, sont des systèmes triphasés équilibrés. De plus nous avons supposé que ces systèmes étaient directs. Nous pouvons tracer figure 2.11 le diagramme de Fresnel relatif aux flux dans les trois colonnes du transformateur.

Ce diagramme nous permet de voir que la différence $\underline{\Phi_1} - \underline{\Phi_3}$ représente un flux en retard d'un angle $\frac{\pi}{6}$ par rapport à ϕ_1 et dont la valeur efficace est $\sqrt{3}$ fois plus grande que celle de ϕ_1 et ϕ_3. Cette différence a donc pour expression :

$$\underline{\Phi_1} - \underline{\Phi_3} = \sqrt{3}\underline{\Phi_1}e^{-j\frac{\pi}{6}}$$

De la même façon, nous pouvons évaluer la différence $\underline{I_2'} - \underline{I_1'}$:

$$\underline{I_2'} - \underline{I_1'} = -(\underline{I_1'} - \underline{I_2'}) = -\sqrt{3}\underline{I_1'}e^{j\frac{\pi}{6}}$$

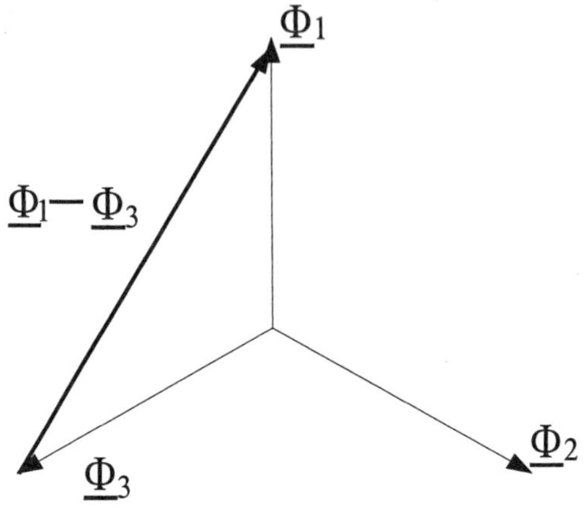

Figure 2.11 Diagramme de Fresnel des flux.

Les équations de fonctionnement s'écrivent donc :

$$(1) \qquad \underline{V_1} = (r + jl\omega)\underline{I_{1t}} + jn\omega\underline{\Phi_1}$$

$$(2) \qquad \underline{V_1'} = -(r' + jl'\omega)\underline{I_1'} + jn'\omega\sqrt{3}\underline{\Phi_1}e^{-j\frac{\pi}{6}}$$

$$(3) \qquad n\underline{I_{1t}} - n'\sqrt{3}\underline{I_1'}e^{j\frac{\pi}{6}} = 0$$

Les expressions $jn\omega\underline{\Phi_1}$ et $jn'\omega\sqrt{3}\underline{\Phi_1}e^{-j\frac{\pi}{6}}$ apparaissant dans les équations 1 et 2 représentent les f.é.m. induites par phase respectivement au primaire et au secondaire du transformateur. Leur rapport est par définition le rapport de transformation en tension du transformateur :

$$\underline{m} = \frac{jn'\omega\sqrt{3}\underline{\Phi_1}e^{-j\frac{\pi}{6}}}{jn\omega\underline{\Phi_1}} = \sqrt{3}\frac{n'}{n}e^{-j\frac{\pi}{6}}$$

Ce rapport est un nombre complexe, il rend compte par son module du rapport des valeurs efficaces des tensions et par son argument du déphasage entre ces mêmes grandeurs.

Remarque : On peut montrer que son argument α est lié à l'indice horaire du transformateur par la relation : $\alpha = \pm H\frac{\pi}{6}$ le signe étant lié à l'utilisation du transformateur :

$\alpha = -H\frac{\pi}{6}$ pour un transformateur abaisseur ;

$\alpha = +H\frac{\pi}{6}$ pour un transformateur élévateur.

L'équation 3 nous permet d'écrire :

$$\frac{\underline{I_{1t}}}{\underline{I'_1}} = \sqrt{3}\frac{n'}{n}e^{j\frac{\pi}{6}}$$

Ce rapport mesure le rapport de transformation en courant du transformateur. Rapports de transformation en tension et en courant ont donc même module mais des arguments opposés : ce sont deux nombres complexes conjugués désignés respectivement par $\underline{m}$ et $\underline{m}^*$:

$$\frac{\underline{I_{1t}}}{\underline{I'_1}} = \underline{m}^*$$

De l'équation 1 on tire :

$$jn\omega\underline{\Phi_1} = \underline{V_1} - (r + jl\omega)\underline{I_{1t}}$$

Dans ces conditions, l'équation 2 devient :

$$\underline{V'_1} = -(r' + jl'\omega)\underline{I'_1} + \underline{m}[\underline{V_1} - (r + jl\omega)\underline{I_{1t}}]$$

Soit en tenant compte du rapport de transformation en courant :

$$\begin{aligned} \underline{V'_1} &= -(r' + jl'\omega)\underline{I'_1} + \underline{m}\underline{V_1} - \underline{m}(r + jl\omega)m^*\underline{I'_1} \\ &= \underline{m}\underline{V_1} - [(r' + jl'\omega) + \underline{m}\,\underline{m}^*(r + jl\omega)]\underline{I'_1} \end{aligned}$$

Dans cette expression figure le produit $\underline{m}\,\underline{m}^*$ qui est égal au carré du module commun m des deux rapports de transformation.

Les équations de fonctionnement du transformateur se ramènent finalement aux trois équations écrites ci-dessous en posant : $r_S = (r' + m^2 r)$ et $l_S = l' + m^2 l$.

$$\underline{V'_1} = \underline{m}\underline{V_1} - r_S\underline{I'_1} - jl_S\omega\underline{I'_1}$$

$$\underline{I_{1t}} = \underline{m}^*\underline{I'_1}$$

$$\underline{I_1} = \underline{I_{1t}} + \underline{I_{10}}$$

Elles sont traduites par le schéma équivalent dessiné figure 2.12 qui présente de nombreuses similitudes avec celui du transformateur monophasé mais qui, de plus rend compte du déphasage entre les grandeurs primaires et secondaires.

Ce schéma, que nous avons établi pour le transformateur étoile zigzag pris en exemple, se généralise à tous les couplages.

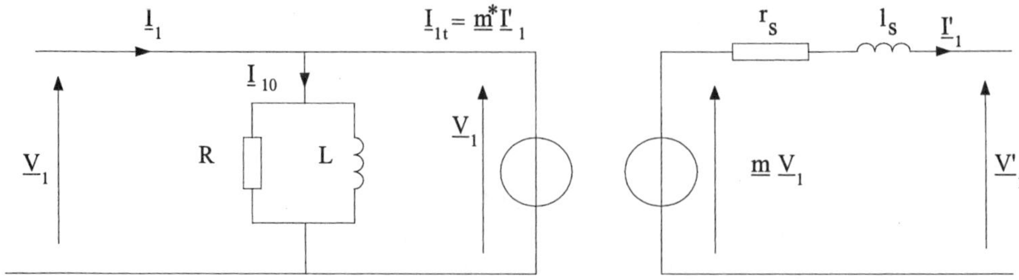

Figure 2.12 Schéma équivalent par phase.

c) Détermination des éléments du modèle

Quel que soit le couplage du transformateur, deux essais permettent de déterminer les éléments de ce schéma équivalent :

Essai à vide sous tension nominale : le transformateur est alimenté par une source triphasée équilibrée directe.

On mesure les valeurs efficaces des tensions primaire V_0 et secondaire V_0' ainsi que le retard angulaire α d'une tension simple ou composée secondaire sur sa tension homologue côté primaire. On mesure également la valeur efficace du courant ligne primaire I_0 ainsi que les puissances active P_0 et réactive Q_0 absorbées par le primaire lors de cet essai. On détermine ainsi :

– le rapport de transformation complexe par phase : $\underline{m} = \dfrac{V_0'}{V_0}\,\mathrm{e}^{j\alpha}$;

– la résistance $R = \dfrac{3V_0^2}{P_0}$;

– l'inductance magnétisante $L = \dfrac{3V_0^2}{\omega Q_0}$.

Essai en court-circuit sous tension réduite : le transformateur dont le secondaire est fermé sur un court-circuit équilibré est alimenté par une source triphasée elle-même équilibrée. Cette dernière est réglée de façon à obtenir un courant voisin du courant nominal des bobinages.

On mesure les valeurs efficaces des tensions primaire V_{CC}, du courant ligne primaire I_{CC} ou du courant ligne secondaire I_{CC}' ainsi que les puissances active P_{CC} et réactive Q_{CC} absorbées lors de cet essai. On détermine ainsi :

– la résistance des bobinages ramenée du côté secondaire :

$$r_s = \frac{P_{CC}}{3I_{CC}'^2} = \frac{m^2 P_{CC}}{3I_{CC}^2}$$

– L'inductance de fuites des bobinages ramenée du côté secondaire :

$$l_s\omega = \frac{Q_{CC}}{3I'^2_{CC}} = m^2\frac{\sqrt{(3V_{CC}I_{CC})^2 - P^2_{CC}}}{3I^2_{CC}}$$

2.4 FONCTIONNEMENT EN PARALLÈLE

Dans les réseaux de distribution, on est très souvent amené à faire fonctionner les transformateurs en parallèle. C'est notamment le cas lorsqu'il y a accroissement de la consommation : on préfère alors mettre un second transformateur en parallèle sur le premier plutôt que de le changer.

De la même façon, lorsque la puissance demandée à un poste de production ou de distribution subit de grandes fluctuations quotidiennes, il est plus intéressant de fractionner la puissance à l'aide de plusieurs transformateurs fonctionnant en parallèle. On adapte alors le nombre de transformateurs en service à la puissance demandée, le but recherché étant d'être toujours le plus près possible du point donnant le meilleur rendement de chacun des transformateurs.

2.4.1 Conditions de mise en parallèle

Considérons le schéma de la figure 2.13 et examinons ce qui va se passer au moment de la mise en parallèle de T'' sur T' supposés abaisseurs de tension. Les enroulements HT seront d'abord connectés sur le réseau ; apparaîtront alors les tensions côté BT entre les points a'', b'' et c'' de T''. Il faut éviter l'apparition de courants de circulation pouvant être très élevés entre les deux transformateurs. Pour cela, il faudra que les tensions développées entre les points a', b' et c' soient les mêmes en valeur efficace et en phase que celles développées entre les points a'', b'' et c''.

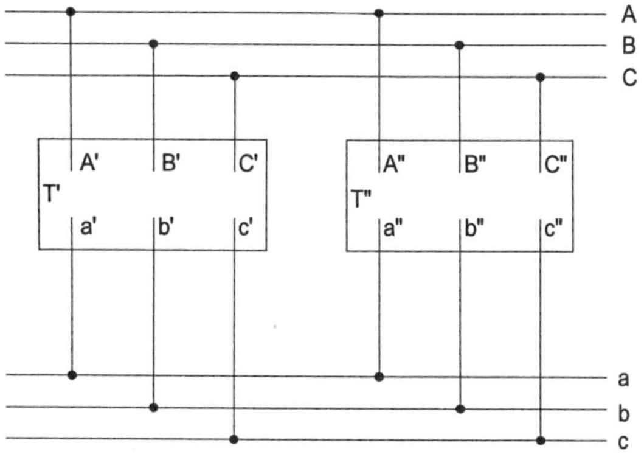

Figure 2.13 Couplage en parallèle de deux transformateurs triphasés.

La conséquence immédiate de ces remarques est que les deux transformateurs devront avoir :

– le même rapport de transformation complexe si nous nous référons au schéma équivalent par phase ;

– le même rapport de transformation et le même indice horaire si nous nous référons au schéma équivalent par colonne.

2.4.2 Schéma équivalent

Le schéma équivalent par phase de l'association est dessiné figure 2.14. Désignons par :

– Z' l'association en parallèle de R' et L' ;

– Z'' l'association en parallèle de R'' et L'' ;

– Z'_S l'association en série de r'_S et l'_S ;

– Z''_S l'association en série de r''_S et l''_S.

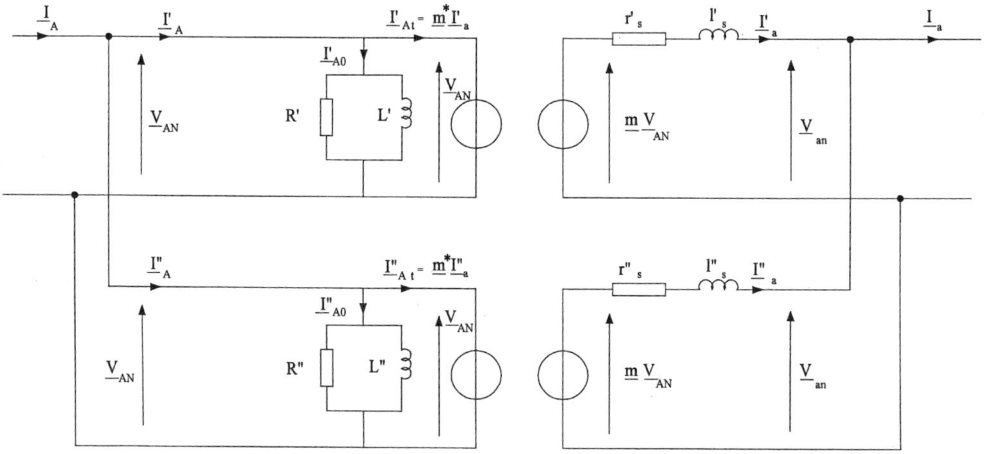

Figure 2.14 Schéma équivalent par phase de l'association en parallèle.

Pour simplifier ce schéma, il suffit de remarquer que, vu du côté HT, Z' et Z'' sont montées en parallèle et donc équivalentes à une impédance unique $\underline{Z}$ donnée par $\underline{Z} = \dfrac{\underline{Z'}\,\underline{Z''}}{\underline{Z'} + \underline{Z''}}$ traversée par le courant $\underline{I_{A0}} = \underline{I'_{A0}} + \underline{I''_{A0}}$. Les deux générateurs, délivrant la même f.é.m. peuvent, quant à eux, être remplacés par un générateur unique traversé par le courant $\underline{I_{At}} = \underline{I'_{At}} + \underline{I''_{At}}$.

Le théorème de Thévenin appliqué du côté basse tension permet de remplacer l'association en parallèle par un générateur de f.é.m.: $\underline{m}\,\underline{V_{AN}}$ et d'impédance interne : $\underline{Z_S} = \dfrac{\underline{m}\,\underline{V_{AN}}}{\underline{I_{aCC}}} = \dfrac{\underline{Z'_S}\,\underline{Z''_S}}{\underline{Z'_S} + \underline{Z''_S}}$.

L'association en parallèle des deux transformateurs est donc équivalente à un transformateur unique de même indice horaire et même rapport de transformation que les deux transformateurs qu'il remplace.

Les impédances internes sont équivalentes à la mise en parallèle des impédances correspondantes du schéma équivalent de chacun des transformateurs.

Le schéma équivalent correspondant est dessiné figure 2.15.

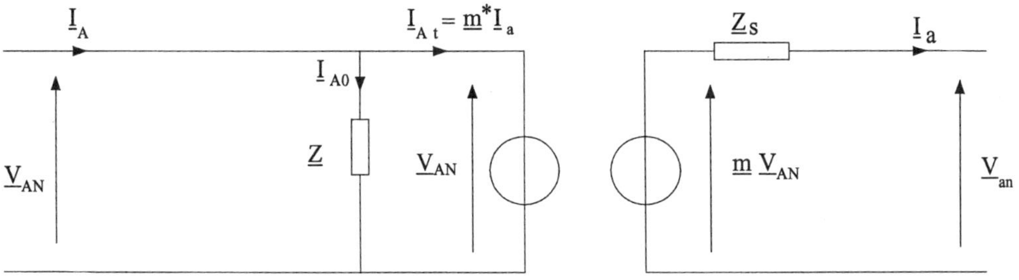

Figure 2.15 Schéma équivalent simplifié de l'association en parallèle.

2.4.3 Répartition des puissances

Si nous nous intéressons à la chute de tension $\Delta \underline{V_{an}} = \underline{m}\,\underline{V_{AN}} - \underline{V_{an}}$, nous pouvons l'écrire de trois façons différentes selon que nous nous intéressons à T', T'', ou au schéma équivalent de l'association des deux transformateurs :

$$\Delta \underline{V_{an}} = \underline{m}\,\underline{V_{AN}} - \underline{V_{an}} = \underline{Z'_S}\,\underline{I'_a} = \underline{Z''_S}\,\underline{I''_a} = \underline{Z_S}\,\underline{I_a}$$

Nous pouvons alors en déduire une relation entre les puissances apparentes des deux transformateurs :

$$\frac{S'}{S''} = \frac{3V_{an}I'_a}{3V_{an}I''_a} = \frac{Z''_S}{Z'_S}$$

Pour tirer le meilleur parti de l'association des deux transformateurs, ils devront atteindre en même temps leur puissance apparente nominale, il faudra donc que :

$$\frac{Z''_S}{Z'_S} = \frac{S'_n}{S''_n}$$

Si ce n'était pas le cas, on modifierait l'inductance de fuites (pour ne pas augmenter les pertes) de l'un des transformateurs en ajoutant une inductance en série avec chacun de ses enroulements.

Dans ces conditions, la puissance apparente nominale de l'ensemble a pour expression :

$$S_n = 3V_{an}I_{an} = 3V_{an}|\underline{I'_{an}} + \underline{I''_{an}}|$$

Elle sera donc maximale lorsque les courants débités par les deux transformateurs seront en phase, soit lorsque :

$$\frac{r''_S}{r'_S} = \frac{l''_n}{l'_n}$$

Cette condition pourra être remplie en agissant sur les résistances et (ou) les inductances des bobinages de l'un des transformateurs.

Le fonctionnement idéal de l'association en parallèle des deux transformateurs sera donc obtenue lorsque seront satisfaites les égalités :

$$\frac{Z''_S}{Z'_S} = \frac{r''_S}{r'_S} = \frac{l''_S}{l'_S} = \frac{S'_n}{S''_n}.$$

Remarque : Tout ce que nous avons énoncé ici pour le fonctionnement en parallèle des transformateurs triphasés se généralise, d'une manière plus simple, aux transformateurs monophasés.

2.5 FONCTIONNEMENT EN RÉGIME DÉSÉQUILIBRÉ

Nous adoptons ici le point de vue de l'utilisateur : le transformateur, qui est alimenté par un système triphasé équilibré alimente une charge déséquilibrée. Le problème que nous nous posons est de savoir dans quelles conditions, notamment de couplage, les tensions secondaires restent équilibrées.

Nous illustrerons notre propos en considérant un transformateur abaisseur de tension et nous envisagerons les différents couplages des enroulements.

Dans tout ce qui suit, nous négligeons les résistances et les inductances de fuite des différents bobinages. Nous considérons par ailleurs que les réluctances des trois colonnes du transformateur sont identiques.

2.5.1 Couplage Yy$_n$

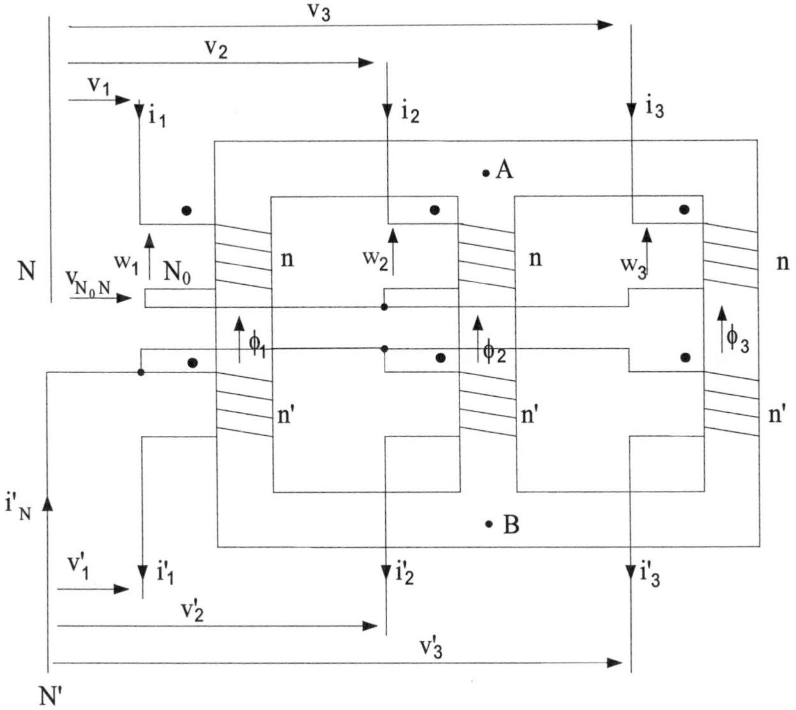

Figure 2.16 Couplage Yy$_n$.

Les tensions (w_1, w_2, w_3) sont les tensions apparaissant aux bornes des bobinages haute tension. Elles représentent les tensions développées entre chacune des phases primaires et le point commun N_0 aux trois bobinages. Il faut les distinguer des tensions simples (v_1, v_2, v_3) imposées par l'alimentation et qui apparaissent entre chacune des phases et le neutre N du réseau d'alimentation.

On désigne par n et n' les nombres de spires respectifs des bobinages HT et BT.

a) Condition d'équilibre des tensions secondaires

Compte tenu des orientations définies sur la figure 2.16 et des hypothèses énoncées en préambule, les valeurs efficaces complexes des différentes grandeurs sont liées par les relations :

$$\underline{V_1'} = -jn'\omega\underline{\Phi_1}$$

$$\underline{V_2'} = -jn'\omega\underline{\Phi_2}$$

$$\underline{V_3'} = -jn'\omega\underline{\Phi_3}$$

Ces équations montrent que les tensions secondaires ne pourront être équilibrées que si les flux constituent eux-mêmes un système triphasé équilibré.

Ces flux sont liés aux tensions primaires par les relations :

$$\underline{V_1} = \underline{W_1} + \underline{V_{N_0N}} = jn\omega\underline{\Phi_1} + \underline{V_{N_0N}}$$

$$\underline{V_2} = \underline{W_2} + \underline{V_{N_0N}} = jn\omega\underline{\Phi_2} + \underline{V_{N_0N}}$$

$$\underline{V_3} = \underline{W_3} + \underline{V_{N_0N}} = jn\omega\underline{\Phi_3} + \underline{V_{N_0N}}$$

Les tensions $(\underline{V_1}, \underline{V_2}, \underline{V_3})$ sont équilibrées. Pour que les flux constituent eux aussi un système triphasé équilibré, il est nécessaire que la différence de potentiel $\underline{V_{N_0N}}$ soit nulle.

La somme des trois équations ci-dessus, écrite en tenant compte du fait que la somme $\underline{V_1} + \underline{V_2} + \underline{V_3}$ est nulle (somme des tensions simples développées par le réseau d'alimentation équilibré), conduit à :

$$0 = jn\omega(\underline{\Phi_1} + \underline{\Phi_2} + \underline{\Phi_3}) + 3\underline{V_{N_0N}}$$

Soit en désignant par $\underline{\Phi_S}$ la somme des flux $\underline{\Phi_1}$, $\underline{\Phi_2}$ et $\underline{\Phi_3}$:

$$3\underline{V_{N_0N}} = -jn\omega\underline{\Phi_S}$$

Pour que les flux soient équilibrés, il suffit donc que leur somme $\underline{\Phi_S}$ soit nulle.

b) Expression du flux ϕ_S

Pour se refermer, les lignes de champ magnétique constituant le flux ϕ_S empruntent un trajet de réluctance $\Re_S$ symbolisé sur la figure 2.17.

En utilisant l'analogie entre les circuits électriques et magnétiques, nous pouvons raisonner à partir du schéma dessiné figure 2.18. Sur ce schéma apparaissent, outre la réluctance $\Re_S$, les forces magnétomotrices des différents bobinages ainsi que les réluctances $\Re$ de chacune des colonnes du transformateur.

Ce schéma nous permet d'écrire les différentes expressions de la différence de potentiel magnétique $v_A - v_B$:

$$v_A - v_B = ni_1 + n'i'_1 - \Re\phi_1$$

$$v_A - v_B = ni_2 + n'i'_2 - \Re\phi_2$$

$$v_A - v_B = ni_3 + n'i'_3 - \Re\phi_3$$

$$v_A - v_B = \Re_S\phi_S$$

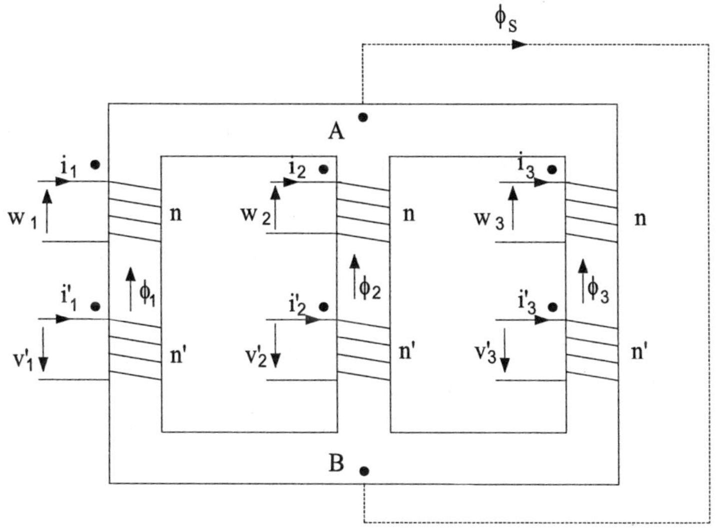

Figure 2.17 Répartition des flux.

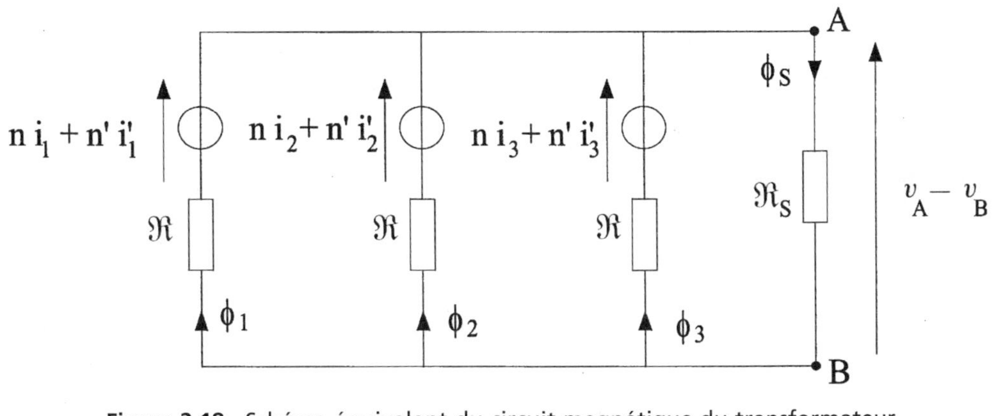

Figure 2.18 Schéma équivalent du circuit magnétique du transformateur.

La somme de ces trois premières équations donne en remplaçant $v_A - v_B$ par $\Re_S \phi_S$:

$$3\,\Re_S \phi_S = n(i_1 + i_2 + i_3) + n'(i'_1 + i'_2 + i'_3) - \Re(\phi_1 + \phi_2 + \phi_3)$$

Dans cette expression :

– la somme $i_1 + i_2 + i_3$ est nulle puisque le neutre primaire n'est pas connecté ;
– la somme $i'_1 + i'_2 + i'_3$ est égale au courant neutre secondaire i'_N ;
– la somme $\phi_1 + \phi_2 + \phi_3$ est égale au flux ϕ_S.

Nous en déduisons :

$$(\mathfrak{R} + 3\mathfrak{R}_S)\phi_S = n'i'_N$$

Cette expression nous montre que l'existence d'un courant neutre secondaire i'_N non nul entraîne un déséquilibre des flux (ϕ_1,ϕ_2,ϕ_3) dont la somme ϕ_S est proportionnelle à i'_N.

Ce déséquilibre des flux se traduit alors par un déséquilibre des tensions secondaires.

Remarque : Le flux ϕ_S est inversement proportionnel à la réluctance $\mathfrak{R}_S$, cette dernière devra donc être la plus élevée possible ce qui exclut, pour cette utilisation, l'emploi d'un transformateur à 4 ou 5 colonnes.

c) Conclusion

Le transformateur $\mathrm{Yy_n}$ n'est pas adapté à un fonctionnement sur charge déséquilibrée.

Afin d'imposer l'équilibre des flux, on peut imposer des tensions équilibrées aux bornes des bobinages primaires. Deux couplages sont alors possibles : le couplage $\mathrm{Y_Ny_n}$ et le couplage $\mathrm{Dy_n}$.

Le couplage $\mathrm{Y_Ny_n}$ peut être traité comme le couplage $\mathrm{Yy_n}$ en considérant que la tension V_{N_0N} est nulle et que la somme $i_1 + i_2 + i_3$ des courants primaires est alors égale au courant neutre primaire i_N. Le flux ϕ_S est alors nul et on montre facilement que les courants neutres primaire et secondaire sont liés par la relation :

$$ni_N + n'i'_N = 0$$

Le couplage $\mathrm{Y_Ny_n}$ est bien adapté à un fonctionnement sur charge déséquilibrée, mais il présente l'inconvénient de nécessiter un conducteur neutre primaire traversé par un courant proportionnel au courant neutre secondaire.

2.5.2 Couplage $\mathrm{Dy_n}$

Pour ce type de couplage dessiné figure 2.19, le réseau d'alimentation fait apparaître aux bornes des bobinages primaires les tensions composées (u_{13},u_{21},u_{32}). *Ces tensions étant équilibrées, elles imposent l'équilibre des flux* (ϕ_1,ϕ_2,ϕ_3) *et par là même l'équilibre des tensions secondaires.*

On peut retrouver ces résultats à l'aide des équations de fonctionnement du transformateur et du schéma équivalent du circuit magnétique dessiné figure 2.20.

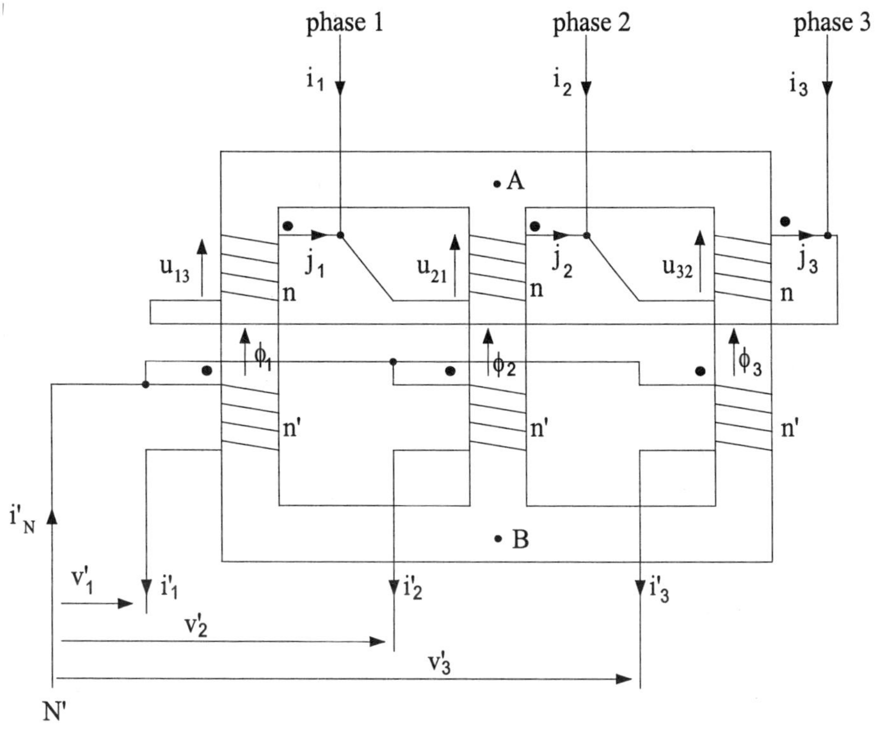

Figure 2.19 Couplage Dy_n.

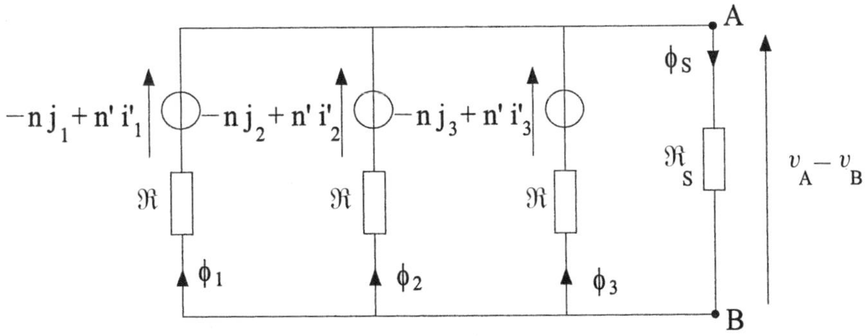

Figure 2.20 Schéma équivalent du circuit magnétique.

Les tensions aux bornes des bobinages sont liées aux flux par les relations :

$$\underline{U_{13}} = jn\omega\underline{\Phi_1} \qquad \underline{V'_1} = -jn'\omega\underline{\Phi_1}$$

$$\underline{U_{21}} = jn\omega\underline{\Phi_2} \qquad \underline{V'_2} = -jn'\omega\underline{\Phi_2}$$

$$\underline{U_{32}} = jn\omega\underline{\Phi_3} \qquad \underline{V'_3} = -jn'\omega\underline{\Phi_3}$$

Les équations relatives au circuit magnétique s'écrivent :

$$v_A - v_B = \mathfrak{R}_S \phi_S$$

$$v_A - v_B = nj_1 + n'i'_1 - \mathfrak{R}\phi_1$$

$$v_A - v_B = nj_2 + n'i'_2 - \mathfrak{R}\phi_2$$

$$v_A - v_B = nj_3 + n'i'_3 - \mathfrak{R}\phi_3$$

Les flux étant équilibrés, leur somme $\phi_S = \phi_1 + \phi_2 + \phi_3$ est nulle tout comme la différence de potentiel magnétique $v_A - v_B$. Ces équations deviennent donc :

$$-nj_1 = n'i'_1$$

$$-nj_2 = n'i'_2$$

$$-nj_3 = n'i'_3$$

Elles montrent que le déséquilibre des courants secondaires est entièrement reporté sur les courants phase du primaire.

L'addition de ces équations permet alors d'écrire :

$$n(j_1 + j_2 + j_3) = n'(i'_1 + i'_2 + i'_3) = n'i'_N$$

En remarquant que la somme $i'_1 + i'_2 + i'_3$ est égale au courant neutre secondaire i'_N.

Les courants ligne primaire sont donnés par les relations :

$$i_1 = j_1 - j_2 = \frac{n'}{n}(i'_2 - i'_1)$$

$$i_2 = j_2 - j_3 = \frac{n'}{n}(i'_3 - i'_2)$$

$$i_3 = j_3 - j_1 = \frac{n'}{n}(i'_1 - i'_3)$$

Leur somme est évidemment nulle quel que soit le déséquilibre de la charge. Par contre, la somme des courants phase est proportionnelle au courant neutre secondaire.

Le couplage Dy_n est bien adapté à un fonctionnement sur charge déséquilibré.

Il peut par contre poser des problèmes d'isolement pour les hautes tensions puisque les enroulements couplés en triangle supportent la tension composée du réseau d'alimentation.

2.5.3 Couplage Yz_n

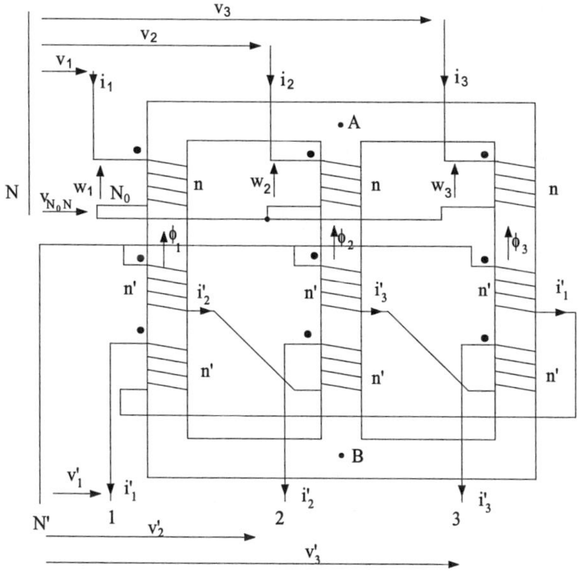

Figure 2.21 Couplage Yz_n.

Les tensions $(\underline{W_1}, \underline{W_2}, \underline{W_3})$ sont les tensions apparaissant aux bornes des bobinages haute tension. Elles représentent les tensions développées entre chacune des phases primaires et le point commun N_0 aux trois bobinages. Il faut les distinguer des tensions simples $(\underline{V_1}, \underline{V_2}, \underline{V_3})$ imposées par l'alimentation et qui apparaissent entre chacune des phases et le neutre N du réseau d'alimentation.

a) *Équations de fonctionnement*

Compte tenu des orientations définies sur la figure 2.21, les valeurs efficaces complexes des différentes grandeurs sont liées par les relations :

$$\underline{V_1'} = jn'\omega(\underline{\Phi_1} - \underline{\Phi_3})$$

$$\underline{V_2'} = jn'\omega(\underline{\Phi_2} - \underline{\Phi_1})$$

$$\underline{V_3'} = jn'\omega(\underline{\Phi_3} - \underline{\Phi_2})$$

Les flux sont liés aux tensions primaires par les relations :

$$\underline{V_1} = \underline{W_1} + \underline{V_{N_0N}} = jn\omega\underline{\Phi_1} + \underline{V_{N_0N}}$$

$$\underline{V_2} = \underline{W_2} + \underline{V_{N_0N}} = jn\omega\underline{\Phi_2} + \underline{V_{N_0N}}$$

$$\underline{V_3} = \underline{W_3} + \underline{V_{N_0N}} = jn\omega\underline{\Phi_3} + \underline{V_{N_0N}}$$

La somme des trois équations ci-dessus, écrite en tenant compte du fait que la somme $\underline{V_1} + \underline{V_2} + \underline{V_3}$ est nulle (somme des tensions simples développé par le réseau d'alimentation équilibré), conduit à :

$$0 = jn\omega(\underline{\Phi_1} + \underline{\Phi_1} + \underline{\Phi_1}) + 3\underline{V_{N_0N}}$$

Soit en désignant par $\underline{\Phi_S}$ la somme des flux $\underline{\Phi_1}$, $\underline{\Phi_2}$, $\underline{\Phi_3}$:

$$3\underline{V_{N_0N}} = -jn\omega\underline{\Phi_S}$$

b) *Expression du flux ϕ_S*

Le schéma équivalent du circuit magnétique du transformateur est dessiné figure 2.22.

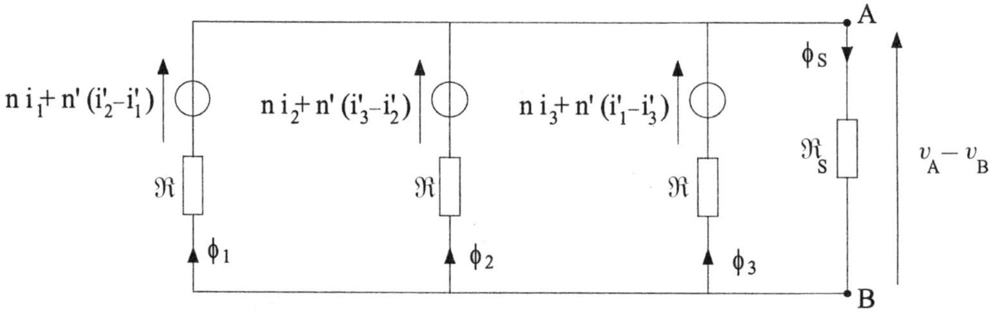

Figure 2.22 Schéma équivalent du circuit magnétique.

Ce schéma permet d'écrire les équations :

$$v_A - v_B = \mathfrak{R}_S\phi_S$$

$$v_A - v_B = ni_1 + n'(i'_2 - i'_1) - \mathfrak{R}\phi_1$$

$$v_A - v_B = ni_2 + n'(i'_3 - i'_2) - \mathfrak{R}\phi_2$$

$$v_A - v_B = ni_3 + n'(i'_1 - i'_3) - \mathfrak{R}\phi_3$$

L'addition des trois dernières équations, en remplaçant $v_A - v_B$ par $\mathfrak{R}_S\phi_S$ conduit à :

$$3\mathfrak{R}_S\phi_S = n(i_1 + i_2 + i_3) - \mathfrak{R}(\phi_1 + \phi_2 + \phi_3)$$

Dans cette équation, la somme $i_1 + i_2 + i_3$ est nulle puisque le neutre primaire n'est pas raccordé au réseau et la somme $\phi_1 + \phi_2 + \phi_3$ est égale à ϕ_S. Nous pouvons donc en déduire que :

$$(\mathfrak{R} + 3\mathfrak{R}_S)\phi_S = 0$$

Les réluctances $\mathfrak{R}$ et $\mathfrak{R}_S$ étant non nulles, cette équation montre que le *flux ϕ_S est nul quel que soit le déséquilibre de la charge.*

c) Conclusion

La différence de potentiel $\underline{V_{N_0N}}$ qui est proportionnelle au flux ϕ_S est également nulle. Les tensions aux bornes des bobinages sont alors données par :

$$\underline{V_1} = \underline{W_1} = jn\omega\underline{\Phi_1}$$

$$\underline{V_2} = \underline{W_2} = jn\omega\underline{\Phi_2}$$

$$\underline{V_3} = \underline{W_3} = jn\omega\underline{\Phi_3}$$

Les tensions simples (v_1, v_2, v_3) développées par le réseau d'alimentation étant équilibrées, imposent l'équilibre des flux et par conséquence l'équilibre des tensions secondaires données par :

$$\underline{V_1'} = jn'\omega(\underline{\Phi_1} - \underline{\Phi_3})$$
$$\underline{V_2'} = jn'\omega(\underline{\Phi_2} - \underline{\Phi_1})$$
$$\underline{V_3'} = jn'\omega(\underline{\Phi_3} - \underline{\Phi_2})$$

Le couplage Yz_n est donc bien adapté à l'alimentation d'une charge déséquilibrée.

Il présente l'avantage d'un couplage étoile sans neutre au primaire permettant de s'affranchir du conducteur neutre et de réduire les problèmes d'isolement pour les hautes tensions. À tensions secondaires égales, il nécessite par contre un nombre de spires secondaires $\sqrt{3}$ fois plus élevé qu'un montage étoile avec neutre.

> ***Remarque :*** On pourrait retrouver ces différents résultats à partir des composantes symétriques des grandeurs triphasées. Les grandeurs $\underline{\Phi_S}$ et $\underline{V_{N_0N}}$ intervenant dans les calculs précédents sont proportionnelles aux composantes homopolaires des flux et des tensions $(\underline{W_1}, \underline{W_2}, \underline{W_3})$.

Chapitre 3

Les machines tournantes : généralités

3.1 INTRODUCTION

On pose ici le problème de la conversion (éventuellement réversible) d'énergie électrique en énergie mécanique et réciproquement.

3.1.1 Les cahiers des charges

Il en existe deux :

– dans le cas d'un moteur, on cherche à entraîner une charge mécanique en rotation ou en translation : il faut donc convertir de l'énergie électrique en énergie mécanique ;

– dans le cas d'un générateur, on veut produire de l'énergie électrique en utilisant une « source » d'énergie mécanique (turbine à vapeur ou hydraulique, gravité...) : la conversion s'effectue en sens inverse, l'énergie mécanique est convertie en énergie électrique.

Le dispositif électrique doit être le plus compact et le plus « efficace » possible. Il peut, dans certains cas, être utile de le faire fonctionner de manière réversible.

Nous nous intéresserons uniquement aux dispositifs tournants, les mouvements de translation seront obtenus à l'aide de convertisseurs mécaniques.

La vitesse de rotation du dispositif n'est pas nécessairement constante.

3.1.2 Électrostatique ou électromagnétique ?

La conversion électromécanique d'énergie est un phénomène réversible lié à l'existence de forces électriques ou de forces magnétiques. Pour obtenir un dispositif exploitable industriellement, il faut réunir les conditions les plus favorables possible pour que ces forces puissent s'exercer afin d'obtenir un « bon » rapport poids/puissance.

Pour cela il est essentiel d'avoir une forte densité d'énergie magnétique ou électrique.

L'énergie volumique (énergie emmagasinée par unité de volume) s'exprime sous la forme suivante (en J/m^3) :

– énergie magnétique $W_m = \frac{1}{2}\frac{B^2}{\mu_0\mu_r}$ où B est le champ magnétique, μ_0 la perméabilité de l'air et μ_r la perméabilité relative du matériau considéré ;

– énergie électrique $W_e = \frac{1}{2}\epsilon_0\epsilon_r E^2$ où E est le champ électrique, ϵ_0 la permittivité de l'air et ϵ_r la permittivité relative du matériau considéré.

Dans un circuit magnétique avec entrefer réalisé dans un matériau magnétique courant ($\mu_r = 2\,000$), on obtient facilement une induction de 1 T ce qui conduit à $W_{\text{m air}} \approx 4.10^5$ J/m^3 dans l'entrefer et $W_{\text{m fer}} \approx 2.10^2$ J/m^3 dans le matériau.

Dans un dispositif électrostatique, les valeurs courantes sont de l'ordre de $W_{\text{e air}} \approx 4.4$ J/m^3 pour $E = 10^6$ V/m dans l'air et $W_{\text{e isolant}} \approx 8{,}8.10^3$ J/m^3 pour $E = 2.10^7$ V/m dans un isolant de $\epsilon_r = 5$.

> ***Remarque :*** Les conducteurs n'ayant pas de propriétés magnétiques emmagasinent autant d'énergie magnétique que l'air (soit de l'ordre de $W_{\text{m}} \approx 4.10^5$ J/m^3) alors que l'énergie électrique qu'ils emmagasinent est de l'ordre de $W_{\text{e}} \approx 1{,}8.10^{-13}$ J/m^3 !

On constate donc que l'énergie volumique magnétique est beaucoup plus grande dans les matériaux non ferromagnétiques, que l'énergie volumique électrique emmagasinée dans les isolants.

Cela explique que la grande majorité des convertisseurs industriels sont des machines électromagnétiques et non pas électrostatiques.

3.1.3 La conversion électromécanique

On peut produire une force électromotrice (f.é.m.) par variation du flux ϕ dans un circuit. La valeur de cette f.é.m. est donnée par la loi de Faraday :

$$e(t) = \pm \frac{\mathrm{d}\phi(t)}{\mathrm{d}t}$$

le signe étant déterminé par la convention choisie.

$e(t)$ est exprimée en volts (V), ϕ en webers (W) et t en secondes (s).

La variation de flux peut s'obtenir par déplacement relatif d'un circuit et d'un champ magnétique.

Envisageons par exemple une spire rectangulaire unique de surface S, en rotation à la vitesse Ω dans un champ uniforme $\overrightarrow{B}$ ainsi que le montre la figure 3.1.a.

À l'instant initial, la normale à la spire est orientée selon $\overrightarrow{B}$ donc : $\theta = \Omega t$.

Le flux $\phi(t)$ à travers la spire vaut :

$$\phi(t) = \overrightarrow{B} \, . \, \overrightarrow{S} = BS \cos\theta = \widehat{\phi} \cos\theta,$$

θ est l'angle entre la direction de $\overrightarrow{B}$ et celle de la normale à la spire orientée.

La f.é.m. induite se calcule ainsi : $e(t) = -\dfrac{\mathrm{d}\phi(t)}{\mathrm{d}t} = BS \sin\theta \dfrac{\mathrm{d}\theta}{\mathrm{d}t}$

On en déduit que : $e(t) = BS\Omega \sin(\Omega t) = \widehat{\phi}\Omega \sin(\Omega t)$.

Si la vitesse de rotation est constante, on a bien fabriqué une f.é.m. sinusoïdale de pulsation Ω.

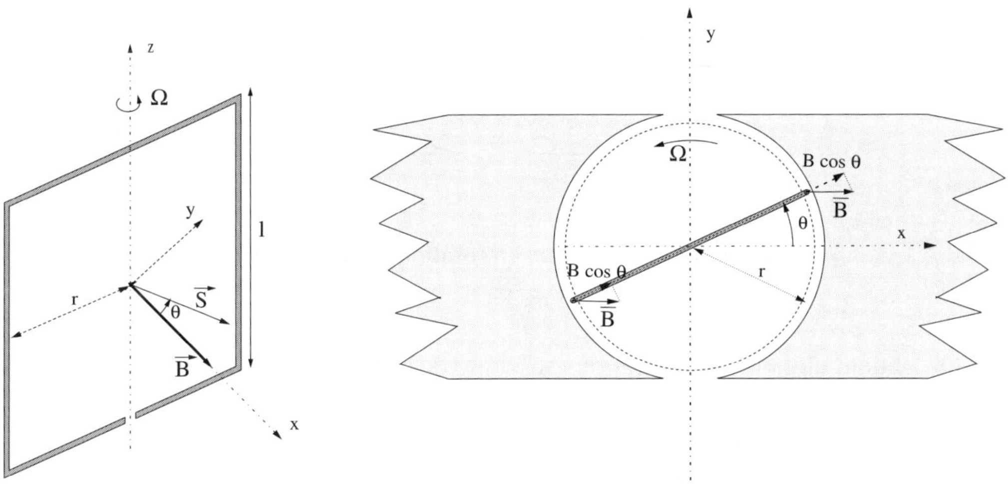

(a) dans l'air

(b) dans un entrefer

Figure 3.1 Spire unique en rotation dans un champ uniforme.

Pour que le dispositif soit « exploitable », il faut produire un champ magnétique suffisamment intense, ce qui n'est possible qu'en disposant la spire au centre d'un entrefer.

Plus l'épaisseur de l'entrefer sera faible, plus il sera aisé de produire ce champ.

On est donc conduit au dispositif de la figure 3.1.b. dans lequel l'épaisseur d'entrefer est obligatoirement supérieure au diamètre de la spire.

Pour augmenter le flux on pourrait être tenté d'augmenter la surface de la spire mais cela conduirait à élargir l'entrefer donc à diminuer l'induction (toutes choses étant égales par ailleurs).

Si l'on dispose la spire autour d'un noyau de matériau magnétique, on réduit énormément l'entrefer, mais le champ magnétique devient radial (figure 3.2).

Il est cependant possible d'obtenir la même expression de flux par une répartition judicieuse de l'induction (voir chapitre 4).

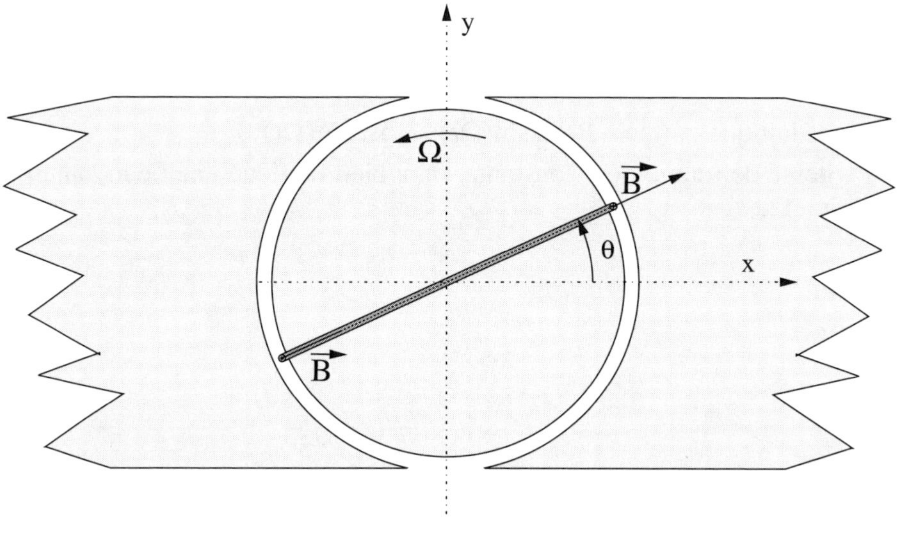

Figure 3.2 Spire unique en rotation dans un entrefer.

On obtient alors la configuration classique des machines électriques, constituées de deux armatures :

– l'une fixe, le stator qui crée un champ magnétique $\overrightarrow{B}_{\text{stator}}$;
– l'autre mobile autour de son axe, le rotor baignant dans le champ magnétique $\overrightarrow{B}_{\text{stator}}$.

3.1.4 Moteur ou génératrice ?

a) Moment magnétique

On définit le moment magnétique $\overrightarrow{M}$ d'un circuit électrique parcouru par un courant d'intensité I par :

$$\overrightarrow{M} = I\,\overrightarrow{S}$$

où $\overrightarrow{S}$ est le vecteur surface du circuit.

$\overrightarrow{M}$ indique la direction des lignes de champ magnétique ; il est orienté du sud vers le nord (loi du bonhomme d'Ampère, du tire-bouchon, des trois doigts...) (figure 3.3).

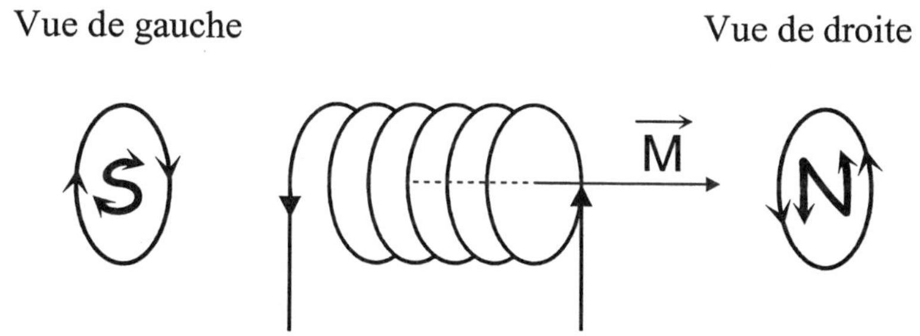

Figure 3.3 Moment magnétique d'une bobine.

Placé dans un champ extérieur $\overrightarrow{B}$, un moment magnétique subit un couple :

$$\overrightarrow{C} = \overrightarrow{M} \wedge \overrightarrow{B}$$

Le module de ce couple vaut : $C = MB \sin\alpha$ où α est l'angle de $\overrightarrow{M}$ vers $\overrightarrow{B}$.

Il est maximum si $\alpha = 90°$, c'est-à-dire si $\overrightarrow{M}$ et $\overrightarrow{B}$ sont perpendiculaires. Il est nul si $\alpha = 0°$, c'est-à-dire si $\overrightarrow{M}$ et $\overrightarrow{B}$ sont colinéaires (figure 3.4).

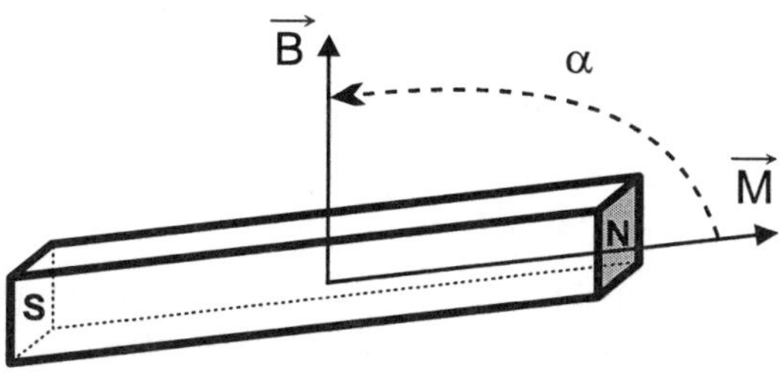

Figure 3.4 Interaction champ-moment.

Remarque : C'est le principe de la boussole, l'aiguille aimantée s'oriente selon le champ magnétique terrestre.

b) Couple électromagnétique et machines

Reprenons le dispositif élaboré au paragraphe 3.1.3. Si la spire placée au rotor est elle aussi parcourue par un courant (quelle qu'en soit l'origine), elle possède donc un moment magnétique $\overrightarrow{M}$ et subit un couple qui peut être positif ou négatif, moteur ou résistant.

Selon qu'il sera moteur ou résistant, ce couple déterminera le type de fonctionnement (moteur ou génératrice) de la machine.

La spire rotorique, parcourue par un courant, est elle-même la source d'un champ magnétique $\overrightarrow{B}_{\text{rotor}}$. Le couple précédent peut aussi s'interpréter comme le résultat de l'interaction entre les champs magnétiques $\overrightarrow{B}_{\text{stator}}$ et $\overrightarrow{B}_{\text{rotor}}$.

Les machines différeront par la manière dont sont produits les champs $\overrightarrow{B}_{\text{stator}}$ et $\overrightarrow{B}_{\text{rotor}}$:

– aimants permanents (possible au stator uniquement) ou/et bobines parcourues par un courant continu pour les machines à courant continu ;
– un bobinage parcouru par un courant continu (ou des aimants permanents), l'autre parcouru par des courants alternatifs pour les machines synchrones et les moteurs pas à pas ;
– deux circuits parcourus par des courants alternatifs pour les machines asynchrones.

3.2 FONCTIONNEMENT D'UN ENSEMBLE MOTEUR/CHARGE ENTRAÎNÉE

3.2.1 Méthode d'étude

Une machine électrique fait toujours partie d'un **système** : à ce titre, elle est forcément reliée à une source électrique (qui peut être un générateur ou un récepteur, réversible ou non) et à un dispositif mécanique qui peut être entraînant ou entraîné.

Dans un premier temps, on peut l'étudier en tant qu'élément isolé mais il faut ensuite rechercher son point de fonctionnement :

– mécanique à l'intersection de ses caractéristiques mécaniques et de celles du dispositif mécanique associé dans le plan couple/vitesse ;
– électrique à l'intersection de ses caractéristiques électriques et de celles de la source électrique dans le plan tension/courant.

Remarque : La démarche de conception de la chaîne doit être ascendante. Dans le cas d'un moteur par exemple, le point de départ est le « travail mécanique » à réaliser qui se traduit sous forme de point(s) de fonctionnement (statiques ou dynamiques) dans le plan couple/vitesse.

De ces contraintes on déduit la motorisation nécessaire puis les points de fonctionnement associés dans le plan tension/courant. Ces derniers permettent de déterminer l'alimentation électrique appropriée.

La solution est rarement unique, le choix entre les différentes possibilités devra tenir compte d'arguments techniques mais aussi économiques. Il est indispensable d'affiner le cahier des charges afin d'avoir la connaissance la plus précise possible de la tâche à réaliser.

3.2.2 Point de fonctionnement

Le point de fonctionnement d'un système est constitué par l'ensemble des valeurs des grandeurs électriques et mécaniques permettant de répondre au cahier des charges. On travaille souvent à la recherche d'un point de fonctionnement stable, qualifié de régime permanent, dans lequel les différentes variables sont constantes.

Dans le cas où l'on envisage une régulation, on parle de point de repos. Les techniques d'automatique linéaire permettent d'étudier les petites variations autour de ce point de repos.

Dans les cas où le cahier des charges impose une variation de vitesse, il est clair que le système travaille en régime dynamique. Cependant, dans la plupart des cas on considère que les variations sont constituées par une succession d'états quasi-stationnaires ce qui permet d'utiliser les caractéristiques des machines établies en régime permanent.

Par ailleurs, le temps de réponse des parties électriques (en particulier des dispositifs d'électronique de puissance) est beaucoup plus court que les temps de réponse mécanique. On considère donc souvent que les grandeurs électriques ont atteint leur régime permanent quand débute le régime transitoire mécanique. On parle de découplage des variables.

a) Recherche d'un point de fonctionnement

La loi d'évolution de la vitesse de rotation d'un groupe machine-charge est régie par le principe fondamental de la dynamique (les couples sont algébriques) :

$$J\frac{\mathrm{d}\Omega}{\mathrm{d}t} = C_m + C'$$

où J représente le moment d'inertie de l'ensemble machine-charge entraînée, exprimé en kg m^2, C_m le couple mécanique développé par la machine et C' le couple de charge en Nm.

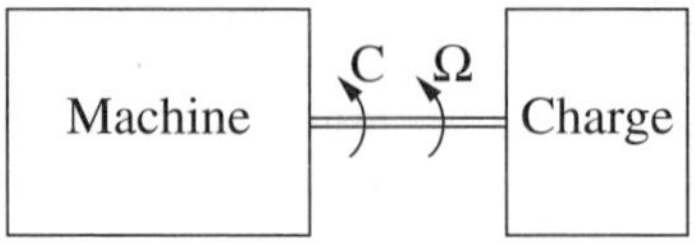

Figure 3.5 Convention de signe.

Les sens positifs du couple et de la vitesse sont indiqués sur la figure 3.5.

La connaissance de la caractéristique mécanique de la charge $C'(\Omega)$ et celle de la machine $C_m(\Omega)$ permettent de déterminer le point de fonctionnement soit graphiquement, soit algébriquement.

Le point de fonctionnement en régime permanent est caractérisé par le fait que la vitesse est constante, donc $C_m = -C'$.

La connaissance du couple C_m et de la vitesse Ω permet ensuite de trouver la valeur des différents paramètres (tension, courant...) d'alimentation de la machine.

Une fois le point de fonctionnement déterminé, on doit vérifier qu'il est stable.

b) Stabilité d'un point de fonctionnement

Supposons qu'à la suite d'un événement extérieur la machine s'écarte de son point de fonctionnement. Si elle y revient à l'issue d'un régime transitoire, le point de fonctionnement est stable, dans le cas contraire, il est instable.

Examinons l'exemple représenté sur la figure 3.6.

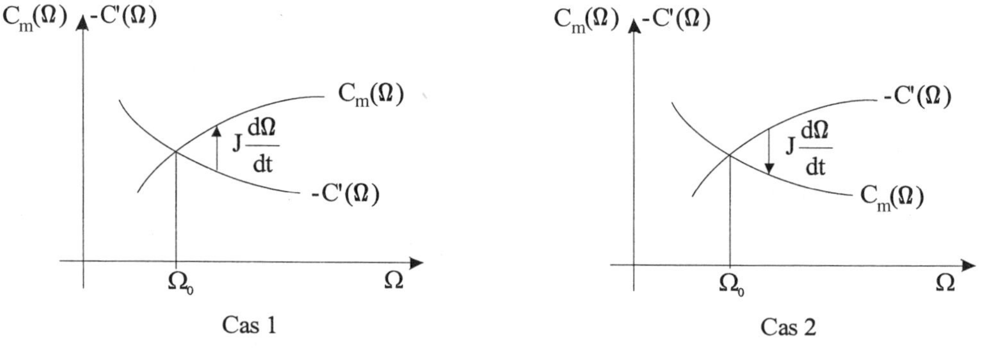

Figure 3.6 Stabilité d'un point de repos.

Cas 1 : si pour une raison quelconque, la vitesse Ω de la machine augmente, le couple de la machine devient supérieur à $(-C')$, le couple d'accélération est donc positif, la vitesse augmente ce qui a pour effet d'augmenter le couple de la machine et par là même l'accélération se poursuit… Le point de fonctionnement 1 est instable.

Cas 2 : reprenons le raisonnement précédent. Si pour une raison quelconque, la vitesse Ω de la machine augmente, le couple de la machine devient *inférieur* à $(-C')$, le couple d'accélération est donc maintenant *négatif*, la vitesse *diminue* ce qui a pour effet de diminuer le couple de la machine et par là même la décélération se poursuit jusqu'à ce qu'on retrouve la vitesse initiale… Le point de fonctionnement 2 est *stable*.

De manière générale, un point de fonctionnement correspondant à la vitesse Ω_0 sera stable si, en ce point, la pente de la caractéristique de la charge entraînée est supérieure à celle de la machine.

Graphiquement, cette règle se traduit par le fait que la caractéristique de la machine est au-dessus de $-C'(\Omega)$ pour des valeurs de vitesse inférieures à Ω_0 et au-dessous pour des valeurs supérieures à Ω_0.

Chapitre 4

La machine à courant continu

4.1 CONSTITUTION, PRINCIPE

4.1.1 Description

Comme toutes les machines tournantes, la machine à courant continu est constituée d'un rotor et d'un stator (figure 4.1).

Le stator destiné à créer le champ magnétique constitue l'inducteur de la machine. Il peut être à aimants permanents ou bobiné. Dans ce dernier cas le champ magnétique est réglé par action sur l'intensité du courant inducteur (ou d'excitation) I_E circulant dans les spires bobinées autour des pôles statoriques.

Le rotor qui porte des conducteurs logés dans des encoches régulièrement réparties à sa périphérie constitue l'induit de la machine. Il est destiné à subir l'influence du champ créé par l'inducteur.

Afin d'obtenir des valeurs élevées du champ magnétique, le rotor et le stator sont constitués de matériaux ferromagnétiques et l'entrefer qui les sépare est le plus étroit possible.

4.1.2 Mécanisme de création du couple

Sur la figure 4.2 sont dessinées les allures de deux lignes du champ magnétique créé par les N_E spires du bobinage inducteur parcouru par le courant d'excitation I_E. Ces

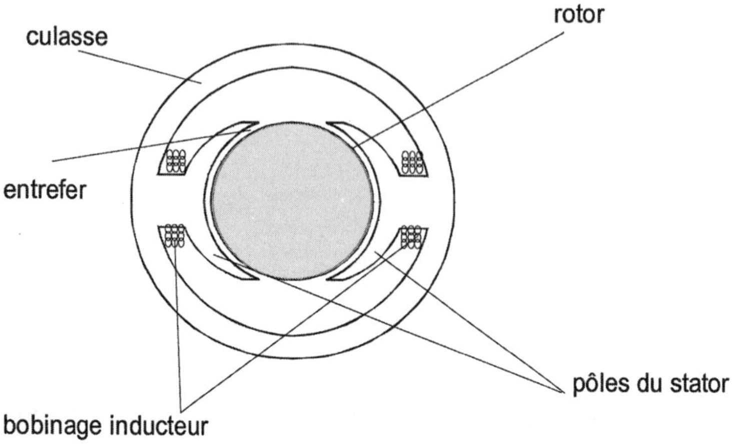

Figure 4.1 Vue en coupe d'une machine à courant continu.

lignes qui suivent les trajets de moindre réluctance traversent radialement l'entrefer et se referment par l'induit, les pôles et la culasse de la machine.

La force magnétomotrice $N_E \cdot I_E$ de ce bobinage est principalement utilisée pour magnétiser l'entrefer de la machine, l'induit et l'inducteur ayant une perméabilité magnétique élevée.

On désigne par ligne neutre l'axe de symétrie séparant les pôles nord et sud du stator.

Si le courant I_C circulant dans les conducteurs de l'induit a le sens indiqué sur la figure 4.2, les axes magnétiques du rotor et du stator sont alors perpendiculaires. À I_E et I_C donnés, le couple qu'ils exercent l'un sur l'autre et qui tend à aligner les deux axes magnétiques est alors maximal.

Afin de conserver cette valeur maximale du couple quelle que soit la position du rotor, il faudra que la distribution des courants dans les conducteurs de l'induit soit toujours la même : courants dans un sens sous un pôle nord, sens opposé sous un pôle sud.

Il est donc nécessaire que le courant circulant dans chaque conducteur de l'induit s'inverse lorsque ce conducteur franchit la ligne neutre de la machine. C'est ce que permet de réaliser le collecteur de la machine.

4.1.3 Le collecteur

Sur l'exemple de la machine simplifiée comportant 12 conducteurs induits numérotés de 1 à 12, dessinée figure 4.3, nous allons décrire le principe d'un bobinage de l'induit.

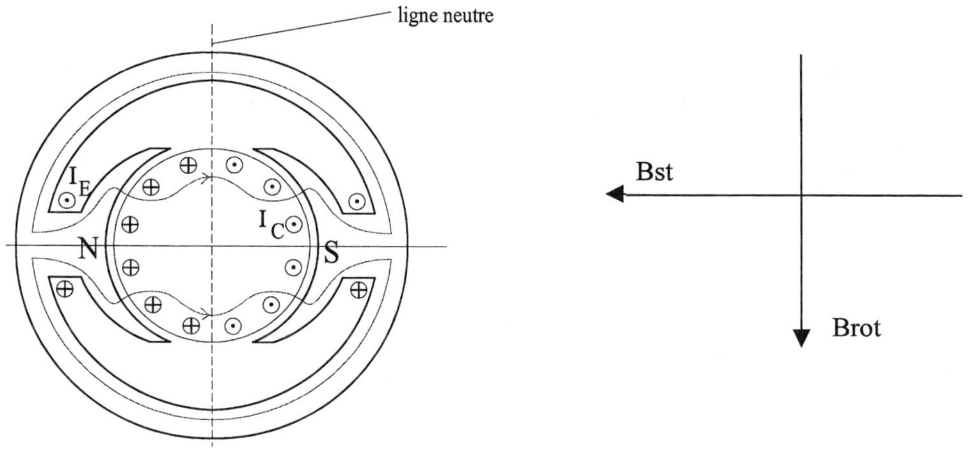

Figure 4.2 Champs magnétiques dans une machine à courant continu.

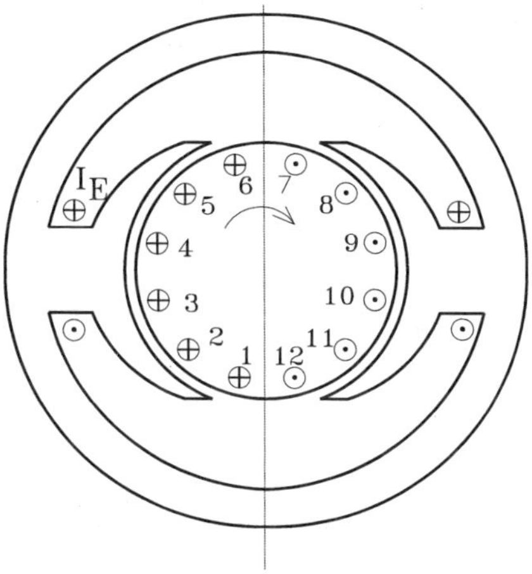

Figure 4.3 Numérotation des conducteurs de l'induit.

Les contraintes sont les suivantes :

1. Alimentation de l'induit entre deux points fixes par rapport au stator.
2. Tous les conducteurs sont parcourus par le même courant.
3. Au cours de la rotation, le sens du courant dans chaque conducteur s'inverse lors du franchissement de la ligne neutre.
4. Les connexions entre conducteurs ne peuvent se faire qu'entre points de la même face (avant ou arrière) du rotor.

Afin de faciliter la représentation, nous utiliserons une vue développée de la machine représentée figure 4.4. On imagine que le cylindre rotorique est « ouvert » suivant une de ses génératrices au niveau de la ligne neutre et ensuite « déroulé » de manière à obtenir une représentation plane de sa périphérie.

On peut envisager de mettre l'ensemble des conducteurs en série dans l'ordre 1-12-2-11-...-8-6-7 ce qui respecterait les conditions 2 et 4 mais pas la condition 3.

Pour remplir la condition 3, il est nécessaire que l'alimentation qui a pu se faire entre 1 et 7 à un instant donné puisse se faire entre 11 et 5 lorsque la machine aura tourné d'un sixième de tour, ensuite entre 5 et 8, etc.

Cela ne sera possible qu'en reliant sur une face du rotor de la machine les conducteurs à des lames conductrices isolées les unes des autres sur lesquelles viendront frotter des balais, généralement en graphite, fixes par rapport au stator. L'ensemble de ces lames et isolants constitue le collecteur de la machine.

Le principe du bobinage induit est représenté sur la figure 4.4 : on a mis en série les conducteurs 1-8-3-10-5-12 d'une part 7-2-9-4-11-6 d'autre part.

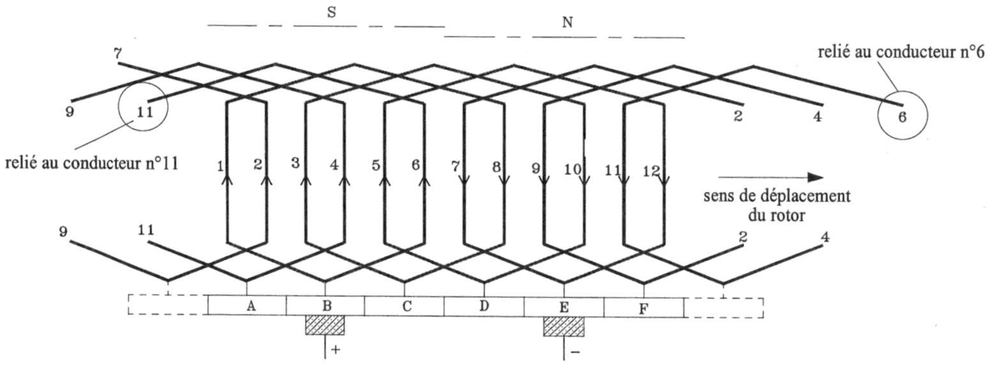

Figure 4.4 Vue développée de l'induit.

Les connexions sur la face avant se font par l'intermédiaire des lames du collecteur qui seront donc au nombre de 6 repérées par les lettres de A à F. L'alimentation de l'induit par deux balais au contact des lames B et E à l'instant considéré permet de remplir la condition 1 en mettant en parallèle les deux séries de conducteurs définies ci-dessus.

Lorsque le rotor aura tourné d'un sixième de tour, les balais seront alors au contact des lames A et D permettant ainsi de garder toujours le même sens des courants sous chacun des pôles (figure 4.5).

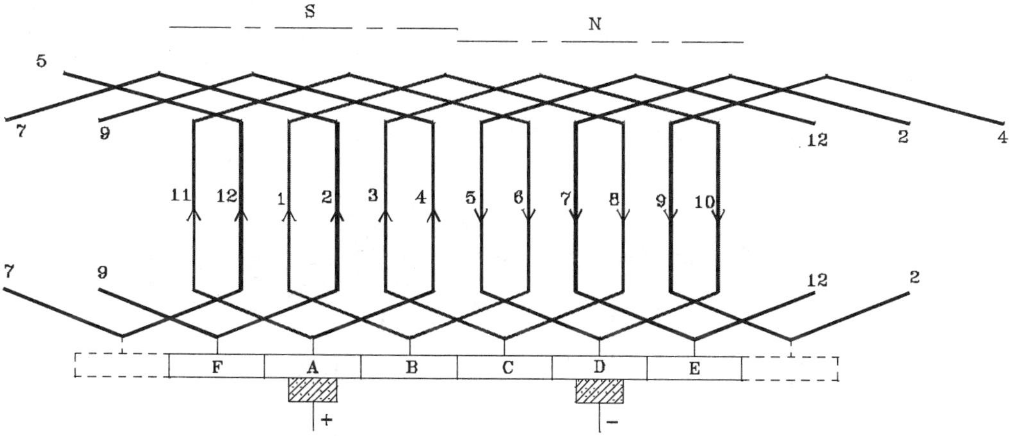

Figure 4.5 Configuration de l'enroulement après rotation d'un sixième de tour.

Remarques : L'ensemble des conducteurs compris entre deux lames de collecteur constitue une section du bobinage.

L'ensemble des sections comprises entre deux balais consécutifs constitue une voie d'enroulement.

On désigne par courant induit I le courant traversant chacun des balais, ce courant se partageant également entre les deux voies d'enroulement, on retrouve un courant d'intensité $I_C = \frac{I}{2}$ dans chacun des conducteurs.

4.1.4 Les pôles de commutation

On appelle commutation l'ensemble des phénomènes qui accompagnent le passage des balais d'une lame de collecteur à l'autre.

Lors de la commutation illustrée figure 4.6, la section constituée des conducteurs 1 et 8 (marquée en trait fort sur la figure) tout comme celle constituée des conducteurs 7 et 2 est mise en court-circuit.

Lors de la commutation, le courant dans la section en court-circuit devra passer de la valeur $+\frac{I}{2}$ à la valeur $-\frac{I}{2}$, or son inductance propre s'oppose à cette variation. Si au moment où le balai va quitter la lame C, le courant n'a pas atteint la valeur $-\frac{I}{2}$, une étincelle va se produire entre cette lame et le balai pouvant à plus ou moins long terme aboutir à la destruction du collecteur.

Pour faciliter l'inversion du courant, il est nécessaire de faire couper à la section en commutation un flux supplémentaire proportionnel au courant induit. C'est le rôle des pôles de commutation représentés sur la figure 4.7.

La plaque à bornes dessinée figure 4.8 permet d'alimenter tous les éléments de cette machine. En fonctionnement normal, les pôles de commutation sont mis en série avec l'induit.

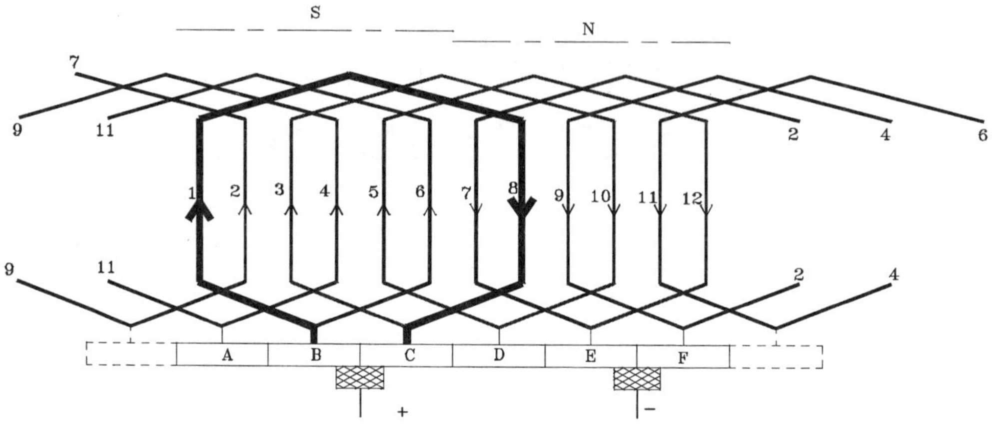

Figure 4.6 Phénomène de commutation.

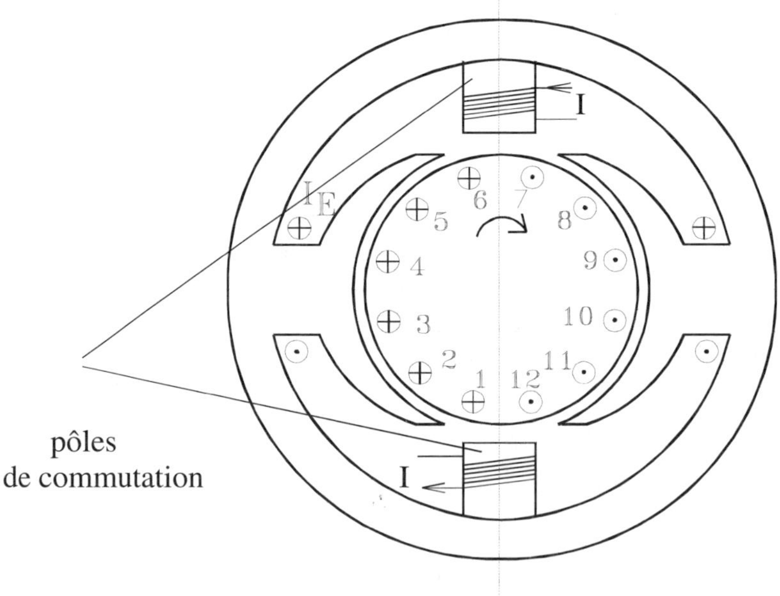

Figure 4.7 Les pôles de commutation.

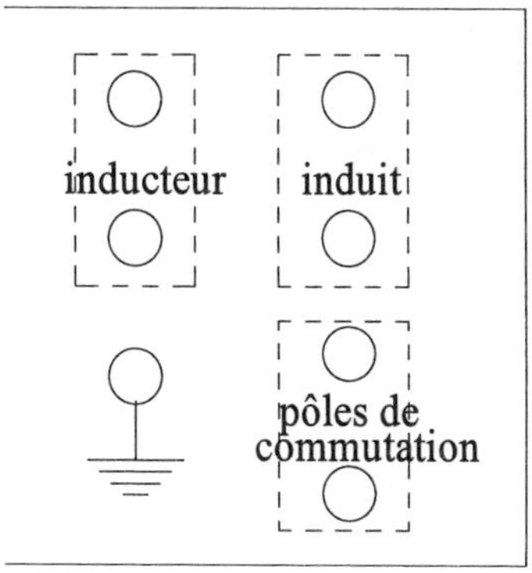

Figure 4.8 Plaque à bornes.

4.1.5 Réversibilité

Les courants ayant les sens indiqués figure 4.9 font apparaître les axes magnétiques du rotor et du stator dessinés sur cette même figure. Les couples que ces deux armatures exercent l'une sur l'autre ont tendance à aligner les deux axes magnétiques.

Le couple qui se développe sur le rotor est moteur si la machine tourne dans le sens horaire (couple et vitesse de même sens). Lors de la rotation, les conducteurs coupent les lignes du champ magnétique créé par l'inducteur ; ils développent une f.é.m. tendant à s'opposer à la tension d'alimentation de l'induit (loi de Lenz).

Si au contraire, la rotation du rotor est forcée dans le sens trigonométrique, ce couple devient résistant, le sens de la f.é.m. induite est inversé, la *machine fonctionne en génératrice.*

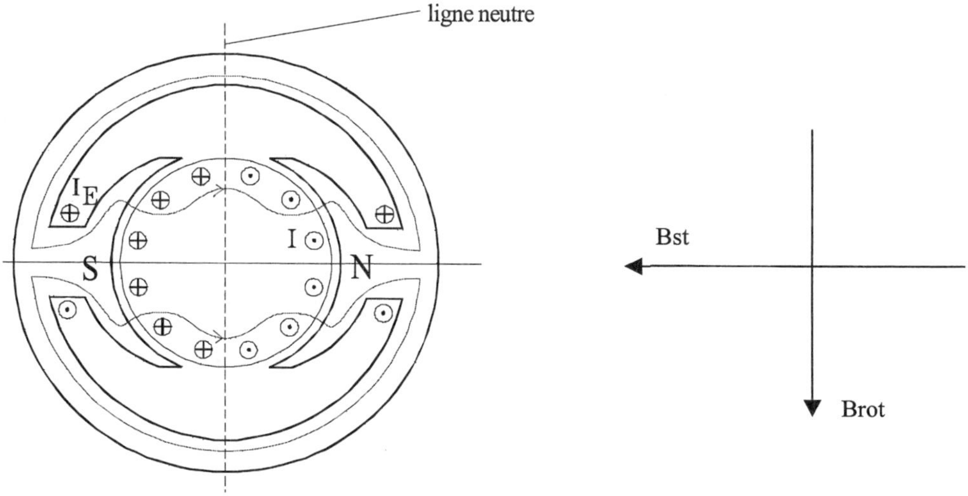

Figure 4.9 Mécanisme de création du couple.

4.2 ÉQUATIONS DE FONCTIONNEMENT

4.2.1 Calcul de la force électromotrice

Nous mènerons ce calcul dans le cadre de la machine simplifiée dessinée figure 4.3. Celle-ci étant en rotation à la vitesse angulaire Ω, nous recueillons entre les balais, la somme des f.é.m. induites dans les conducteurs mis en série pour constituer chaque voie d'enroulement.

Nous noterons e_k la f.é.m. induite dans le conducteur numéro k. La structure du bobinage (figure 4.4) est telle que ces f.é.m. s'ajoutent de manière arithmétique (figure 4.10).

Aux bornes de l'induit apparaît donc à chaque instant la f.é.m. e définie par :

$$e = e_1 + e_8 + e_3 + e_{10} + e_5 + e_{12} = e_7 + e_2 + e_9 + e_4 + e_{11} + e_{16}$$

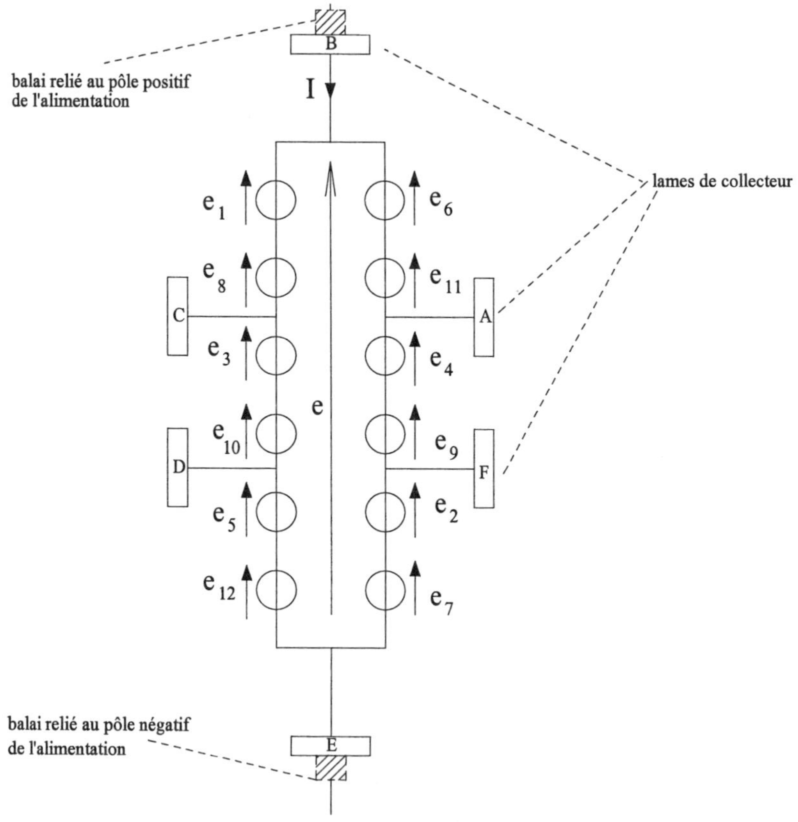

Figure 4.10 Composition des forces électromotrices.

en remarquant que deux conducteurs diamétralement opposés sont placés de la même façon, l'un sous le pôle nord et l'autre sous le pôle sud de l'inducteur. Ils sont donc le siège de f.é.m. égales :

$$e_2 = e_8 \qquad e_4 = e_{10} \qquad e_6 = e_{12}$$

ce qui conduit à :

$$e = e_1 + e_2 + e_3 + e_4 + e_5 + e_6$$

L'évaluation de la valeur instantanée de cette f.é.m. étant peu accessible, nous allons nous contenter de calculer sa valeur moyenne E sur l'intervalle de temps Δt nécessaire pour qu'un conducteur prenne la place de celui qui le suit dans le sens de la rotation.

Pendant Δt, les conducteurs 1, 2, 3, 4, 5 et 6 ont respectivement balayé les flux $\Delta\phi_1$, $\Delta\phi_2$, $\Delta\phi_3$, $\Delta\phi_4$, $\Delta\phi_5$ et $\Delta\phi_6$. La force électromotrice E a donc pour expression :

$$E = \frac{\Delta\phi_1 + \Delta\phi_2 + \Delta\phi_3 + \Delta\phi_4 + \Delta\phi_5 + \Delta\phi_6}{\Delta t}$$

Soit en remarquant que la somme de ces flux représente le flux total Φ par pôle de la machine :

$$E = \frac{\Phi}{\Delta t}$$

Le temps Δt dépend du nombre de conducteurs n_c de l'induit et de la vitesse angulaire de rotation Ω exprimée en rad.s^{-1} par la relation :

$$\Delta t = \frac{2\pi}{n_c \Omega}$$

ce qui nous conduit à l'expression de E :

$$E = \frac{n_c \cdot \Omega \cdot \Phi}{2\pi}$$

Nous retiendrons que, pour toute machine à courant continu, la f.é.m. E développée sur son induit est proportionnelle à la fois à la vitesse angulaire de rotation Ω et au flux inducteur Φ :

$$E = k \cdot \Omega \cdot \Phi$$

k étant une constante dépendant des paramètres physiques de la machine.

4.2.2 Calcul du couple électromagnétique

Nous considérons une machine idéale (figure 4.11) ne comportant aucune perte et fonctionnant en moteur.

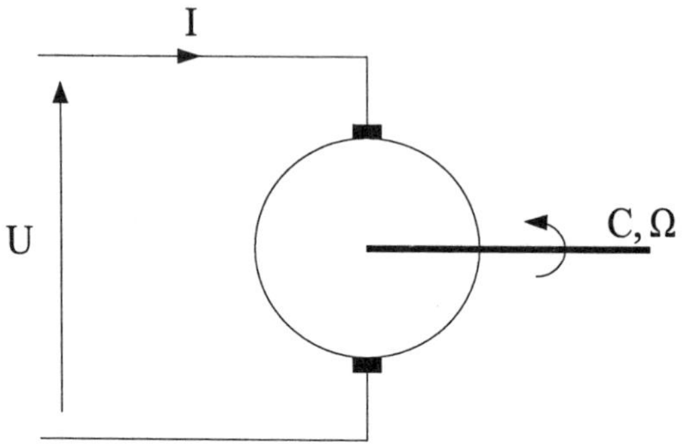

Figure 4.11 Orientations des grandeurs électriques et mécaniques de l'induit.

L'induit est alimenté sous la tension U et traversé par le courant I. L'inducteur est traversé par le courant I_E.

Toute la puissance électrique reçue par son induit sera alors transformée en puissance mécanique sur l'arbre de la machine :

$$UI = C_{em}\Omega$$

Le couple C_{em} dit couple électromagnétique est développé sur l'arbre de la machine qui tourne à la vitesse angulaire Ω. À ce couple est associée la puissance électromagnétique P_{em} qui se définit par :

$$P_{em} = C_{em}\Omega$$

En négligeant toutes les chutes de tension, la f.é.m. E s'identifie à la tension U d'alimentation de l'induit d'où :

$$P_{em} = C_{em}\Omega = EI$$

Soit en considérant que $E = k\Omega\Phi(I_E)$:

$$C_{em} = k\Phi(I_E)I$$

Remarques : Pour une machine fonctionnant à flux constant, le couple est proportionnel au courant induit I et indépendant de la vitesse de rotation. Par contre, cette dernière est proportionnelle à la f.é.m. E développée par l'induit. En négligeant toutes les pertes de la machine, nous pouvons dire que la tension d'alimentation de l'induit fixe la vitesse de rotation et que le courant circulant dans ce même induit fixe le couple.

Le changement de signe du couple sera forcément accompagné du changement de signe du courant inducteur ou du courant induit.

4.2.3 Fonctionnement dans les quatre quadrants

Les sens positifs choisis pour les différentes grandeurs étant ceux de la figure 4.12 (le sens positif de I_E correspond à un flux Φ positif), nous pouvons remarquer que la machine fonctionnera en moteur lorsque le couple C et la vitesse Ω seront de même signe, elle fonctionnera en génératrice dans le cas contraire.

En négligeant toutes les pertes de la machine, le couple électromagnétique se confond avec le couple C développé sur l'arbre de la machine. Couple et vitesse sont alors donnés par les relations :

$$C = k\Phi(I_E)I \quad \text{et} \quad U = k\Phi(I_E)\Omega$$

Les différents types de fonctionnement possibles pour un courant sont alors résumés figure 4.13.

4.2.4 Schémas équivalents de l'inducteur et de l'induit

Pour pouvoir traduire le fonctionnement réel de la machine, nous devons tenir compte de ces différentes imperfections : chutes de tension dans l'induit, pertes dans les conducteurs, dans le fer et pertes mécaniques.

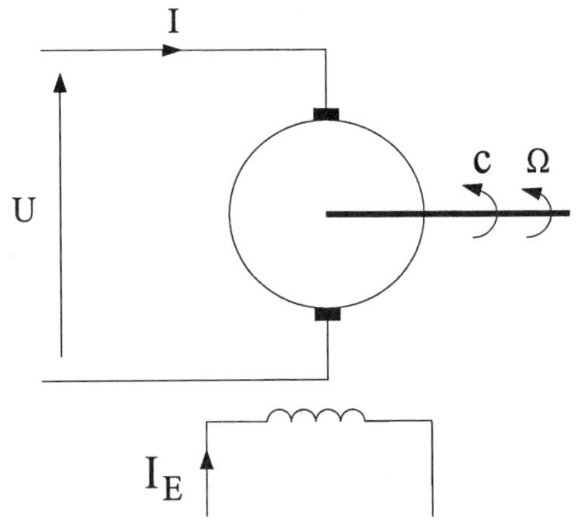

Figure 4.12 Orientations des différentes grandeurs.

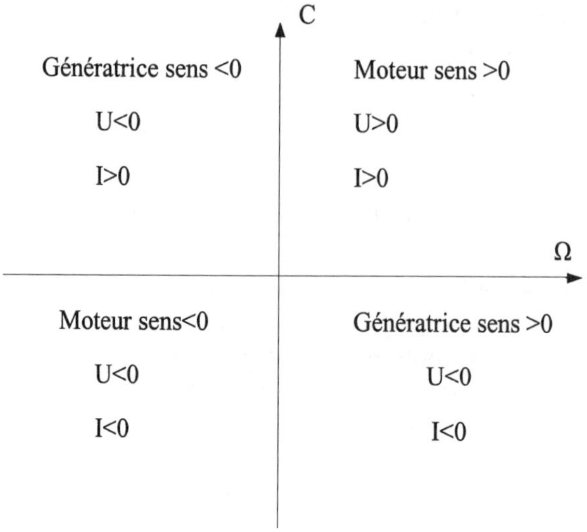

Figure 4.13 Les quatre quadrants de fonctionnement.

Nous allons tout d'abord nous intéresser aux imperfections de l'inducteur et de l'induit pour en donner un schéma électrique équivalent traduisant leur fonctionnement.

a) Schéma équivalent de l'induit

Ce schéma équivalent doit rendre compte de :

- la f.é.m. induite E déjà calculée au paragraphe 4.2.2 ;
- de la résistance apparente Ra de l'induit résultant de la résistance du bobinage inducteur et des pôles de commutation ainsi que de la chute de tension au niveau des contacts balais-collecteur ;
- de l'inductance propre L des bobinages.

Cela nous conduit au schéma équivalent dessiné figure 4.14.

À ce schéma équivalent correspondent les équations de fonctionnement :

$$U = E + Ra \cdot I + L\,\frac{\mathrm{d}I}{\mathrm{d}t} \quad \text{avec} \quad E = k\Omega\Phi(I_E)$$

En régime permanent, le courant I est constant ce qui conduit à :

$$U = E + Ra \cdot I$$

Si de plus la machine est à l'arrêt, la f.é.m. E est nulle et cette équation se réduit à :

$$U = Ra \cdot I$$

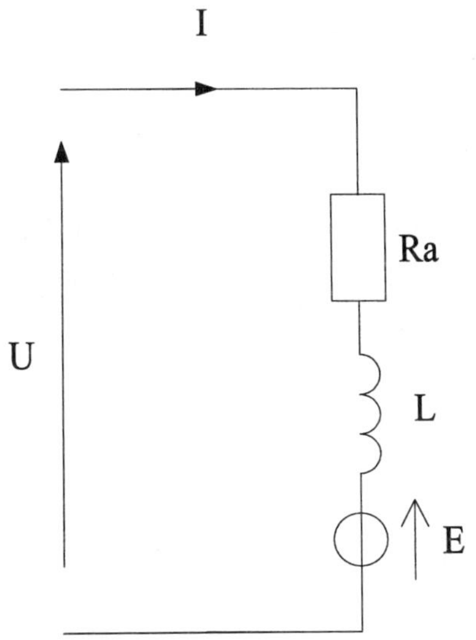

Figure 4.14 Schéma équivalent de l'induit.

La résistance *Ra* tient compte de la chute de tension aux contacts balais-collecteur qui varie de manière non linéaire avec le courant induit qui traverse ce contact. Elle doit donc être mesurée par la méthode voltampère-métrique au voisinage du courant nominal ; l'induit sera alors alimenté sous tension réduite. Cet essai sera fait à chaud pour tenir compte des variations de la résistance des conducteurs avec la température, le rotor de la machine sera maintenu à l'arrêt. Ces conditions sont résumées sur le schéma de principe dessiné figure 4.15.

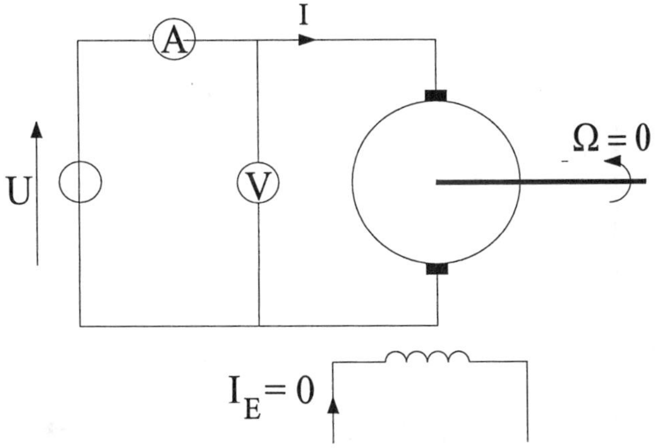

Figure 4.15 Mesure de la résistance de l'induit.

Le rapport de la tension mesurée par le voltmètre au courant mesuré par l'ampèremètre permet d'évaluer Ra.

Un essai à vide permet de tracer la caractéristique à vide de la machine donnant les variations de E en fonction de I_E pour une vitesse Ω_0. La machine est alors entraînée à la vitesse Ω_0 par un moteur auxiliaire (non représenté figure 4.16), l'inducteur est alimenté par une source variable permettant de faire varier le courant d'excitation I_E. Un voltmètre placé aux bornes de l'induit permet alors de mesurer directement la valeur de la f.é.m. E puisque l'induit ne débite aucun courant.

On obtient ainsi la caractéristique à vide dessiné figure 4.17.

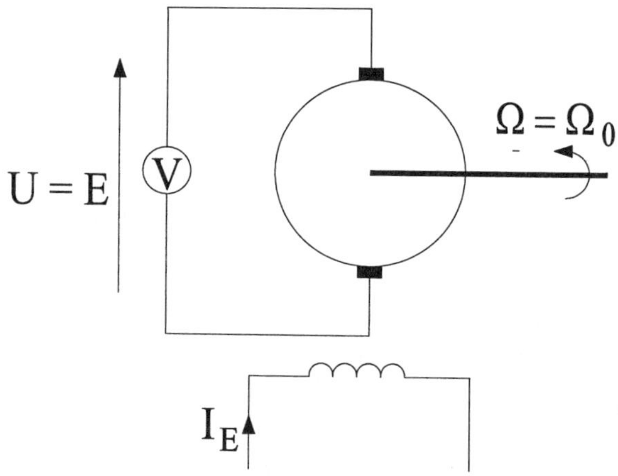

Figure 4.16 Relevé de la caractéristique à vide.

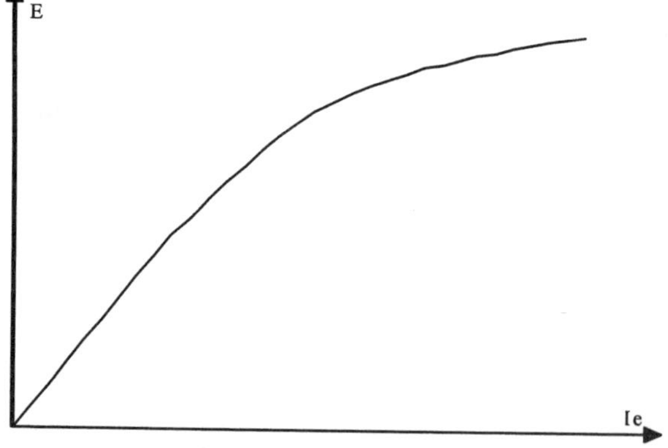

Figure 4.17 Caractéristique à vide à la vitesse Ω_0.

À courant d'excitation donné, la f.é.m. E est proportionnelle à la vitesse de rotation Ω. La valeur de E pour une vitesse Ω_1 et un courant d'excitation I_{E_1} est donc obtenue à partir de la valeur $E(\Omega_0, I_{E_1})$ lue sur la caractéristique à vide tracée figure 4.17 par la relation :

$$E(\Omega_1, I_{E_1}) = \frac{\Omega_1}{\Omega_0} E(\Omega_0, I_{E_1})$$

b) Schéma équivalent de l'inducteur

L'inducteur destiné à magnétiser la machine est placé au stator et parcouru par un courant continu. Il voit donc un champ magnétique constant dans le temps et n'est donc le siège d'aucune f.é.m. induite. Son schéma équivalent (figure 4.18) est celui d'un bobinage se composant d'une résistance R_E en série avec une inductance L_E.

En régime permanent, I_E est constant, l'inducteur se comporte alors comme une résistance de valeur R_E.

La mesure de la résistance de l'inducteur doit être faite à chaud à l'aide d'un ohmmètre par exemple.

Remarque : La puissance mise en jeu dans l'inducteur ne se retrouve pas sous forme mécanique, elle correspond à une puissance perdue sous forme d'effet joule.

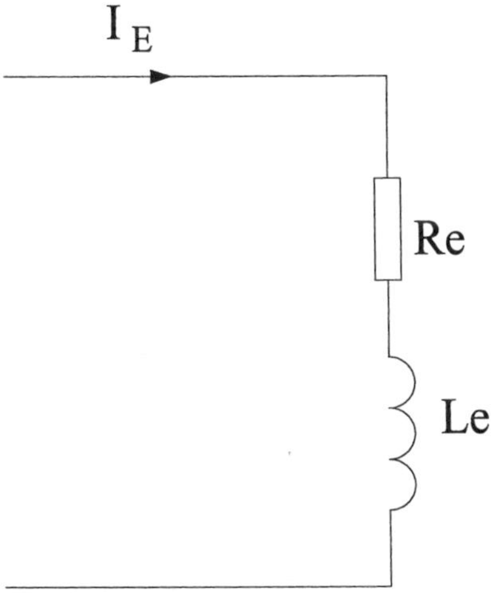

Figure 4.18 Schéma équivalent de l'inducteur.

4.2.5 Les différents modes d'excitation

Une distinction doit être faite suivant les types d'excitation des machines à courant continu, c'est-à-dire suivant le mode d'alimentation de l'inducteur. Nous distinguerons principalement deux types d'excitation :

– *l'excitation séparée* : les circuits inducteur et induit sont alors électriquement indépendants ; par construction, ils sont généralement prévus pour être alimenté sous des tensions de même valeur ;
– *l'excitation série* : les circuits inducteur et induit sont alors montés en série et donc traversés par le même courant.

a) Machine à excitation séparée

Nous raisonnons ici sur une machine à excitation séparée fonctionnant en régime permanent pour lequel U, I et I_E sont constants.

Le schéma de principe de cette machine est dessiné figure 4.19 alors que le schéma équivalent électrique de son induit est donné figure 4.20.

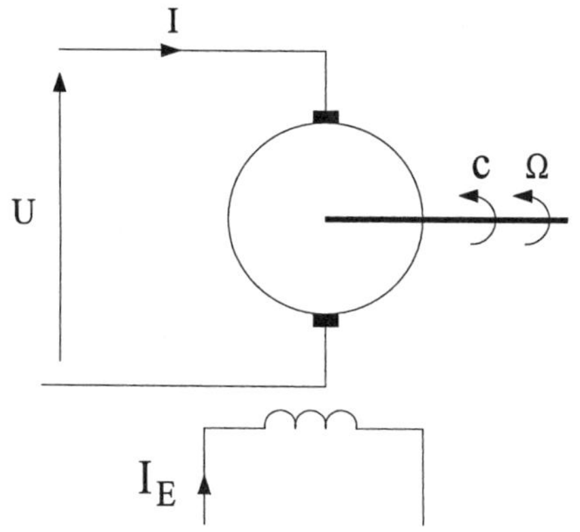

Figure 4.19 Machine à excitation séparée.

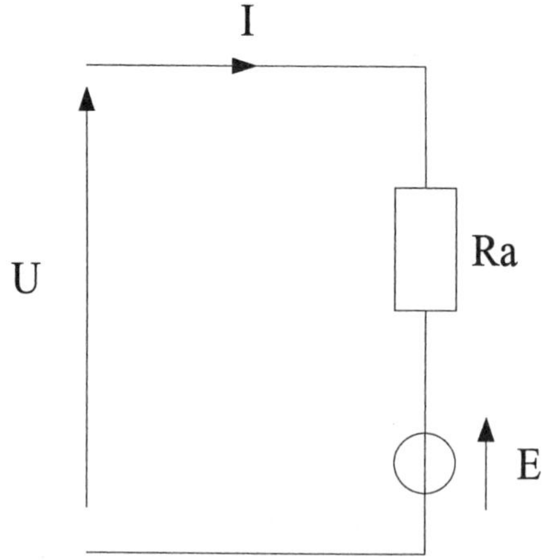

Figure 4.20 Schéma équivalent de l'induit.

➢ Constitution

L'inducteur est alors destiné à être alimenté sous une tension de valeur égale à la tension nominale U_n de l'induit. Pour minimiser les pertes Joule de l'inducteur égales à $\frac{U_n^2}{R_E}$, celui-ci devra présenter une résistance R_E la plus grande possible, le courant inducteur sera donc faible.

Afin de produire un champ magnétique élevé, il devra comporter un nombre de spires important. Il sera donc constitué d'un conducteur de faible section et de longueur importante, sa résistance sera effectivement élevée. Il sera caractérisé par une résistance de l'inducteur grande devant celle de l'induit.

➢ Caractéristiques électromécaniques

Ce sont les caractéristiques qui lient les grandeurs électriques aux grandeurs mécaniques : caractéristique de vitesse $\Omega(I)$ et caractéristique de couple $C_{em}(I)$.

À partir du schéma équivalent de l'induit nous pouvons écrire :

$$U = E + RaI \quad \text{avec} \quad E = k\Omega\Phi(I_E)$$

Nous en déduisons :

$$\Omega = \frac{U - RaI}{k\Phi(I_E)}$$

À U et I_E donnés, la caractéristique de vitesse est donc une droite de pente $-\frac{Ra}{k\Phi(I_E)}$ et d'ordonnée à l'origine $\Omega = \frac{U}{k\Phi(I_E)}$. Sur la figure 4.21 sont dessinées les caractéristiques de vitesse pour une même valeur du courant d'excitation I_E et pour différentes valeurs de U. La faible valeur des pentes de ces droites montre qu'à courant inducteur constant, la tension U impose à peu de choses près, la vitesse de rotation de la machine.

Le couple électromagnétique quant à lui est donné par la relation :

$$C_{em} = k\Phi(I_E)I$$

À courant d'excitation donné, il est donc proportionnel au courant induit, la caractéristique de couple est une droite passant par l'origine (figure 4.22), elle est indépendante de la vitesse de rotation de la machine. Cette caractéristique montre qu'à courant d'excitation constant, le courant induit est proportionnel au couple électromagnétique développé par la machine.

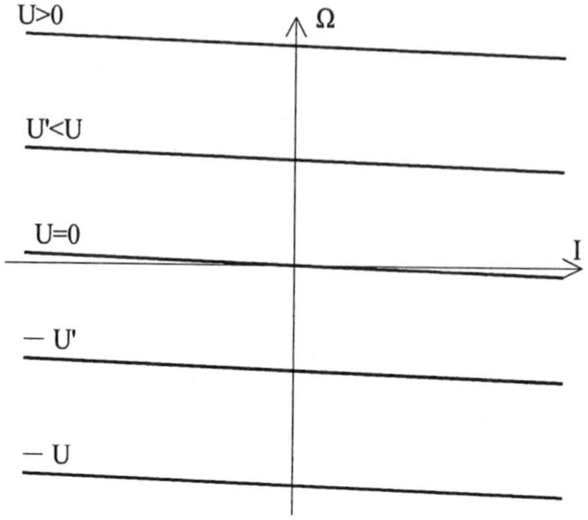

Figure 4.21 Caractéristiques de vitesse à courant d'excitation constant.

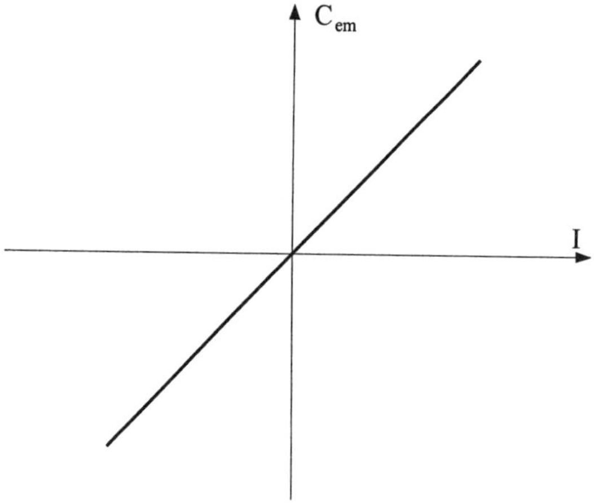

Figure 4.22 Caractéristique de couple.

➤ Caractéristique mécanique

Il s'agit de la caractéristique liant le couple électromagnétique C_{em} à la vitesse de rotation à I_E et U donnés.

Le couple est donné par la relation :

$$C_{em} = k\Phi(I_E)I$$

Le schéma électrique de l'induit permet d'écrire la relation :

$$I = \frac{U - E}{Ra} = \frac{U - k\Phi(I_E)\Omega}{Ra}$$

conduisant à :

$$C_{em} = \frac{k\Phi(I_E)U - k^2\Phi^2(I_E)\Omega}{Ra} = -\frac{k^2\Phi^2(I_E)}{Ra}\Omega + \frac{k\Phi(I_E)U}{Ra}$$

La caractéristique mécanique est donc une droite de pente fortement négative compte tenu de la faible valeur de la résistance apparente de l'induit.

Sur la figure 4.23 sont dessinées les caractéristiques mécaniques pour une même valeur du courant d'excitation I_E et pour différentes valeurs de U. Nous pouvons remarquer que la machine à excitation séparée permet un fonctionnement dans les quatre quadrants et que pour une tension d'alimentation et un courant inducteur donnés, on peut passer d'une manière continue d'un fonctionnement moteur à un fonctionnement génératrice par changement du signe du couple électromagnétique.

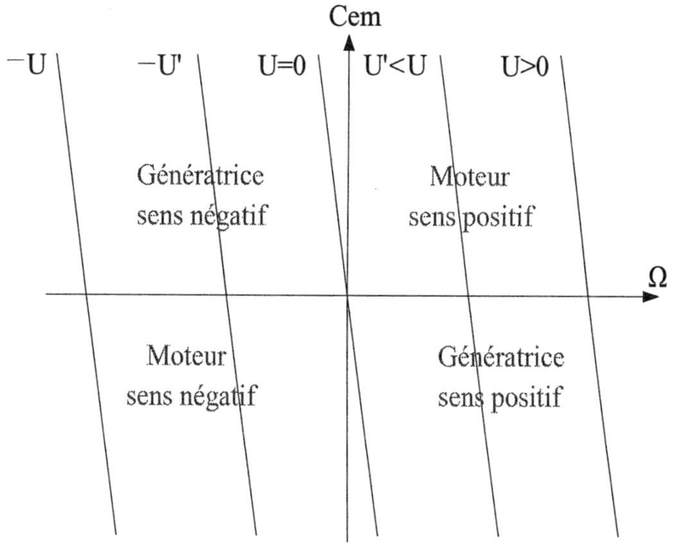

Figure 4.23 Caractéristiques mécaniques à courant d'excitation constant.

➤ Conclusion

La machine à excitation séparée est bien adaptée à une commande :

- en vitesse par action sur la tension d'induit qui est pratiquement proportionnelle à la vitesse de rotation à courant d'excitation constant ;
- en couple par action sur le courant d'induit qui est à peu de choses près proportionnel au couple à excitation constante.

On dit qu'il y a découplage des deux variables : couple et vitesse. Ce découplage, qui est naturel pour le moteur à excitation séparée, est souvent recherché dans les machines à courant alternatif à travers des dispositifs d'autopilotage.

b) Machine à excitation série

Nous raisonnons ici sur une machine à excitation série fonctionnant en régime permanent dont le schéma de principe est dessiné figure 4.24 alors que le schéma équivalent électrique de l'ensemble induit, inducteur est donné figure 4.25. La résistance R est la somme des résistances de l'induit et de l'inducteur.

Nous pouvons remarquer que pour cette machine, le courant I joue à la fois le rôle de courant inducteur et de courant induit, la f.é.m. E est donnée par la relation :

$$E = k\Omega\Phi(I_E = I)$$

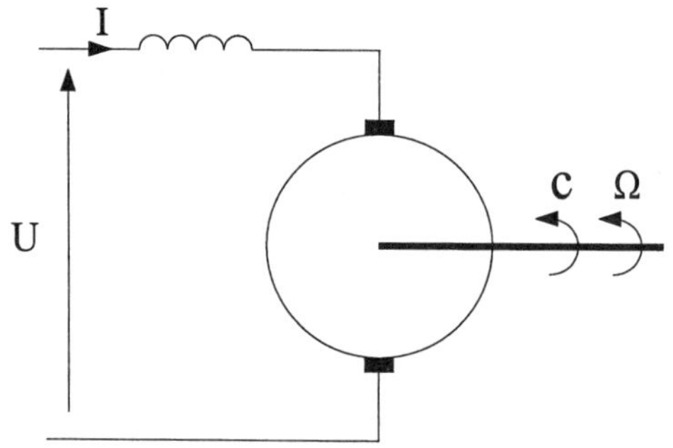

Figure 4.24 Machine à excitation série.

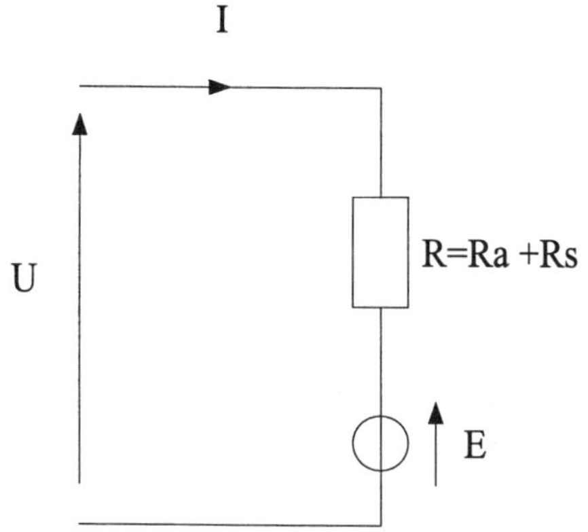

Figure 4.25 Schéma équivalent électrique de la machine série.

➤ Constitution

L'inducteur est alors traversé par le même courant I que l'induit. Pour minimiser les pertes Joule de l'inducteur égales à $R_s I^2$, celui-ci devra présenter une résistance R_s la plus faible possible. Le courant inducteur étant élevé, un nombre de spires faible sera suffisant pour produire un champ magnétique élevé. Il sera donc constitué d'un conducteur de section importante et de faible longueur, sa résistance sera effectivement faible. Il sera caractérisé par une résistance de l'inducteur du même ordre de grandeur que celle de l'induit.

Caractéristiques électromécaniques

Afin de déterminer l'allure des caractéristiques électromécaniques de la machine, nous distinguerons deux zones de fonctionnement :

- pour les faibles valeurs du courant I, la machine n'est pas saturée, nous considérons alors que le flux inducteur est proportionnel au courant inducteur qui se confond avec le courant induit : $\Phi(I) = \lambda I$;
- pour les fortes valeurs du courant I, la machine est saturée, le flux inducteur est alors considéré comme constant : $\Phi = \Phi_{\text{sat}}$.

  Le couple électromagnétique $C_{\text{em}} = k\Phi(I)I$ est alors donné par :
- $C_{\text{em}} = k\lambda I^2$ donnant une variation parabolique du couple en fonction du courant induit lorsque la machine est non saturée ;
- $C_{\text{em}} = k\Phi_{\text{sat}}I$ donnant une variation linéaire de C_{em} en fonction de I lorsqu'elle est saturée.

  La caractéristique de couple correspondante est dessinée figure 4.26.

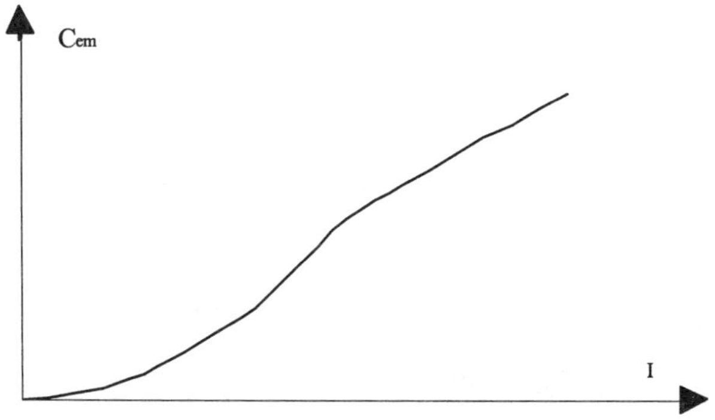

Figure 4.26 Caractéristique de couple.

L'expression de la f.é.m. induite devient quant à elle :

$E = k\lambda I$ pour les faibles valeurs du courant I et $E = k\Phi_{\text{sat}}$ pour les fortes valeurs de ce courant.

La vitesse de rotation est donnée par la relation $\Omega = \dfrac{U - RI}{k\Phi(I)}$ qui conduit à :

$\Omega = \dfrac{U - RI}{k\lambda I} = \dfrac{U}{k\lambda I} - \dfrac{R}{k\lambda}$ donnant une variation hyperbolique de la vitesse en fonction du courant I lorsque la machine est non saturée ;

$\Omega = \dfrac{U - RI}{k\Phi_{sat}} = \dfrac{U}{k\Phi_{sat}} - \dfrac{RI}{k\Phi_{sat}}$ donnant une variation linéaire de Ω en fonction de I lorsqu'elle est saturée.

La caractéristique de vitesse correspondante est dessinée figure 4.27.

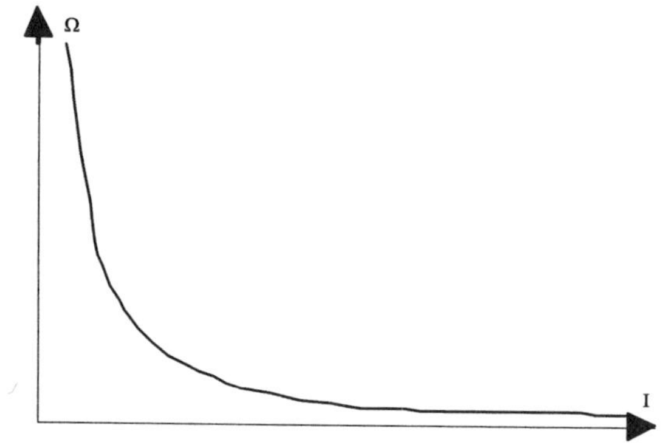

Figure 4.27 Caractéristique de vitesse.

➤ Caractéristique mécanique

La caractéristique mécanique $C_{em}(\Omega)$ est obtenue par élimination de I à partir des expressions $C_{em}(I)$ et $\Omega(I)$. On peut le faire soit graphiquement, soit par le calcul qui conduit à :

$C_{em} = \dfrac{k\lambda U^2}{-k^2\Phi_{sat}^2}$ pour la machine non saturée ;

$C_{em} = \dfrac{(R + k\lambda\Omega)^2}{R}\Omega + \dfrac{k\Phi_{sat}U}{R}$ lorsque la machine est saturée.

La caractéristique mécanique pour une tension d'alimentation donnée est dessinée figure 4.28.

➤ Exploitation de la machine

La forme de la caractéristique appelle plusieurs remarques :

– lors d'un fonctionnement à faible charge, la vitesse de rotation atteint des valeurs élevées : le moteur série s'emballe à vide, donc il doit toujours être démarré en charge ;

– à l'inverse, lors d'un fonctionnement à couple élevé, la vitesse de rotation devient faible, le moteur adapte sa vitesse au couple demandé par la charge. Il est particulièrement bien adapté à des applications telles que la traction ferroviaire pour laquelle il a été très utilisé avant d'être remplacé par les machines à courant alternatif.

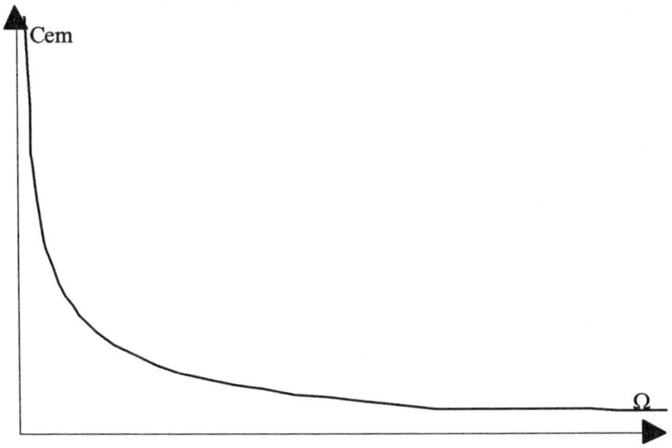

Figure 4.28 Caractéristique mécanique.

- Pour un fonctionnement donné, la puissance électromagnétique $P_{em} = C_{em}\Omega$ est représentée par l'aire grisée sur le graphe représenté figure 4.29. Cette aire passe par un maximum lorsque la vitesse varie. Le moteur série est auto-limitateur de puissance.
- L'inversion du courant I changeant à la fois le signe du courant induit et du courant inducteur laisse le couple inchangé puisque $C_{em} = k\Phi(I)I$. Il en résulte que l'inversion de la tension d'alimentation ne change pas la caractéristique de couple : la machine continue à fonctionner en moteur dans le même sens. Cela est exploité dans le moteur dit universel qui n'est autre dans son principe qu'un moteur à excitation série alimenté par une tension alternative.
- L'inversion du sens de rotation d'un moteur série ne peur être obtenue qu'en inversant les connexions de l'inducteur sur l'induit.

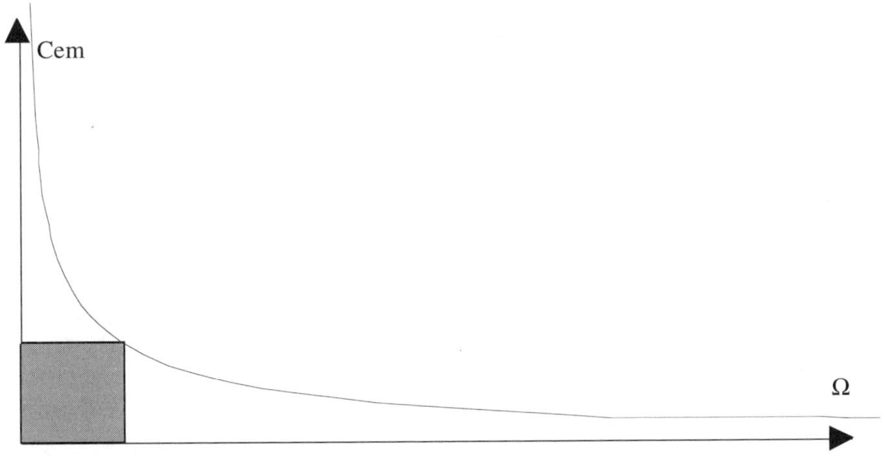

Figure 4.29 Représentation graphique de la puissance électromagnétique.

4.3 RENDEMENT DES MACHINES À COURANT CONTINU

4.3.1 Nécessité de la séparation des pertes

Considérons le cas d'une machine à excitation séparée fonctionnant en moteur. L'évaluation de son rendement peut être faite en calculant :

- la puissance utile $P_u = C_u\Omega$ à partir des mesures du couple utile C_u sur l'arbre de rotation et de sa vitesse de rotation Ω ;
- la puissance absorbée $P_a = UI + U_E I_E$ à partir des mesures des tensions d'alimentation de l'induit U et de l'inducteur U_E ainsi que des courants induit I et inducteur I_E.

Illustrons cela par un exemple en supposant que $P_u = 9$ kW ; $P_a = 10$ kW et supposons que ces mesures ont été faites avec une précision de 5 %. Nous obtenons donc :

$$8\,550\text{ W} < P_u < 9\,450\text{ W} \quad \text{et} \quad 9\,500\text{ W} < P_a < 10\,500\text{ W}$$

Le rendement η étant égal au rapport de la puissance utile à la puissance absorbée, nous en déduisons que :

$$\frac{8\,550}{10\,500} < \eta = \frac{P_u}{P_a} < \frac{9\,450}{9\,500} \quad \text{soit} \quad 0{,}814 < \eta < 0{,}995$$

L'évaluation du rendement est ici trop imprécise et montre seulement que celui-ci est supérieur à 81 %.

Si nous sommes capables de mesurer la somme des pertes P_p de cette machine, nous pouvons évaluer son rendement à partir de la mesure de la puissance utile puisque la puissance absorbée apparaît comme étant la somme de la puissance utile et de la puissance de pertes :

$$\eta = \frac{P_u}{P_u + P_p} = \frac{1}{1 + \dfrac{P_p}{P_u}}.$$

En reprenant l'exemple précédent, supposons que nous avons bien mesuré une puissance de pertes de 1 kW avec une précision de 20 %. Nous avons donc :

$$800\text{ W} < P_p < 1\,200\text{ W} \quad \text{soit} \quad \frac{800}{10\,500} < \frac{P_p}{P_u} < \frac{1\,200}{9\,500}$$

ce qui nous conduit à :

$$\frac{1}{1 + \dfrac{1\,200}{9\,500}} < \eta < \frac{1}{1 + \dfrac{800}{10\,500}} \quad \text{soit} \quad 0{,}887 < \eta < 0{,}929$$

Le résultat est cette fois acceptable et donne une précision de 2,32 % sur le rendement bien que la précision sur les pertes soit de 20 %.

> ***Remarque :*** Ce résultat apparemment paradoxal est dû au fait que la mesure directe des puissances utile et absorbée revient à évaluer les pertes par la différence $P_a - P_u$ qui vaut ici 1 kW à 950 W près, c'est-à-dire avec une précision de 95 %. Tant que nous saurons mesurer les pertes avec une précision meilleure que celle-ci, l'évaluation du rendement sera plus précise à partir de cette seconde méthode.

4.3.2 Les différentes pertes

Les pertes dans une machine à courant continu ont différentes origines, nous devrons distinguer :

- les pertes Joule dans l'inducteur : $R_E I_E^2$ (R_E étant la résistance du circuit inducteur) ;
- les pertes Joule dans l'induit RaI^2 (Ra étant la résistance apparente du circuit induit) ;
- les pertes mécaniques P_m dépendant uniquement de la vitesse de rotation Ω ;
- les pertes fer P_{fe} localisées dans l'induit de la machine qui est la seule partie ferromagnétique à subir un champ magnétique variable dans le temps. Elles sont de deux sortes : pertes par hystérésis et pertes par courant de Foucault et dépendent de la valeur de la vitesse de rotation et du flux créé par l'inducteur.

Les méthodes de mesure des résistances de l'inducteur et de l'induit ont été exposées précédemment. La connaissance de ces résistances permet donc de calculer les pertes Joule de la machine à partir des mesures des courants inducteur et induit.

Nous pouvons faire un bilan des puissances mises en jeu dans l'induit de la machine. Ce bilan est fait avec les orientations définies figure 4.30. L'induit étant orienté en convention récepteur, le produit $P = UI$ mesure la puissance électrique reçue par cet induit ; le signe de P déterminera le type de fonctionnement de la machine : $P > 0$ traduira un fonctionnement moteur alors que $P < 0$ indiquera un fonctionnement générateur de cette machine.

Le sens positif choisi pour C et Ω résulte des orientations de I et I_E : si ces deux courants sont positifs, le couple électromagnétique $C_{\text{em}} = k\Phi(I_e)I$ développé sur l'arbre est lui-même positif. Pour un fonctionnement moteur, le couple C développé par la machine sur son arbre sera du même signe que Ω, à l'inverse, des signes opposés de C et Ω traduisent un fonctionnement en génératrice de cette machine.

Le bilan des puissances de l'induit est représenté figure 4.31 où C représente le couple mécanique développé par la machine sur son arbre de rotation et P_j les pertes Joule de l'induit.

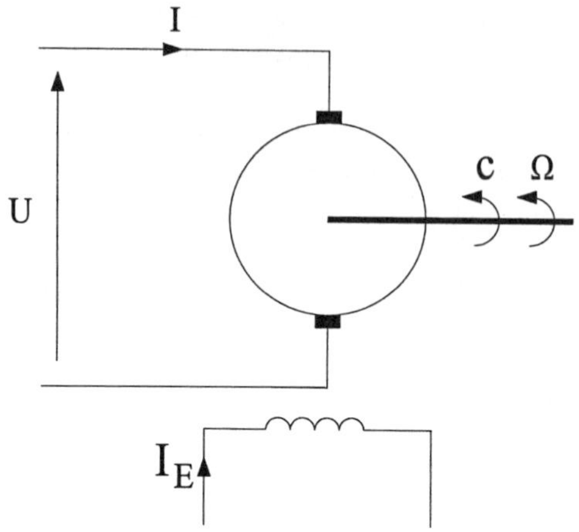

Figure 4.30 Orientations des grandeurs électriques et mécaniques.

La somme des pertes fer et mécaniques, souvent appelée « pertes collectives » apparaît comme la différence entre la puissance électromagnétique et la puissance utile. Cette différence permet de définir le couple de pertes C_p, en tenant compte du fait que C_p, qui est toujours résistant, a toujours un signe opposé à celui de la vitesse de rotation Ω par :

$$-C_p\Omega = P_{\mathrm{fe}} + P_m = C_{\mathrm{em}}\Omega - C\Omega$$

soit :

$$C_p = C - C_{\mathrm{em}}$$

Nous nous proposons maintenant, pour un fonctionnement en charge donné, moteur ou génératrice, de déterminer les différentes pertes de la machine.

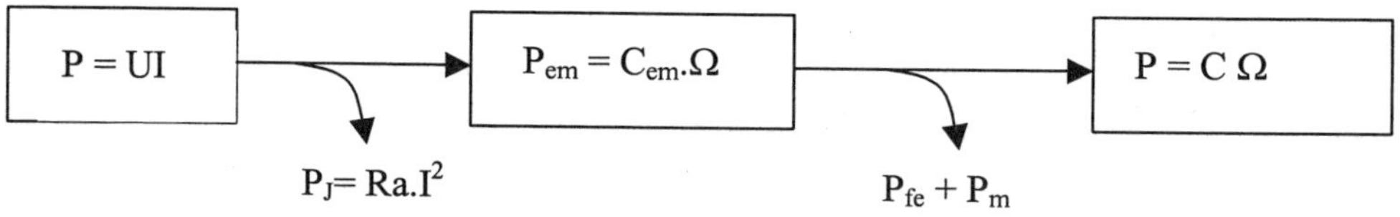

Figure 4.31 Bilan des puissances.

4.3.3 Méthode du moteur à vide

Lors du fonctionnement en moteur à vide à excitation séparée, c'est-à-dire lorsque la machine n'entraîne aucune charge mécanique, l'induit alimenté sous la tension U_0 est traversé par un courant d'intensité I_0 et le couple C développé par la machine sur son arbre est nul.

La puissance P_0 appelée par l'induit a alors pour expression :

$$P_0 = U_0 I_0 = RaI_0^2 + P_m + P_{\text{fe}}$$

Lors de cet essai, le courant à vide étant très faible devant le courant nominal, nous pouvons généralement négliger la chute de tension RaI_0 devant U_0 et la puissance de pertes Joule devant P_0.

Dans ces conditions, la somme des pertes fer et mécaniques a pour expression :

$$P_m + P_{\text{fe}} = U_0 I_0$$

Nous devons donc mener un essai de la machine en moteur à vide donnant les mêmes pertes fer et mécaniques que lors du fonctionnement en charge pour lequel nous voulons évaluer ces pertes.

L'égalité des pertes mécaniques lors de ces deux fonctionnements impose l'égalité des vitesses de rotation alors que l'égalité des pertes fer impose de plus l'égalité des flux. Nous en concluons que la f.é.m. E (qui ne dépend que du flux et de la vitesse de rotation) développé par l'induit de la machine devra être la même lors des deux fonctionnements.

L'essai à vide sera donc mené de la façon suivante :

- la tension d'alimentation U_0 de l'induit sera réglée à la valeur de la f.é.m. obtenue lors du fonctionnement en charge ;
- la vitesse sera réglée par action sur le courant inducteur pour obtenir la même vitesse que lors du fonctionnement en charge ;
- les mesures de U_0 et I_0 permettent alors d'évaluer la somme des pertes fer et mécanique : $P_m + P_{\text{fe}} = U_0 I_0$ et de vérifier que la chute de tension dans l'induit est bien négligeable devant U_0.

4.4 RÉGIME TRANSITOIRE

Nous avons envisagé jusqu'à présent des fonctionnements en régime permanent pour lesquels toutes les grandeurs aussi bien électriques que mécaniques étaient constantes. Nous devons maintenant étudier les régimes transitoires permettant de prévoir les évolutions de ces différentes grandeurs lorsque l'on souhaite faire varier le couple ou la vitesse de la machine : démarrage, freinage, variation de la charge mécanique, etc.

4.4.1 Équations de fonctionnement

Nous considérerons le cas d'une machine à courant continu à excitation séparée constante avec les conventions d'orientation de la figure 4.32 et le schéma électrique équivalent de l'induit dessiné figure 4.33.

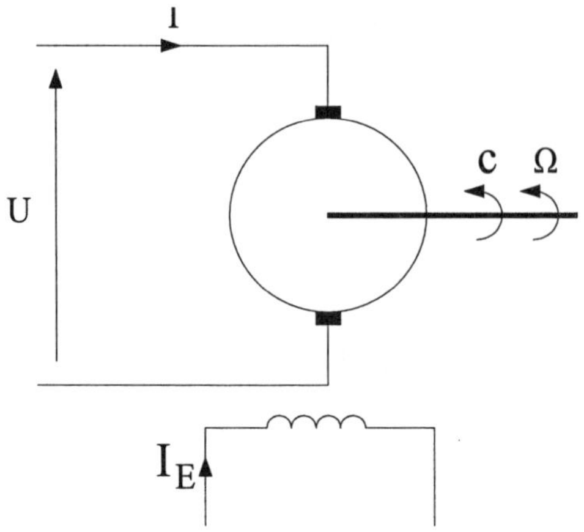

Figure 4.32 Conventions d'orientation.

En remarquant que la constante de temps d'évolution du courant induit $\frac{L}{R}$ est généralement beaucoup plus faible que la constante de temps mécanique régissant l'évolution de la vitesse, le schéma équivalent électrique de l'induit peut être simplifié. On peut alors considérer que, comparées aux temps d'évolution de la vitesse, les variations du courant induit sont pratiquement instantanées. Il est alors possible de négliger l'inductance de ce circuit induit et donc de travailler à partir du schéma équivalent dessiné figure 4.33.

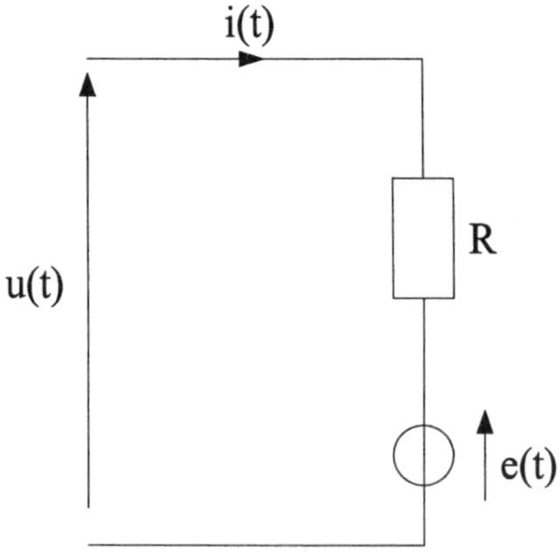

Figure 4.33 Schéma équivalent de l'induit.

Les équations de fonctionnement liant les valeurs instantanées des différentes grandeurs deviennent alors :

$$u(t) = e(t) + R_i(t) \text{ avec } e(t) = k\Omega(t)\Phi(I_E) = K\Omega(t)$$

en posant $K = k\Phi(I_E)$; ce coefficient étant constant puisque le courant I_E est lui-même constant.

Le principe fondamental de la dynamique de rotation permet de déterminer l'évolution de la vitesse :

$$J\,\frac{\mathrm{d}\Omega(t)}{\mathrm{d}t} = C(t) + C'(t)$$

J étant le moment d'inertie des pièces en rotation, $C(t)$ le couple développé par la machine à courant continu et $C'(t)$ celui développé par la charge mécanique.

En supposant que le couple de pertes est négligeable, nous pouvons confondre le couple $C(t)$ délivré par la machine et le couple électromagnétique $C_{\mathrm{em}}(t)$ qu'elle développe :

$$C(t) = C_{\mathrm{em}}(t) = k\Phi(I_E)I = Ki(t)$$

ce qui conduit à :

$$J\,\frac{\mathrm{d}\Omega(t)}{\mathrm{d}t} = Ki(t) + C'(t)$$

d'où :

$$i(t) = \frac{J}{K}\,\frac{\mathrm{d}\Omega(t)}{\mathrm{d}t} - \frac{1}{K}\,C'(t)$$

Nous pouvons alors reporter l'expression de I dans l'équation de fonctionnement de l'induit :

$$u(t) = K\Omega(t) + R\,\frac{J}{K}\,\frac{\mathrm{d}\Omega(t)}{\mathrm{d}t} - \frac{R}{K}\,C'(t)$$

La connaissance des variations de $C'(t)$ permet alors de résoudre cette équation.

On peut aussi utiliser une résolution numérique à l'aide de logiciels de simulation.

Une modélisation plus fine de la machine est présentée en annexe 1 de ce chapitre.

4.4.2 Démarrage

Lors du démarrage de la machine, il convient de limiter le courant circulant dans l'induit à des valeurs raisonnables (de l'ordre de 1,5 à 2 fois la valeur du courant nominal) tant que la valeur de la f.é.m. induite E opposée à la tension d'alimentation n'a pas atteint une valeur suffisante.

Deux solutions dont alors possibles :

- démarrer le moteur sous tension d'alimentation de l'induit variable : on l'augmente au fur et à mesure de la montée en vitesse ;
- utiliser un rhéostat de démarrage : on insère une résistance en série avec l'induit et on l'élimine progressivement au fur et à mesure de la montée en vitesse.

Annexe 1

Modélisation de la M.C.C. à excitation séparée au sens des asservissements

A1.1 PRÉSENTATION DU PROBLÈME

Il s'agit d'analyser le fonctionnement de la machine à courant continu afin d'établir son schéma bloc. À partir de celui-ci, nous pourrons déduire ses fonctions de transfert qui seront utiles pour envisager divers asservissements.

Le schéma équivalent de la machine est le suivant :

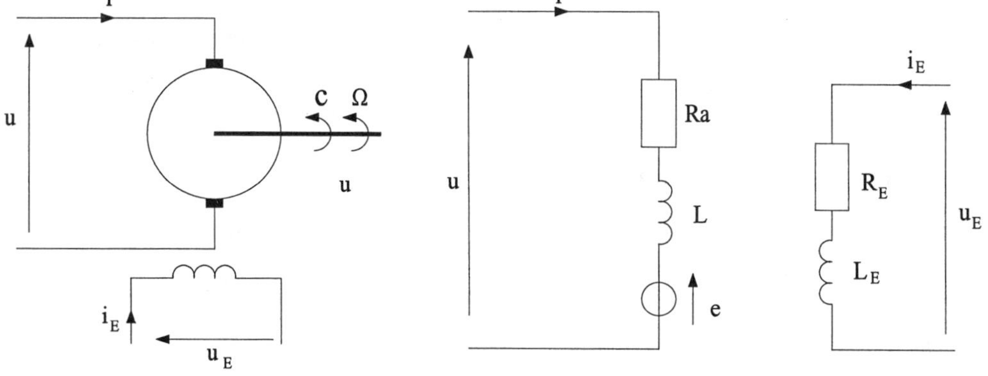

Figure A1.1 Schéma équivalent électrique d'une MCC à excitation séparée.

On note :
– $u_E(t)$ la tension d'inducteur,
– $i_E(t)$ le courant d'inducteur,
– $u(t)$ la tension d'induit,
– $i(t)$ le courant d'induit,
– $e(t)$ la force électromotrice,
– $c(t)$ le couple électromagnétique,
– $c'(t)$ le couple développé par la charge,
– $c_p(t)$ le couple de pertes,
– $\Omega(t)$ la vitesse de rotation de la machine.

Les équations de fonctionnement de la machine telles qu'elles peuvent être déduites du modèle sont alors :
– loi d'Ohm aux bornes de l'inducteur : $u_E(t) = R_E i_E(t) + L_E \dfrac{\mathrm{d}i_E(t)}{\mathrm{d}t}$,
– loi d'Ohm aux bornes de l'induit : $u(t) = Ri(t) + L\dfrac{\mathrm{d}i(t)}{\mathrm{d}t} + e(t)$,
– expression de la f.é.m : $e(t) = k\Phi(i_E)\Omega(t)$,
– expression du couple électromagnétique : $c(t) = [k\Phi\,(i_E)]\,i(t)$,
– couple de pertes (frottement fluide donnant un couple de pertes dont le signe est toujours opposé à celui de la vitesse) : $c_P(t) = -f\Omega(t)$,
– principe fondamental de la dynamique : $c(t) + c_P(t) + c'(t) = J\dfrac{\mathrm{d}\Omega(t)}{\mathrm{d}t}$.

A1.2 HYPOTHÈSES ET MISE EN FORME

On travaille :
– **à excitation constante** : c'est-à-dire que la tension d'inducteur est constante et par conséquent le courant d'inducteur l'est aussi : $U_E = R_E I_E$.

Le flux inducteur est donc constant dans la machine, d'où la simplification suivante : $\boxed{k\Phi(i_E) = K = cte}$.

– **à couple de charge constant** : $\boxed{c'(t) = C' = cte}$.

Toutes les autres variables sont composées d'un terme constant (valeur moyenne) noté X_0, et d'une partie variable notée $\widetilde{x}(t)$, de sorte que l'on peut écrire les relations suivantes :
– $u(t) = U_0 + \widetilde{u}(t)$ pour la tension d'induit ;
– $i(t) = I_0 + \widetilde{i}(t)$ pour le courant d'induit ;
– $e(t) = E_0 + \widetilde{e}(t)$ pour la force électromotrice ;

– $c(t) = C_0 + \widetilde{c}(t)$ pour le couple électromagnétique ;

– $c'(t) = C'$ pour le couple développé par la charge ;

– $c_P(t) = C_{P0} + \widetilde{c}_P(t)$ pour le couple de pertes ;

– $\Omega(t) = \Omega_0 + \widetilde{\Omega}_0(t)$ pour la vitesse de rotation de la machine.

On reporte ces relations dans les équations de fonctionnement de la machine en remarquant que : $\dfrac{\mathrm{d}x(t)}{\mathrm{d}t} = \dfrac{\mathrm{d}\widetilde{x}(t)}{\mathrm{d}t}$.

Grâce au théorème de superposition on obtient **deux systèmes**, correspondants :

– **l'un au point de fonctionnement de la machine**, traduit par les relations aux valeurs moyennes ;

– **l'autre aux petites variations autour de ce point de fonctionnement** qui s'analysent à l'aide des relations entre les parties variables $\widetilde{x}(t)$.

Point de fonctionnement	Petites variations
$U_0 = RI_0 + E_0$	$\widetilde{u}(t) = R\widetilde{i}(t) + L\dfrac{\mathrm{d}\widetilde{i}(t)}{\mathrm{d}t} + \widetilde{e}(t)$
$E_0 = K\Omega_0$	$\widetilde{e}(t) = K\widetilde{\Omega}(t)$
$C_0 = KI_0$	$\widetilde{c}(t) = K\widetilde{i}(t)$
$C_{P0} = -f\Omega_0$	$\widetilde{c}_P(t) = -f\widetilde{\Omega}(t)$
$C_0 + C_{P0} + C' = 0$	$\widetilde{c}(t) + \widetilde{c}_P(t) = J\dfrac{\mathrm{d}\widetilde{\Omega}(t)}{\mathrm{d}t}$

On obtient donc la superposition d'un régime continu (équations indicées 0) et d'un régime variable qui nous intéresse ici.

Pour « contourner » la résolution des équations différentielles, on applique la transformée de Laplace au système définissant le régime de « petits signaux ».

Ainsi : $x(t) \xrightarrow{\text{Laplace}} X(p)$

On obtient alors le système d'équations suivant :

– $U(p) = RI(p) + LpI(p) + E(p)$

– $E(p) = K\Omega(p)$

– $C(p) = KI(p)$

– $C_P(p) = -f\Omega(p)$

– $C(p) + C_P(p) = Jp\Omega(p)$

A1.3 SCHÉMA FONCTIONNEL DE LA MACHINE

A1.3.1 En régime statique

Les équations traduisant le point de repos peuvent se mettre en forme dans le schéma bloc suivant :

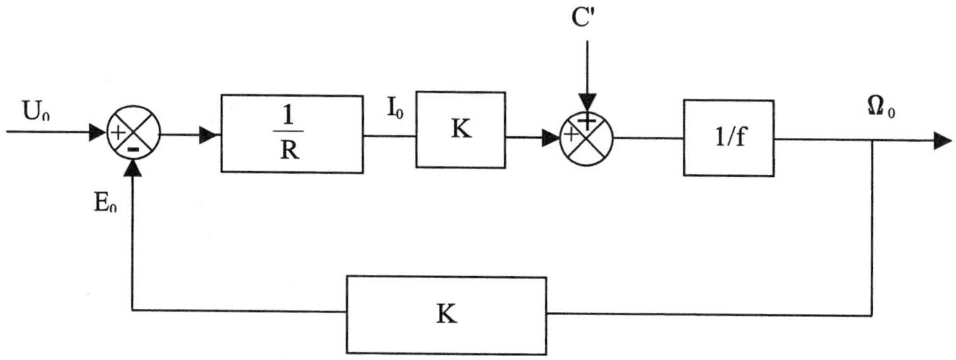

Figure A1.2 Schéma-bloc en régime statique de la MCC.

A1.3.2 En régime variable

Une simple mise en forme du système précédent conduit à :

$$I(p) = \frac{U(p) - E(p)}{R + Lp}$$

$$C(p) = KI(p)$$

$$\Omega(p) = \frac{C(p)}{f + Jp}$$

$$E(p) = K\Omega(p)$$

On obtient le schéma fonctionnel en régime variable à partir des équations en variables de Laplace ; cela peut se représenter sous la forme du schéma bloc suivant :

Remarque : On fait ainsi apparaître deux fonctions de transfert du premier ordre, l'une électrique caractérisée par $\tau_e = \frac{L}{R}$: $H_e(p) = \frac{1/R}{1 + \tau_e p}$, l'autre mécanique caractérisée par $\tau_m = \frac{J}{f}$: $H_m(p) = \frac{1/f}{1 + \tau_m p}$.

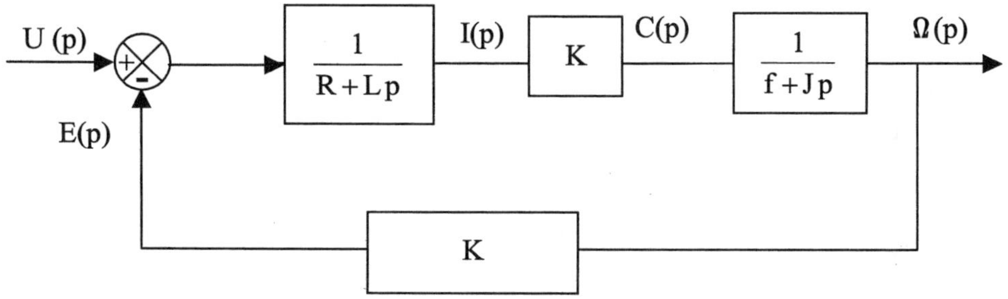

Figure A1.3 Schéma-bloc en régime dynamique de la MCC.

En général $\tau_e \quad \tau_m$, les deux pulsations de coupures sont éloignées : la pulsation de coupure électrique $\omega_e = \dfrac{1}{\tau_e}$ intervient assez peu dans les utilisations courantes de la machine.

La fonction de transfert en boucle ouverte du moteur s'écrit :

$$H_{BO}(p) = \frac{E(p)}{U(p)} = \frac{AK}{(1+\tau_e p)(1+\tau_m p)} \quad \text{avec } A = \frac{K}{Rf}.$$

Ainsi représenté, le moteur constitue un système du deuxième ordre dont la fonction de transfert en boucle fermée (vitesse /tension d'induit) peut s'exprimer sous la forme :

$$H_{BF}(p) = \frac{\Omega(p)}{U(p)} = \frac{A_{BF}}{1 + a_1 p + a_2 p^2}$$

$$\text{avec } A_{BF} = \frac{A}{1+AK},\; a_1 = \frac{\tau_e + \tau_m}{1+AK} \quad \text{et} \quad a_2 = \frac{\tau_e \tau_m}{1+AK}$$

On peut aussi la mettre sous la forme d'une fonction de transfert du deuxième ordre normalisée :

$$H_{BF}(p) = \frac{\Omega(p)}{U(p)} = \frac{H_0}{1 + \dfrac{2m}{\omega_0} p + \dfrac{1}{\omega_0^2} p^2}$$

avec :

$$H_0 = A_{BF} = \frac{A}{1+AK},\quad \omega_0 = \sqrt{\frac{1}{a_2}} = \sqrt{\frac{1+AK}{\tau_e \tau_m}}$$

$$\text{et } m = \frac{a_1 \omega_0}{2} = \frac{\tau_e + \tau_m}{2} \sqrt{\frac{1}{\tau_e \tau_m (1+AK)}}.$$

A1.3.3 Simplifications usuelles

Si l'on néglige le coefficient de frottement fluide f, les expressions précédents se simplifient :

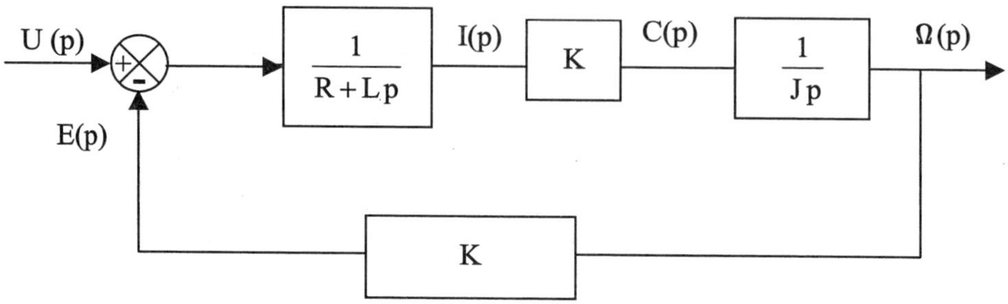

Figure A1.4 Schéma-bloc en régime dynamique de la MCC sans frottement fluide.

La fonction de transfert en boucle fermée devient : $H_{BF}(p) = \dfrac{\Omega(p)}{U(p)} = \dfrac{1/K}{1 + \dfrac{RJ}{K^2}p + \dfrac{LJ}{K^2}p^2}$, on introduit une constante de temps électromécanique $\tau_{em} = \dfrac{RJ}{K^2}$ ce qui conduit à :

$$H_{BF}(p) = \frac{\Omega(p)}{U(p)} = \frac{1/K}{1 + \tau_{em}p + \tau_{em}\tau_e p^2}$$

Si on souhaite mettre la fonction de transfert sous la forme d'un système du deuxième ordre normalisé : $H_{BF}(p) = \dfrac{H_0}{1 + 2m\dfrac{p}{\omega_0} + \left(\dfrac{p}{\omega_0}\right)^2}$ avec $\omega_0 = \dfrac{1}{\sqrt{\tau_e\tau_{em}}}$ et $m = \dfrac{1}{2}\sqrt{\dfrac{\tau_{em}}{\tau_e}}$.

Les valeurs des différents paramètres sont telles qu'en règle générale, le coefficient d'amortissement m est élevé de sorte que la machine peut être considérée comme un système du deuxième ordre très amorti. On va parfois jusqu'à l'assimiler à un système du premier ordre.

Remarque : Parmi les différentes méthodes de détermination des paramètres possibles on peut citer la « méthode de Pasek » qui n'exige qu'un seul essai. On part d'une condition initiale (point de repos) et on applique une variation de tension d'induit (échelon de tension) : à partir de l'enregistrement des variations du courant et de la vitesse, on peut déterminer R, L, J et K.

L'analyse de l'essai de lâcher permet aussi de déterminer le modèle des pertes et d'évaluer le moment d'inertie de la machine. Ce dernier peut encore être étudié à partir d'un démarrage à couple – donc courant d'induit – constant.

Chapitre 5

Création de champs tournants

5.1 RAPPELS DE MAGNÉTOSTATIQUE

On a vu au chapitre précédent que lorsqu'il est placé dans un champ extérieur $\overrightarrow{B}$, un moment magnétique subit un couple :

$$\overrightarrow{C} = \overrightarrow{M} \wedge \overrightarrow{B}$$

Dans leur principe sont expliqués ainsi :

– une boussole : l'aiguille aimantée s'oriente selon le champ magnétique terrestre.

– le moteur synchrone : un aimant placé dans un champ magnétique $\overrightarrow{B}$, tournant à la vitesse Ω_S, subira un couple de module $C = MB \sin\alpha$ où α est l'angle de $\overrightarrow{M}$ vers $\overrightarrow{B}$.

Si l'on parvient à faire tourner un champ magnétique, on pourra faire tourner un rotor.
La question qu'il faut résoudre est la suivante : comment obtenir un champ tournant à partir d'un bobinage fixe ?

5.2 CHAMP CRÉÉ DANS UN ENTREFER PAR UNE OU PLUSIEURS SPIRES FIXES

On considère un bobinage de n spires sans fuite, parcouru par un courant continu I, disposé dans des encoches à la surface d'un entrefer.

La présence du fer canalise les lignes de champ : dans l'entrefer on obtient un champ magnétique $\overrightarrow{B}$ que nous admettrons radial.

Pour décrire l'évolution du champ dans l'entrefer, on définit l'abscisse angulaire θ dont l'origine est l'axe du pôle nord. Le champ est compté positivement quand il est orienté vers l'extérieur de la machine (pôle nord) et négativement quand il est orienté vers l'intérieur de la machine (pôle sud).

Le matériau magnétique n'est pas saturé.

5.2.1 Armature bipolaire

D'après le théorème d'Ampère, une bobine de n spires parcourues par un courant i crée une excitation magnétique $\overrightarrow{H}$ telle que :

$$\int \overrightarrow{H} \cdot \mathrm{d}\overrightarrow{\ell} = \sum i_{\text{enlacés}}$$

$$H_{\text{fer}} l_{\text{fer}} + H_{\text{air}} l_{\text{air}} = \sum i_{\text{enlacés}}$$

En un point situé à la surface de séparation entre un milieu ferromagnétique et l'air, la composante normale du champ magnétique se conserve ; dans le cas qui nous intéresse, le champ est radial donc :

$$B_{\text{air}} = B_{\text{fer}}$$

$$\overrightarrow{B}_{\text{air}} = \mu_0 \overrightarrow{H}_{\text{air}} \text{ et } \overrightarrow{B}_{\text{fer}} = \mu_0 \mu_r \overrightarrow{H}_{\text{fer}}$$

Si l'on considère que le matériau magnétique est parfait ($\mu_r = \infty$) on déduit que l'excitation magnétique est nulle dans le fer : $H_{\text{fer}} = 0$.

La longueur des lignes de champ dans l'air est égale à 2 fois l'épaisseur de l'entrefer soit $l_{\text{fer}} = 2e$ d'où :

$$B_{\text{air}} \frac{2e}{\mu_0} = \sum i_{\text{enlacés}}$$

a) Le bobinage est localisé dans deux encoches diamétralement opposées

Si la bobine est localisée dans la *même paire d'encoches*, les lignes de champ enlacent forcément tous les courants donc en tous points de l'entrefer :

$$B_{\text{air}} = \mu_0 \frac{ni}{2e},$$

On en déduit l'allure du graphe du champ magnétique le long de l'entrefer représenté sur la figure 5.1.

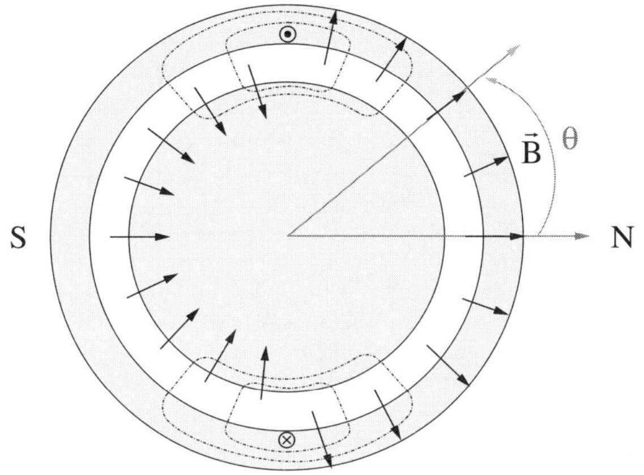

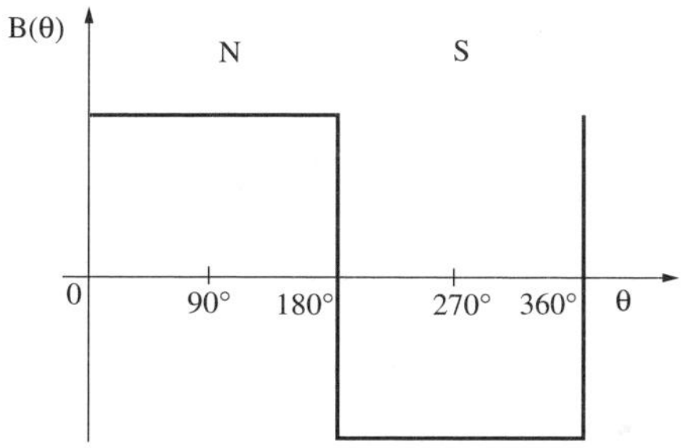

Figure 5.1 Allure du champ dans l'entrefer dans le cas d'un bobinage localisé dans une paire d'encoches.

b) La bobine est répartie dans plusieurs paires d'encoches

Supposons que la bobine est répartie dans *trois paires d'encoches.*

Certaines lignes de champ enlacent :

– tous les courants donc $B_1 = \mu_0 \frac{ni}{2e}$;

– seulement une encoche, donc un tiers des conducteurs, d'où $B_2 = \mu_0 \frac{ni}{6e}$.

On en déduit l'allure du champ autour de l'entrefer : il est périodique et sa période est décrite en un tour de machine. (voir figure 5.2).

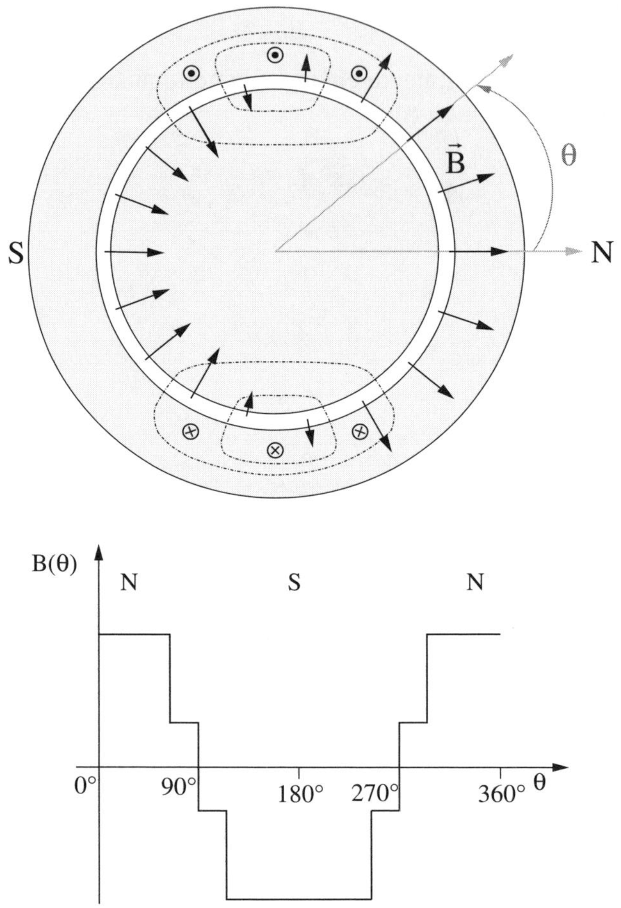

Figure 5.2 Allure du champ dans l'entrefer dans le cas d'un bobinage réparti dans trois paires d'encoches.

Si l'*on multiplie les encoches*, on peut obtenir un champ B quasiment sinusoïdal le long de l'entrefer.

En multipliant les encoches et en y logeant judicieusement les spires, on a produit un champ à répartition spatiale sinusoïdale le long de l'entrefer.

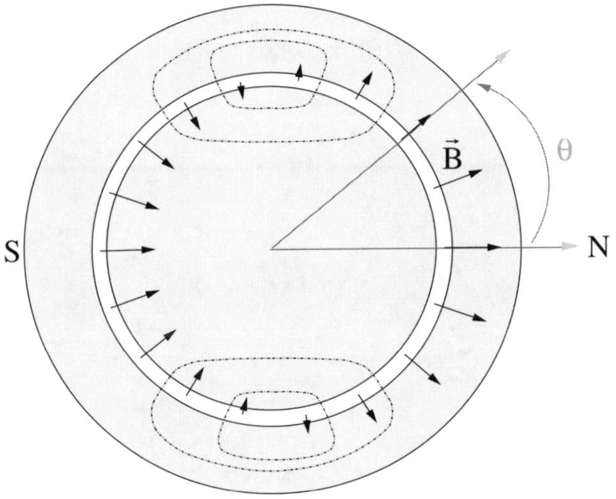

Champ à répartition spatiale sinusoïdale

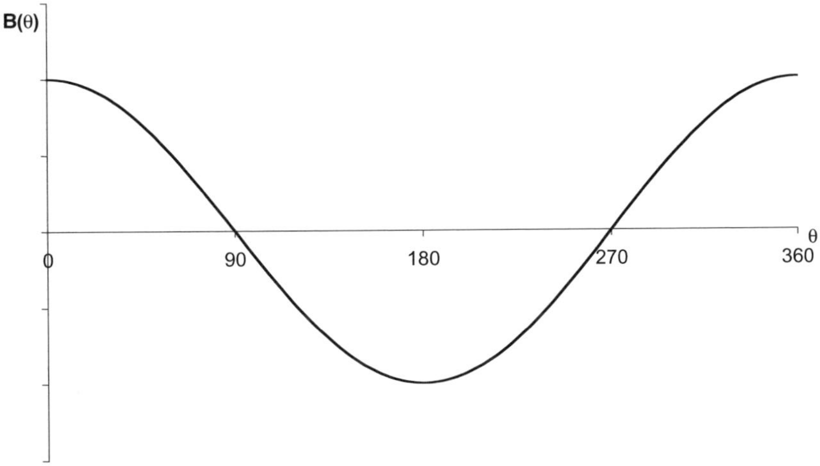

Figure 5.3 Cas d'un bobinage bipolaire réparti à répartition sinusoïdale de champ.

5.2.2 Armature multipolaire

Si l'on multiplie les bobines (on en place p par exemple), on peut obtenir une période (spatiale) de champ différente (plus petite donc une fréquence plus grande). En faisant le tour de la machine on parcourt p périodes du champ.

Au lieu de créer un pôle nord et un pôle sud à la périphérie de l'armature, on crée $2p$ pôles alternativement nord et sud : l'armature comporte p paires de pôles, elle est dite $2p$-polaire.

On a alors, en supposant le champ à répartition spatiale sinusoïdale :

$$B(\theta) = B\cos(p\theta)$$

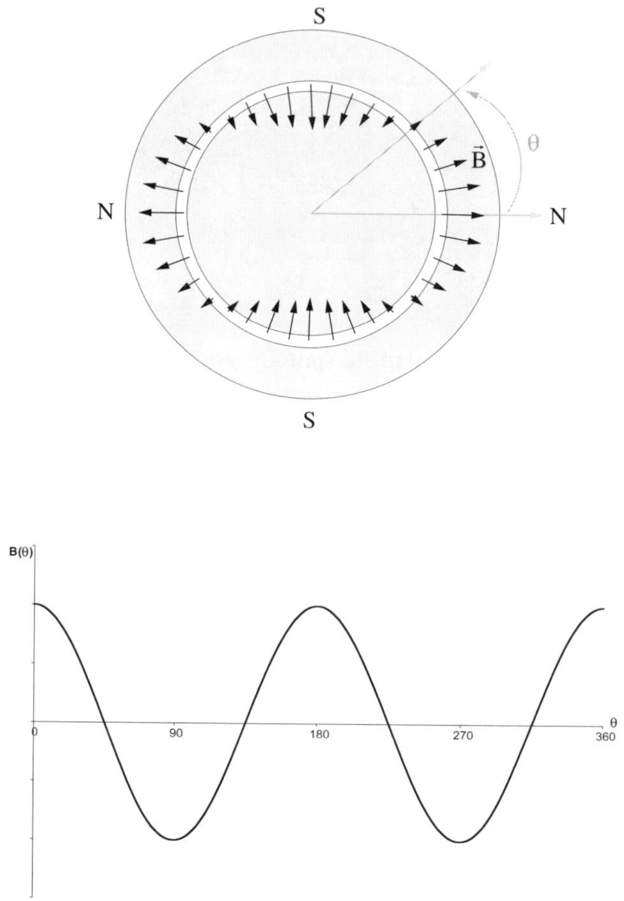

Figure 5.4 Cas d'un bobinage multipolaire à répartition sinusoïdale de champ.

On a produit un champ à répartition spatiale sinusoïdale le long de l'entrefer dont la période est fixée à la construction du dispositif par le choix de p. Cependant, si l'on se place en un point M d'abscisse θ à la périphérie de l'entrefer, on observe un champ constant.

Les bobines sont fixes, le courant qui les parcourt est continu, le champ produit par ce dispositif n'est pas fonction du temps : il ne tourne pas.

5.3 CHAMP TOURNANT CRÉÉ PAR UNE ARMATURE MOBILE ALIMENTÉE PAR I = CTE

Remarque : C'est le cas de l'inducteur d'un alternateur.

5.3.1 Armature bipolaire tournante

Considérons le bobinage rotorique représenté sur la figure 5.5, parcouru par un courant I supposé ici positif.

Ce bobinage tourne à la vitesse angulaire $\Omega_S = \omega$.

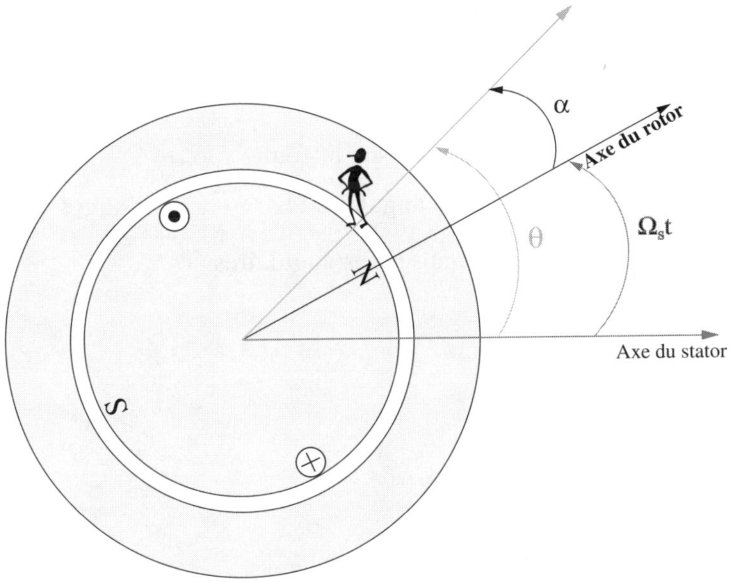

Figure 5.5 Cas d'un bobinage bipolaire porté par une armature tournante.

Soit un point M *fixe* de l'entrefer situé :

– à l'abscisse angulaire θ par rapport à *l'axe fixe* du stator ;

– à l'abscisse angulaire α par rapport à *l'axe mobile* du bobinage rotorique.

Le bobinage créé au point M le champ B tel que :

$$B(\theta) = \widehat{B} \cos(\alpha)$$

Mais le *rotor tourne* à la vitesse angulaire $\Omega_S = \omega$! En prenant comme instant origine l'instant ou les deux axes coïncident, on trouve :

$$\theta = \omega t + \alpha \quad \text{d'où} \quad B(\theta,t) = \widehat{B} \cos(\theta - \omega t)$$

Le champ dans l'entrefer dépend à la fois de la date t et de la position de M, c'est-à-dire de l'abscisse angulaire θ.
– En un point fixe quand *t varie* (on place une caméra et on « filme » un tout petit bout d'entrefer), on observe un champ $B(t)$ qui varie sinusoïdalement au cours du temps à la pulsation ω, soit avec la période temporelle $\frac{2\pi}{\omega}$;
– Quand on tourne autour du rotor à *t donné* (on prend une « photo » de l'ensemble de l'entrefer), on observe un champ $B(\theta)$ qui varie sinusoïdalement dans l'espace avec la période spatiale 2π.
Nous dirons que la bobine crée une distribution de champ tournant
– à la vitesse $\Omega_S = \omega$,
– à répartition spatiale sinusoïdale.

5.3.2 Armature 2p-polaire

L'armature considérée est représentée sur la figure 5.6, avec ici $2p = 4$ (tétrapolaire). Elle est entraînée à la vitesse angulaire $\Omega_S = \frac{\omega}{p}$, à l'instant $t = 0$ l'axe d'un pôle nord coïncide avec l'axe des abscisses angulaires.

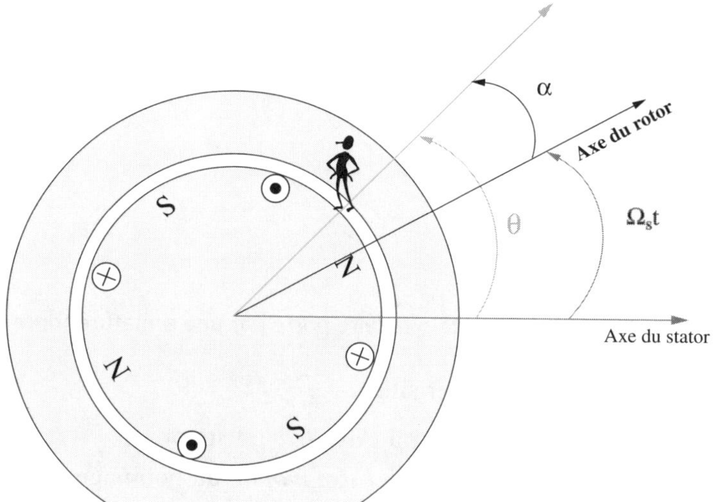

Figure 5.6 Cas d'un bobinage 2p-polaire porté par une armature tournante.

Au point M de l'entrefer repéré comme dans le paragraphe précédent, nous avons :

$$B(\theta) = \widehat{B}\cos(p\alpha) \text{ avec } \theta = \Omega_S t + \alpha = \frac{\omega}{p}t + \alpha$$

Maintenant la rotation de la source du champ entraîne :

$$B(\theta,t) = \widehat{B}\cos(p\theta - p\Omega_S t)$$

$$B(\theta,t) = \widehat{B}\cos(p\theta - \omega t)$$

Il s'agit d'une *distribution de champ tournant* :
– à la vitesse Ω_S, c'est-à-dire à la vitesse électrique $\omega = p\Omega_S$;
– à répartition spatiale sinusoïdale.

Remarque : On retrouve la même relation que celle obtenue pour la machine bipolaire en posant :
– $\theta_e = p\theta$ que nous appellerons « angle électrique » ;
– $\omega = p\Omega_S$ est la pulsation temporelle et correspond à la « vitesse électrique », la période temporelle du champ est donc $\dfrac{2\pi}{\omega}$;
– la période spatiale du champ est $\dfrac{2\pi}{p}$, donc p, le nombre de paires de pôles, est la pulsation spatiale (variable θ).

5.4 CHAMPS TOURNANTS CRÉÉS PAR UNE ARMATURE MONOPHASÉE FIXE ALIMENTÉE EN COURANT ALTERNATIF

Nous considérons ici une armature « à répartition spatiale sinusoïdale » fonctionnant en régime non saturé.

Dans le cas précédent, le courant était continu mais l'armature tournait, le champ dans l'entrefer variait donc sinusoïdalement en fonction du temps.

Si l'on veut obtenir le même résultat sans imprimer la rotation, il faut trouver la variation sinusoïdale ailleurs : dans le courant.

5.4.1 Armature bipolaire

Reprenons le point M de l'entrefer situé à l'abscisse angulaire θ, repérée par rapport à l'axe du bobinage.

Le bobinage est parcouru par le courant $i(t) = \hat{I}\cos(\omega t)$.

Il crée toujours $B(\theta,t) = ki(t)\cos\theta$

Mais maintenant, $i(t) = \hat{I}\cos(\omega t)$ d'où

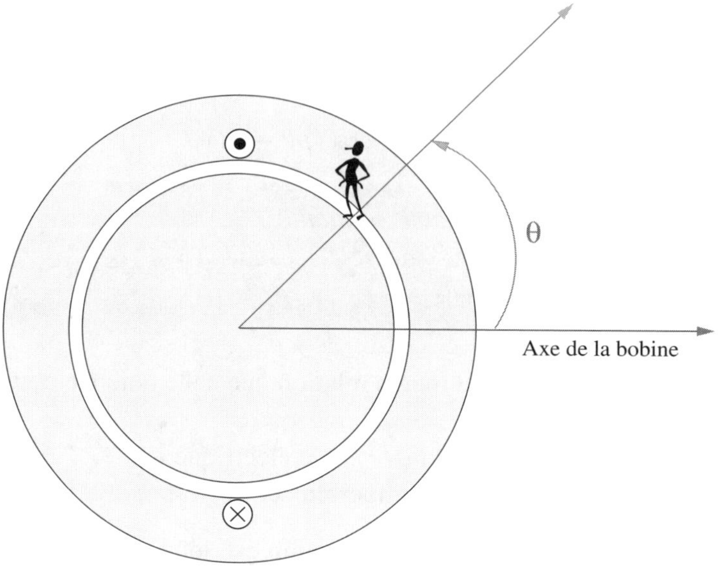

Figure 5.7 Champs créés par un courant sinusoïdal par une bobine monophasée fixe.

$B(\theta,t) = k\hat{I}\cos(\omega t)\cos\theta$ ce qui donne par linéarisation :

$$B(\theta,t) = \frac{1}{2}k\hat{I}\cos(\theta - \omega t) + \frac{1}{2}k\hat{I}\cos(\theta + \omega t)$$

$B_d(\theta,t) = \frac{1}{2}k\hat{I}\cos(\theta - \omega t)$ est le champ direct, il tourne dans le sens positif à la vitesse $\Omega_S = \omega$,

$B_i(\theta,t) = \frac{1}{2}k\hat{I}\cos(\theta + \omega t)$ est le champ inverse, il tourne dans le sens négatif à la vitesse $\Omega_S = \omega$.

Le bobinage crée donc *deux champs tournants* :
- de même amplitude, à répartition spatiale sinusoïdale ;
- tournant en sens inverse l'un de l'autre à la même vitesse $\Omega_S = \omega$;
- dont les axes coïncident avec l'axe du bobinage lorsque le courant qui le traverse est maximal.

Remarque : « L'axe d'un champ » correspond à l'axe d'un pôle nord.

5.4.2 Armature p-polaire

Le raisonnement est exactement le même mais si les pulsations temporelles restent ω et $-\omega$, la pulsation spatiale est maintenant p.

$$B(\theta,t) = k\hat{I}\cos(\omega t)\cos(p\theta)$$

$$\boxed{B(\theta,t) = \frac{1}{2}k\hat{I}\cos(p\theta - \omega t) + \frac{1}{2}k\hat{I}\cos(p\theta + \omega t)}$$

On peut énoncer le théorème de Leblanc :

> Une armature p-polaire, fixe, monophasée, à répartition spatiale sinusoïdale, parcourue par un courant sinusoïdal de pulsation ω donne naissance à *deux champs tournants* (direct et inverse) :
> – de même amplitude, à répartition spatiale sinusoïdale ;
> – tournant en sens inverse l'un de l'autre à la vitesse $\Omega_S = \frac{\omega}{p}$;
> – dont les axes coïncident avec l'axe du bobinage lorsque le courant qui le traverse est maximal.

Cependant, si l'on place un aimant mobile dans cette armature, il est sollicité par deux champs tournant dans des sens opposés, il ne démarre pas. Pour qu'il tourne, il faut favoriser l'un des deux.

5.5 CHAMPS TOURNANTS CRÉÉS PAR UNE ARMATURE TRIPHASÉE FIXE, ALIMENTÉE EN COURANT ALTERNATIF

Considérons maintenant un bobinage triphasé constitué de trois bobines identiques à celle du paragraphe 5.4 réparties sur la périphérie du stator.

La répartition du champ créé par chacune des bobines est toujours spatiale sinusoïdale, les axes des bobines sont décalés entre eux d'un angle électrique égal à $\frac{2\pi}{3}$.

Le matériau magnétique n'est pas saturé : le champ résultant à l'intérieur de la structure est la somme vectorielle des champs créés par les trois bobinages (théorème de superposition).

5.5.1 Armature bipolaire

La structure est bipolaire donc les angles électriques et physiques sont égaux. Les courants qui les alimentent forment un système triphasé équilibré direct.

Il faut noter que l'axe du bobinage 2, parcouru par un courant en retard de $\frac{2\pi}{3}$ par rapport au courant $i_1(t)$, est situé à $-\frac{4\pi}{3}$ de l'axe du bobinage 1 ainsi que le représente la figure 5.8.

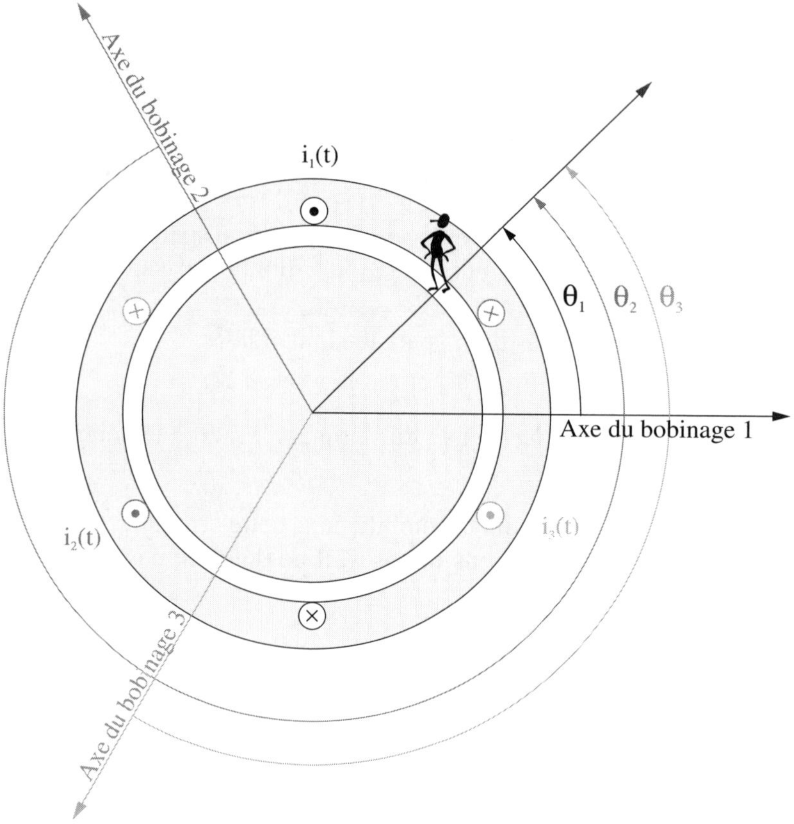

Figure 5.8 Armature triphasée fixe alimentée par un système triphasé équilibré direct de courants.

Considérons encore le point M situé :
– à l'abscisse angulaire $\theta_1 = \theta$ par rapport à l'axe du bobinage 1 ;
– à l'abscisse angulaire $\theta_2 = \theta + \frac{4\pi}{3}$ par rapport à l'axe du bobinage 2 ;
– à l'abscisse angulaire $\theta_3 = \theta + \frac{2\pi}{3}$ par rapport à l'axe du bobinage 3.

Les courants qui alimentent les bobinages ont pour expressions :

$$i_1(t) = \hat{I}\cos\omega t$$
$$i_2(t) = \hat{I}\cos(\omega t - 2\pi/3)$$
$$i_3(t) = \hat{I}\cos(\omega t - 4\pi/3)$$

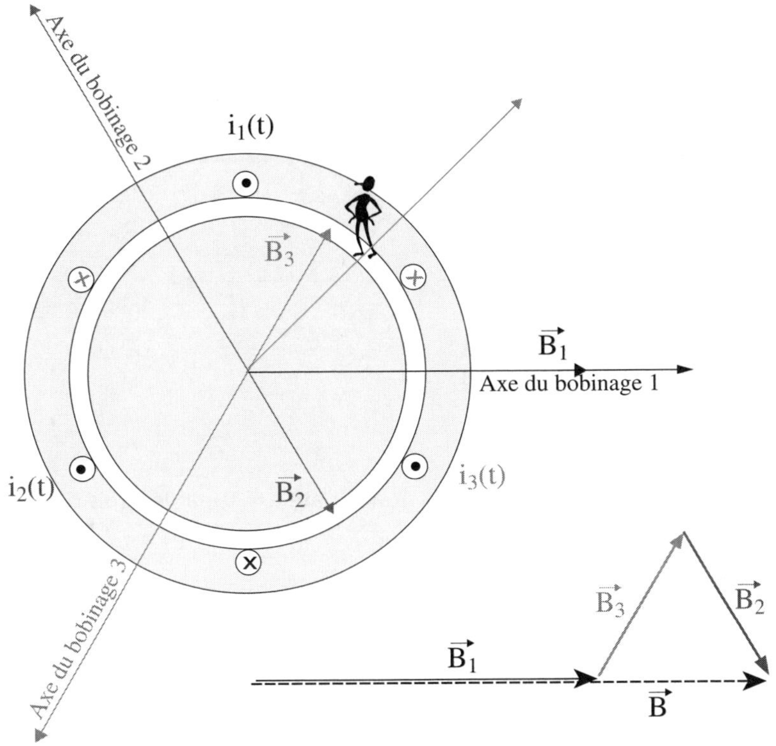

Figure 5.9 Champs créés par les trois bobinages et champ résultant en $t = 0$.

Ces bobinages créeront donc au point M les champs respectifs $B_1(\theta,t)$, $B_2(\theta,t)$, $B_3(\theta,t)$ d'expressions :

$B_1(\theta,t) = ki_1(t)\cos(\theta)$ $\qquad$ $B_1(\theta,t) = k\hat{I}\cos(\omega t)\cos(\theta)$

$B_2(\theta,t) = ki_2(t)\cos\left(\theta + \frac{4\pi}{3}\right)$ soit encore $B_2(\theta,t) = k\hat{I}\cos\left(\omega t - \frac{2\pi}{3}\right)\cos\left(\theta + \frac{4\pi}{3}\right)$

$B_3(\theta,t) = ki_3(t)\cos\left(\theta + \frac{2\pi}{3}\right)$ $\qquad$ $B_3(\theta,t) = k\hat{I}\cos\left(\omega t - \frac{4\pi}{3}\right)\cos\left(\theta + \frac{2\pi}{3}\right)$

Le champ résultant au point M sera $B(\theta,t) = B_1(\theta,t) + B_2(\theta,t) + B_3(\theta,t)$.

$$B(\theta,t) = k\hat{I}\cos(\omega t)\cos(\theta) + k\hat{I}\cos\left(\omega t - \frac{2\pi}{3}\right)\cos\left(\theta + \frac{4\pi}{3}\right)$$
$$+ k\hat{I}\cos\left(\omega t - \frac{4\pi}{3}\right)\cos\left(\theta + \frac{2\pi}{3}\right)$$

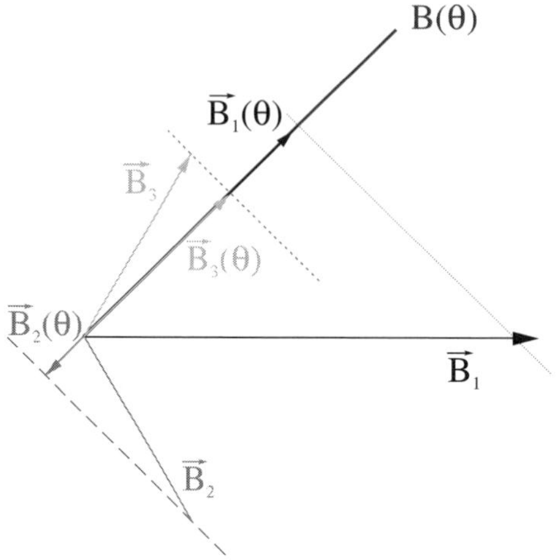

Figure 5.10a Champs créés au point M à la date $t = 0$ par les trois bobinages.

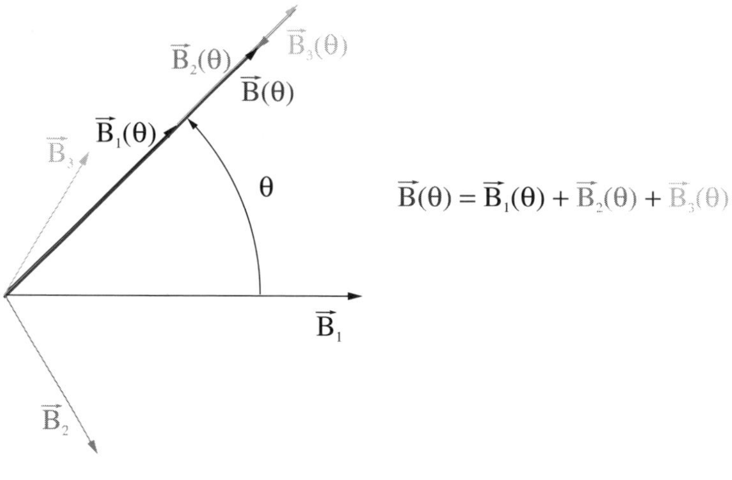

Figure 5.10b Champ résultant au point M.

On linéarise cette expression :

$$\begin{aligned} B(\theta,t) = & \frac{k\hat{I}}{2}[\cos(\omega t + \theta) + \cos(\omega t - \theta)] \\ + & \frac{k\hat{I}}{2}\left[\cos\left(\omega t + \theta + \frac{2\pi}{3}\right) + \cos\left(\omega t - \theta - \frac{6\pi}{3}\right)\right] \\ + & \frac{k\hat{I}}{2}\left[\cos\left(\omega t + \theta - \frac{2\pi}{3}\right) + \cos\left(\omega t - \theta - \frac{6\pi}{3}\right)\right] \end{aligned}$$

Les trois termes de la colonne de gauche ont à tout instant une somme nulle, ceux de droite sont identiques et s'additionnent.

On obtient donc :

$$B(\theta,t) = \frac{3}{2} k \hat{I} \cos(\omega t - \theta)$$

Cette armature crée donc *un champ tournant unique* :
- tournant à la vitesse $\Omega_S = \omega$;
- dont l'axe coïncide avec l'axe du bobinage lorsque le courant qui le traverse est maximal.

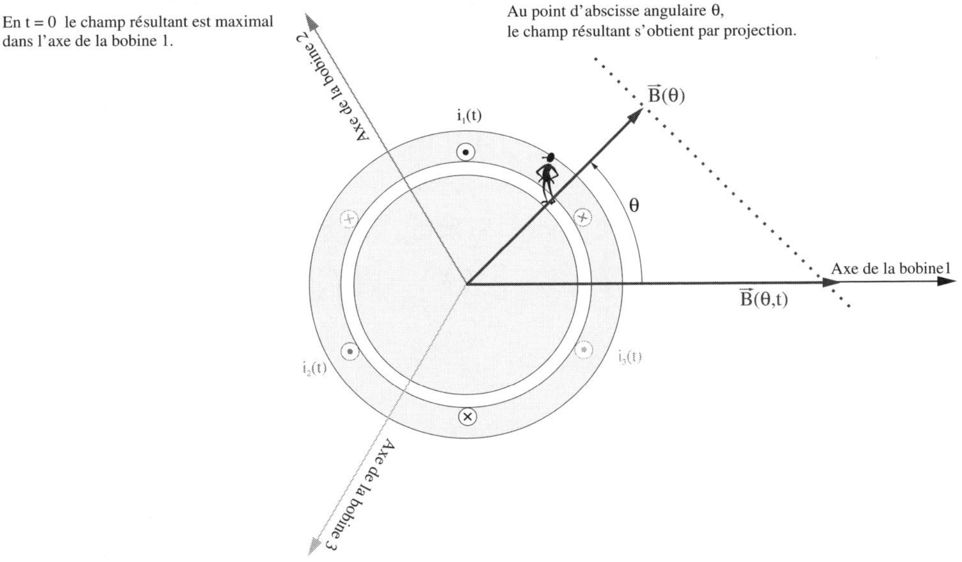

Figure 5.11 Champs résultants en $t = 0$.

5.5.2 Armature p-polaire

Un raisonnement identique conduit à l'énoncé du théorème de Ferraris :

Une armature p-polaire
- fixe ;
- triphasée ;
- à répartition spatiale sinusoïdale de champ ;
- parcourue par un système de courants sinusoïdaux triphasés équilibrés ;

donne naissance à *un seul champ* tournant à la vitesse $\Omega_S = \dfrac{\omega}{p}$, dont l'axe coïncide avec l'axe du bobinage lorsque le courant qui le traverse est maximal.

$$\boxed{B(\theta,t) = \frac{3}{2}k\hat{I}\cos(\omega t - p\theta)}$$

Remarque 1 : Si l'on inverse l'ordre de succession des phases, on inverse le sens de rotation du champ.

Remarque 2 : Plus généralement encore, considérons une armature multipolaire, polyphasée constituée de q phases identiques telle que deux phases consécutives sont décalées d'un angle électrique égal à $\dfrac{2\pi}{q}$.

Les phases sont alimentées par des courants sinusoïdaux polyphasés équilibrés s'exprimant sous la forme (le signe (−) s'applique à l'ordre direct, le signe (+) s'applique à l'ordre inverse) :

$$i_k(t) = \hat{I}\cos\left(\omega t \mp \left(k\frac{2\pi}{q}\right)\right) \text{ avec } k \in [0,(q-1)].$$

Au point M le courant $i_k(t)$ engendre le champ magnétique

$$B_k(\theta,t) = B\cos\left(\omega t \mp \left(k\frac{2\pi}{q}\right)\right)\cos\left(\left(k\frac{2\pi}{q}\right) - p\theta\right).$$

Le champ résultant a pour expression :

$$B(\theta,t) = \frac{q}{2}\widehat{B}\cos(\omega t \mp p\theta)$$

Le théorème de Ferraris énonce qu'une armature multipolaire, polyphasée parcourue par des courants sinusoïdaux polyphasés équilibrés crée dans l'entrefer un champ magnétique unique tournant dans le repère lié à l'armature, à la vitesse angulaire $\Omega_S = \pm\dfrac{\omega}{p}$.

Sens direct (+) pour l'ordre direct des courants (anti-horaire).

Sens inverse (−) pour l'ordre inverse des courants (horaire).

5.6 TRANSFORMATION DE PARK

5.6.1 Transformation triphasée-diphasée

Considérons un bobinage triphasé comportant n_1 spires, identique au précédent, et supposons qu'il est parcouru par un système triphasé de courants équilibrés mais pas nécessairement sinusoïdaux.

Le champ créé par le bobinage triphasé 1, 2, 3 est la somme vectorielle des trois champs $\overrightarrow{B}_1$, $\overrightarrow{B}_2$ et $\overrightarrow{B}_3$ créés respectivement par les trois bobines 1, 2 et 3 et portés respectivement par les trois axes 1, 2 et 3 (voir figure 5.12a).

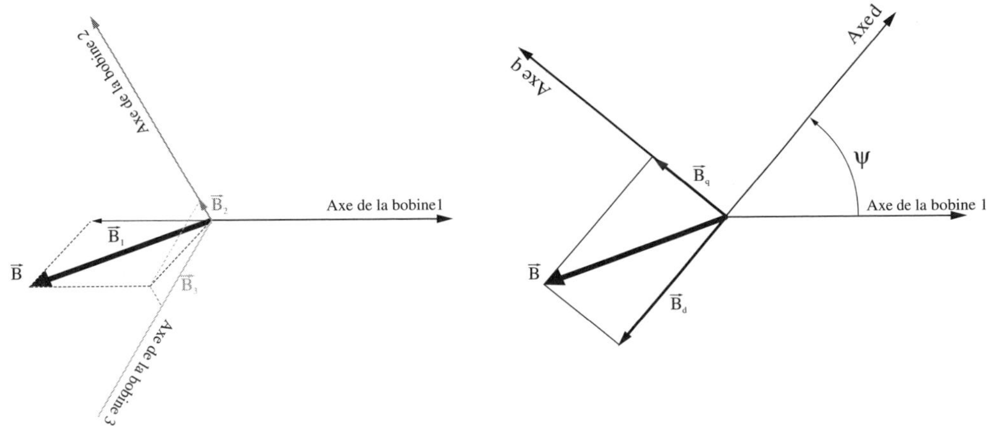

Figure 5.12 Champ créé par le bobinage triphasé 1, 2, 3 décomposé dans les deux repères.

Ce même champ peut être décomposé en deux champs perpendiculaires $\overrightarrow{B}_d$ et $\overrightarrow{B}_q$ portés par deux axes perpendiculaires d (pour direct) et q (pour quadrature) (voir figure 5.12b).

L'axe $\overrightarrow{Od}$ (par la suite appelé plus simplement axe d ou axe direct) est repéré par rapport à l'axe de la bobine 1 par l'angle Ψ.

On note B_{1d} la projection du vecteur $\overrightarrow{B}_1$ sur l'axe d et B_{1q} celle sur l'axe q :

$$B_{1d}(t) = B_1(t)\cos\Psi$$

$$B_{1q}(t) = -B_1(t)\sin\Psi$$

Remarque : Il faut noter que $B_1(t)$ désigne une grandeur algébrique (négative dans le cas particulier de la figure 4.15). En effet la bobine 1 créée le champ $B_1(\theta,t) = k\hat{I}\cos(\omega t)\cos\theta = k\hat{I}\cos(\omega t)$, si on observe à l'abscisse angulaire $\theta = 0$, c'est-à-dire selon son axe.

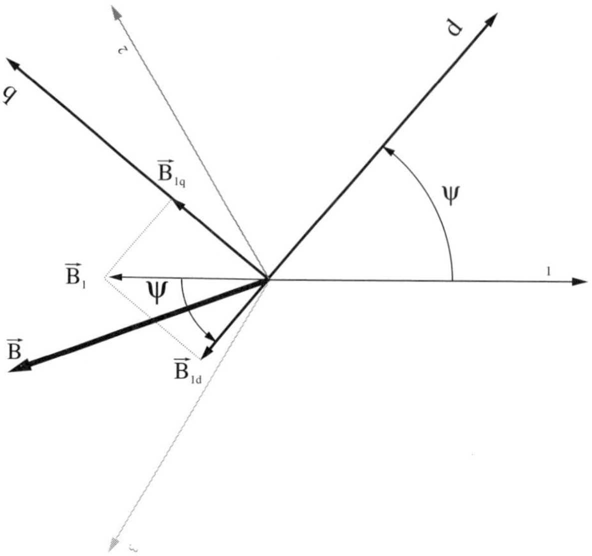

Figure 5.13a Construction des composantes $B_{1d}(t)$ et $B_{1q}(t)$.

On fera de même avec les champs $\overrightarrow{B}_2$ et $\overrightarrow{B}_3$.

En remarquant que l'axe d est repéré par l'angle $\Psi - \dfrac{2\pi}{3}$ par rapport à l'axe de la bobine 2 et par l'angle $\Psi - \dfrac{4\pi}{3}$ par rapport à l'axe de la bobine 3, on obtient :

$$B_{2d}(t) = B_2(t)\cos\left(\Psi - \frac{2\pi}{3}\right) \qquad B_{3d}(t) = B_3(t)\cos\left(\Psi - \frac{4\pi}{3}\right)$$

et

$$B_{2q}(t) = -B_2(t)\sin\left(\Psi - \frac{2\pi}{3}\right) \qquad B_{3q}(t) = -B_3(t)\sin\left(\Psi - \frac{4\pi}{3}\right)$$

Les coordonnées du champ tournant $\overrightarrow{B}$ selon les axes d et q se calculent par :

$$B_d(t) = B_{1d}(t) + B_{2d}(t) + B_{3d}(t)$$

$$B_q(t) = B_{1q}(t) + B_{2q}(t) + B_{3q}(t)$$

$$B_d(t) = B_1(t)\cos\Psi + B_2(t)\cos\left(\Psi - \frac{2\pi}{3}\right) + B_3(t)\cos\left(\Psi - \frac{4\pi}{3}\right)$$

$$B_q(t) = -B_1(t)\sin\Psi - B_2(t)\sin\left(\Psi - \frac{2\pi}{3}\right) - B_3(t)\sin\left(\Psi - \frac{4\pi}{3}\right)$$

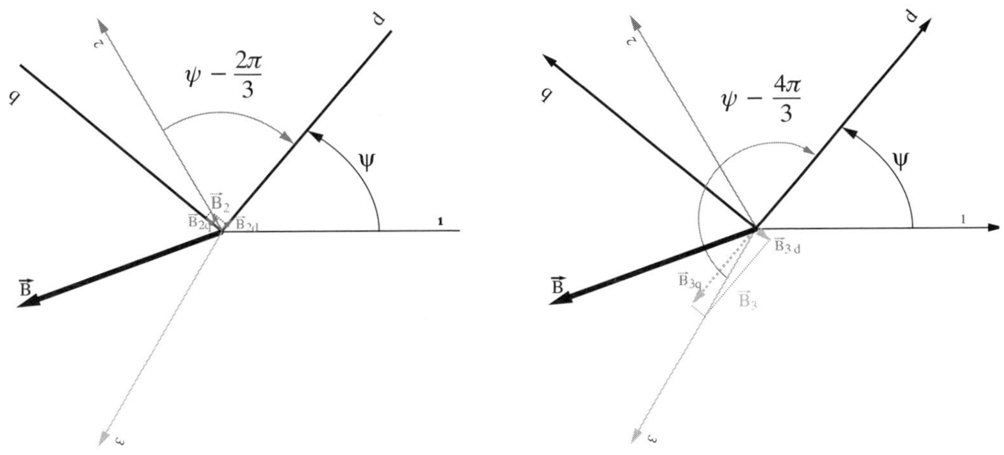

Figure 5.13b Composantes de $B_2(t)$ et $B_3(t)$ selon les axes d et q.

Pour pouvoir calculer $B_1(t)$, $B_2(t)$ et $B_3(t)$ à partir de $B_d(t)$ et $B_q(t)$ il manque une équation : on introduit une troisième coordonnée $B_0(t)$ qui correspond à la composante homopolaire du champ lorsque le régime est sinusoïdal.

$$B_0(t) = K_0\,(B_1(t) + B_2(t) + B_3(t))$$

Cela peut se résumer sous forme de notation matricielle :

$$\begin{pmatrix} \cos\Psi & \cos\left(\Psi - \frac{2\pi}{3}\right) & \cos\left(\Psi - \frac{4\pi}{3}\right) \\ -\sin\Psi & -\sin\left(\Psi - \frac{2\pi}{3}\right) & -\sin\left(\Psi - \frac{4\pi}{3}\right) \\ K_0 & K_0 & K_0 \end{pmatrix}$$

5.6.2 Transformée de Park modifiée

Puisqu'on peut passer d'un système de coordonnées à l'autre, on peut remplacer le bobinage triphasé initial comportant n_R spires par un bobinage diphasé fictif constitué de deux bobines disposées selon les axes d et q :

– comportant n_P spires ;

– parcourues par les courants $i_d(t)$ et $i_q(t)$;

– créant le même champ dans la machine.

Il suffit de connaître le nombre de spires n_P, le coefficient K_0 et l'angle Ψ indiquant la position du repère d, q à tout instant pour pouvoir passer par un « simple calcul » d'un système à l'autre.

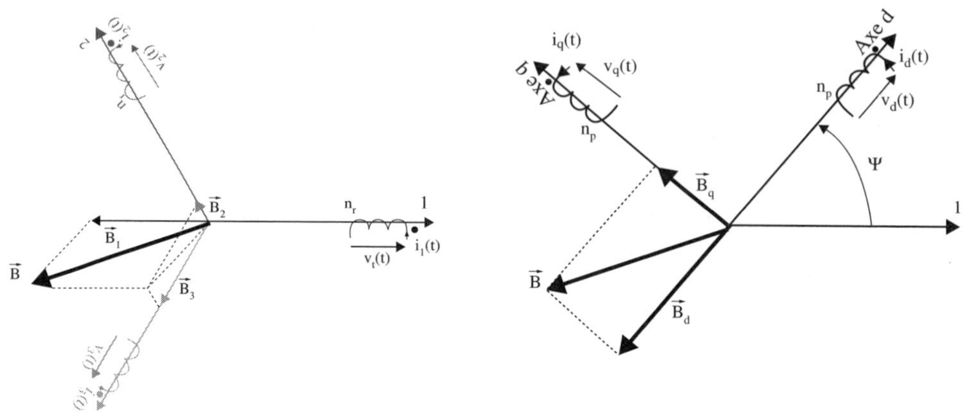

Figure 5.14 Bobinage diphasé équivalent.

Pour déterminer n_P (en fonction du nombre réel de spires n_R) et K_0 on écrit que la puissance instantanée est conservée lors du passage d'une représentation à l'autre :
$p_e(t) = v_1(t)i_1(t) + v_2(t)i_2(t) + v_3(t)i_3(t) = v_d(t)i_d(t) + v_q(t)i_q(t) + v_0(t)i_0(t)$,

On peut alors montrer que : $\dfrac{n_R}{n_P} = \sqrt{\dfrac{3}{2}}$ et $K_0 = \dfrac{1}{\sqrt{2}}$ d'où les expressions

$$v_d(t) = \sqrt{\frac{2}{3}}\left[v_1(t)\cos\psi + v_2(t)\cos\left(\psi - \frac{2\pi}{3}\right) + v_3(t)\cos\left(\psi - \frac{4\pi}{3}\right)\right]$$

$$v_q(t) = \sqrt{\frac{2}{3}}\left[-v_1(t)\sin\psi - v_2(t)\sin\left(\psi - \frac{2\pi}{3}\right) - v_3(t)\sin\left(\psi - \frac{4\pi}{3}\right)\right]$$

$$v_0(t) = \sqrt{\frac{2}{3}}\frac{1}{\sqrt{2}}\left[v_1(t) + v_2(t) + v_3(t)\right]$$

Ce qui se note sous forme matricielle :

$$\begin{pmatrix} v_d(t) \\ v_q(t) \\ v_0(t) \end{pmatrix} = \sqrt{\frac{2}{3}}\begin{pmatrix} \cos\psi & \cos\left(\psi - \frac{2\pi}{3}\right) & \cos\left(\psi - \frac{4\pi}{3}\right) \\ -\sin\psi & -\sin\left(\psi - \frac{2\pi}{3}\right) & -\sin\left(\psi - \frac{4\pi}{3}\right) \\ \frac{1}{\sqrt{2}} & \frac{1}{\sqrt{2}} & \frac{1}{\sqrt{2}} \end{pmatrix}\begin{pmatrix} v_1(t) \\ v_2(t) \\ v_3(t) \end{pmatrix}$$

Remarque : Cette transformation, qui date de 1929, est la transformation de Park modifiée. Elle permet de remplacer une machine triphasée par une machine équivalente diphasée.

Si le choix du référentiel d, q est judicieux, la machine diphasée équivalente se comporte comme une machine à courant continu à excitation indépendante.

La transformation de Park modifiée est mise en œuvre dans le cadre du contrôle vectoriel de flux. En effet le développement des microprocesseurs permet d'effectuer le passage d'un repère à l'autre en temps réel ce qui donne des possibilités de pilotage précis des machines alternatives.

La transformée inverse permet d'obtenir les coordonnées dans le repère d, q à partir de celle dans le repère réel 1, 2, 3.

$$\begin{pmatrix} v_1(t) \\ v_2(t) \\ v_3(t) \end{pmatrix} = \sqrt{\frac{2}{3}} \begin{pmatrix} \cos\psi & -\sin\psi & \frac{1}{\sqrt{2}} \\ \cos\left(\psi - \frac{2\pi}{3}\right) & -\sin\left(\psi - \frac{2\pi}{3}\right) & \frac{1}{\sqrt{2}} \\ \cos\left(\psi - \frac{4\pi}{3}\right) & -\sin\left(\psi - \frac{4\pi}{3}\right) & \frac{1}{\sqrt{2}} \end{pmatrix} \begin{pmatrix} v_d(t) \\ v_q(t) \\ v_0(t) \end{pmatrix}$$

Ces transformations sont applicables quel que soit le régime équilibré.

Remarque : Il est possible de travailler en régime quelconque mais cela dépasse le cadre de notre exposé.

5.6.3 Cas particulier : régime permanent sinusoïdal

Examinons le cas particulier très fréquent du régime permanent sinusoïdal triphasé équilibré.

Le système triphasé de tension s'écrit sous la forme suivante :

$$v_1(t) = \widehat{V}\cos(\omega t)$$

$$v_2(t) = \widehat{V}\cos\left(\omega t - \frac{2\pi}{3}\right)$$

$$v_3(t) = \widehat{V}\cos\left(\omega t - \frac{4\pi}{3}\right)$$

Les courants sont déphasés d'un angle φ par rapport aux tensions correspondantes :

$$i_1(t) = \hat{I}\cos(\omega t - \varphi)$$

$$i_2(t) = \hat{I}\cos\left(\omega t - \varphi - \frac{2\pi}{3}\right)$$

$$i_3(t) = \hat{I}\cos\left(\omega t - \varphi - \frac{4\pi}{3}\right)$$

La transformation de Park permet de calculer les tensions et courants dans le repère d, q. On multiplie la première ligne de la matrice de Park par le vecteur colonne des tensions 1, 2, 3, ce qui donne par exemple pour la tension directe :

$$v_d(t) = \sqrt{\frac{2}{3}}\left[v_1(t)\cos\psi + v_2(t)\cos\left(\psi - \frac{2\pi}{3}\right) + v_3(t)\cos\left(\psi - \frac{4\pi}{3}\right)\right]$$

$$v_d(t) = \sqrt{\frac{2}{3}}\widehat{V}\left[\cos(\omega t)\cos\psi + \cos\left(\omega t - \frac{2\pi}{3}\right)\cos\left(\psi - \frac{2\pi}{3}\right)\right.$$
$$\left. + \cos\left(\omega t - \frac{4\pi}{3}\right)\cos\left(\psi - \frac{4\pi}{3}\right)\right]$$

En linéarisant cette expression on obtient :

$$v_d(t) = \sqrt{\frac{2}{3}}\widehat{V}\left[\frac{3}{2}\cos(\omega t - \psi)\right.$$
$$\left. + \frac{1}{2}\left(\cos(\omega t - \psi) + \cos\left(\omega t + \psi - \frac{2\pi}{3}\right) + \cos\left(\omega t + \psi - \frac{4\pi}{3}\right)\right)\right]$$

La deuxième partie de l'expression est une somme de trois termes qui est nulle à tout instant. On procède de la même façon pour $v_q(t)$ et les courants ; on en déduit les expressions suivantes :

$$v_d(t) = \sqrt{\frac{3}{2}}\widehat{V}\cos(\omega t - \psi) \qquad i_d(t) = \sqrt{\frac{3}{2}}\hat{I}\cos(\omega t - \psi - \varphi)$$

$$v_q(t) = \sqrt{\frac{3}{2}}\widehat{V}\sin(\omega t - \psi) \text{ et } i_q(t) = \sqrt{\frac{3}{2}}\hat{I}\sin(\omega t - \psi - \varphi)$$

$$v_0(t) = 0 \qquad i_0(t) = 0$$

On peut remarquer que :

$$\widehat{V} = \sqrt{\frac{2}{3}}\sqrt{v_d^2(t) + v_q^2(t)}$$

$$\hat{I} = \sqrt{\frac{2}{3}}\sqrt{i_d^2(t) + i_q^2(t)}$$

Si de plus le repère d, q tourne à la même vitesse que le champ, et coïncide avec l'axe 1 à l'instant initial, $\psi = \omega t$ donc :

$$v_d(t) = \sqrt{\frac{3}{2}}\widehat{V} \qquad i_d(t) = \sqrt{\frac{3}{2}}\hat{I}\cos\phi$$

$$v_q(t) = 0 \quad \text{et} \quad i_q(t) = \sqrt{\frac{3}{2}}\hat{I}\sin\phi$$

$$v_0(t) = 0 \qquad i_0(t) = 0$$

Les coordonnées des tensions et des courants sont donc constantes dans le repère d, q. Sur le diagramme de Fresnel associé, le vecteur tension $\overrightarrow{V}$ est porté par l'axe d alors que le vecteur courant $\overrightarrow{I}$ est déphasé de l'angle constant φ par rapport à l'axe d (voir figure 4.17).

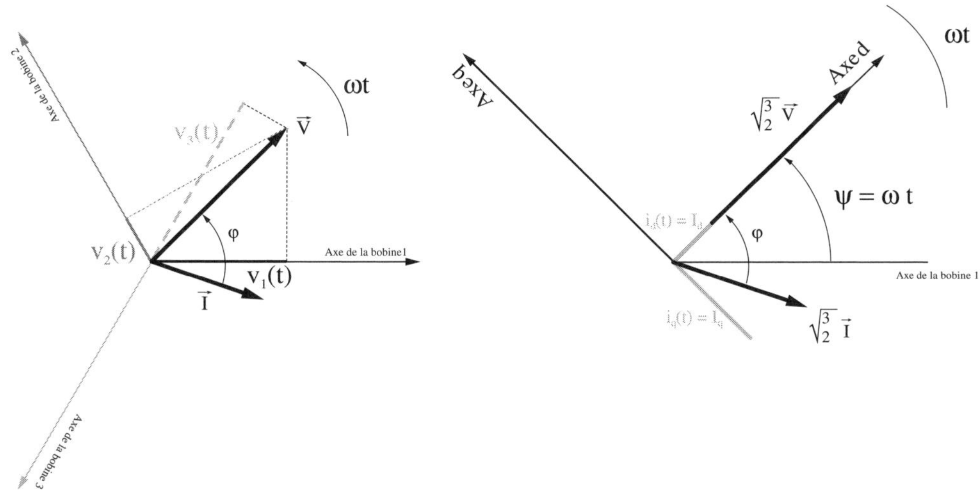

Figure 5.15 Représentation du courant et de la tension dans les repères 1, 2, 3 et d,q.

Chapitre 6

La machine synchrone

6.1 ÉTUDE DU FONCTIONNEMENT EN ALTERNATEUR

6.1.1 Création de forces électromotrices triphasées

a) Principe

L'objectif est de produire de l'énergie électrique alternative à partir d'énergie mécanique.

La conversion électromécanique s'opère par interaction entre un champ magnétique inducteur et des conducteurs, aux bornes desquels apparaît une force électromotrice (f.é.m.) induite.

En effet, si l'on place une bobine de n_S spires dans un flux variable, elle est le siège d'une force électromotrice $e(t) = \pm n_S \dfrac{\mathrm{d}\,\phi(t)}{\mathrm{d}\,t}$ (voir chapitre 3).

Si le bobinage induit est triphasé, il est possible de générer un système triphasé de forces électromotrices ; si le flux est sinusoïdal, la force électromotrice l'est aussi.

La variation de flux à travers la bobine peut se réaliser de deux façons différentes :

– à partir d'un champ fixe et de conducteurs mobiles ;

– à partir d'un champ mobile et de conducteurs fixes.

b) Constitution

Comme toutes les machines tournantes, l'alternateur est donc constitué d'un stator et d'un rotor.

Habituellement l'inducteur est porté par le rotor et l'induit est placé au stator. Cependant, il peut en être autrement, notamment dans le cas d'alternateurs intermédiaires utilisés pour l'excitation de très grosses unités.

Nous nous intéresserons au cas le plus courant, celui où l'induit est placé au stator et l'inducteur porté par le rotor.

➤ Le stator

Il porte sur la face tournée vers l'entrefer un bobinage triphasé à 2 (ou $2p$) pôles. C'est dans ce bobinage, qui présente peu de différences technologiques d'une machine à l'autre, que sont induites les forces électromotrices. Il voit un champ tournant, il est donc formé d'un empilage de tôles magnétiques afin de réduire les courants de Foucault.

➤ Le rotor ou roue polaire

C'est *l'inducteur*. Il faut qu'il crée un champ magnétique à répartition spatiale sinusoïdale, fixe par rapport au rotor qui lui, sera entraîné à la vitesse Ω_S dans le cas d'une machine bipolaire.

Un champ constant tournant à Ω_S crée une répartition sinusoïdale :
- dans l'espace à la date t ;
- dans le temps à l'abscisse angulaire θ.

Ce champ peut être élaboré à partir :
- d'aimants permanents dans le cas de machines dont la puissance peut aller jusqu'à quelques dizaines de kilowatts (30 kW pour un véhicule électrique, 36 kW à 1 500 tr/min pour un moteur de broche), (figure 6.1a) ;
- de courants continus circulant dans l'enroulement inducteur réparti de façon à créer une alternance de pôles Nord et Sud.

Les roues polaires bobinées peuvent être classées en deux catégories :
- roues à pôles lisses (entrefer constant de 4 à 10 cm d'épaisseur) (turboalternateurs) : la répartition sinusoïdale du champ est obtenue par une répartition judicieuse des conducteurs dans les encoches situées à la périphérie du rotor (figure 6.1b) ;
- à pôles saillants (entrefer variable de 0,5 à 3 cm d'épaisseur) (alternateurs de centrales hydroélectriques, groupes électrogènes) : la répartition sinusoïdale du champ est obtenue grâce à la variation de l'entrefer (figure 6.1c).

Le rotor tourne à la même vitesse que le champ, il « voit » donc un champ invariable au cours du temps : il est en général massif (certaines cornes polaires sont parfois feuilletées).

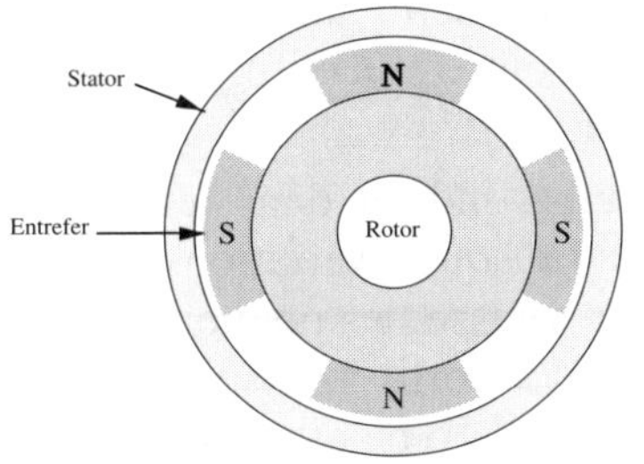

Figure 6.1.a Machine à aimants permanents.

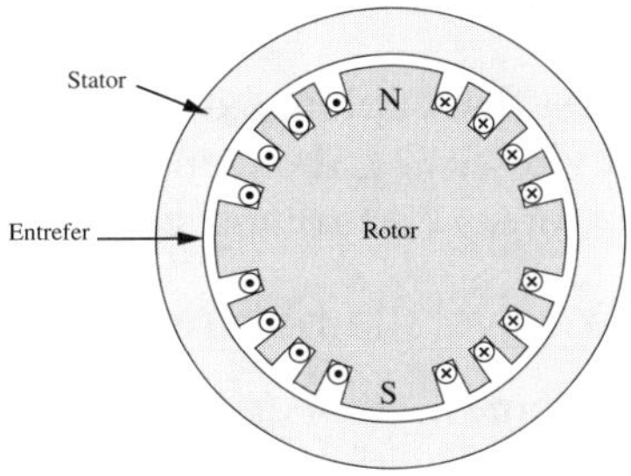

Figure 6.1.b Machine bipolaire à pôles lisses.

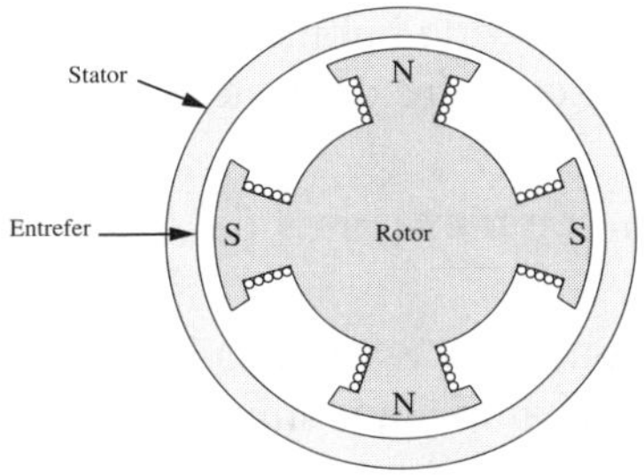

Figure 6.1.c Machine tétrapolaire à pôles saillants.

Remarque : Les machines synchrones sont presque toutes munies de circuits amortisseurs lorsque les pôles sont saillants et feuilletés. Il s'agit de barres de cuivre logées dans des encoches ouvertes vers l'entrefer et le plus près possible de celui-ci. Elles sont reliées à des arcs de court-circuit de façon à constituer des fractions de cage semblables à celle des moteurs asynchrones ; les arcs peuvent être réunis entre eux et former deux anneaux de court-circuit de part et d'autre du rotor.

Par réaction des courants induits dans les barres conductrices, les amortisseurs s'opposent aux brusques variations de fonctionnement qui entraîneraient un écart entre la vitesse des phénomènes magnétiques Ω_S et la vitesse du rotor. Leur rôle est d'amortir les oscillations qui pourraient se produire à l'occasion de transitoires de type asynchrone.

Dans le cas des machines à pôles lisses, les courants de Foucault circulent librement à la périphérie du rotor cylindrique et massif. Ils procurent de ce fait l'amortissement souhaité.

c) *État magnétique à vide (machine bipolaire)*

Le bobinage placé au stator est fixe et plongé dans le champ magnétique créé par le rotor. Ce champ tourne à la vitesse Ω_S, il engendre donc un flux variable à travers les bobines et crée donc des forces électromotrices.

➤ Calcul du flux à vide à travers la bobine 1 du stator

Nous nous intéressons à la bobine 1 comportant n_S spires, placée dans deux encoches diamétralement opposées, à la périphérie du stator. Son axe constitue l'origine des abscisses angulaires.

Considérons la machine à une date t quelconque, le champ rotorique fait un angle β avec l'axe de la bobine. L'origine des temps est choisie de telle sorte que $\beta = \omega t$.

Pour calculer le flux à travers cette bobine il faut définir une surface qui s'appuie sur elle : choisissons le demi-cylindre délimitant la moitié de la surface interne du stator (voir figure 6.2).

Le flux n'est pas constant en tous points de cette surface, il faut donc procéder par intégration.

Le point M d'abscisse angulaire θ est situé à la distance α par rapport à la source de champ ; la répartition du champ étant sinusoïdale dans l'espace, au point M on obtient : $B_V(\theta) = \hat{B}_V \cos\alpha$, radial selon une génératrice.

Le flux élémentaire qui traverse l'élément de surface dS entourant M est :

$$n_S \mathrm{d}\phi_V = n_S B_V(\theta)\mathrm{d}S \quad \text{avec} \quad \mathrm{d}S = 1R\mathrm{d}\alpha$$

$$n_S \mathrm{d}\phi_V = n_S B_V(\theta) L R \mathrm{d}\alpha \quad \text{où} \quad B_V(\theta) = \hat{B}_V \cos\alpha$$

$$n_S \mathrm{d}\phi_V = n_S 1 R \hat{B}_V \cos\alpha \mathrm{d}\alpha$$

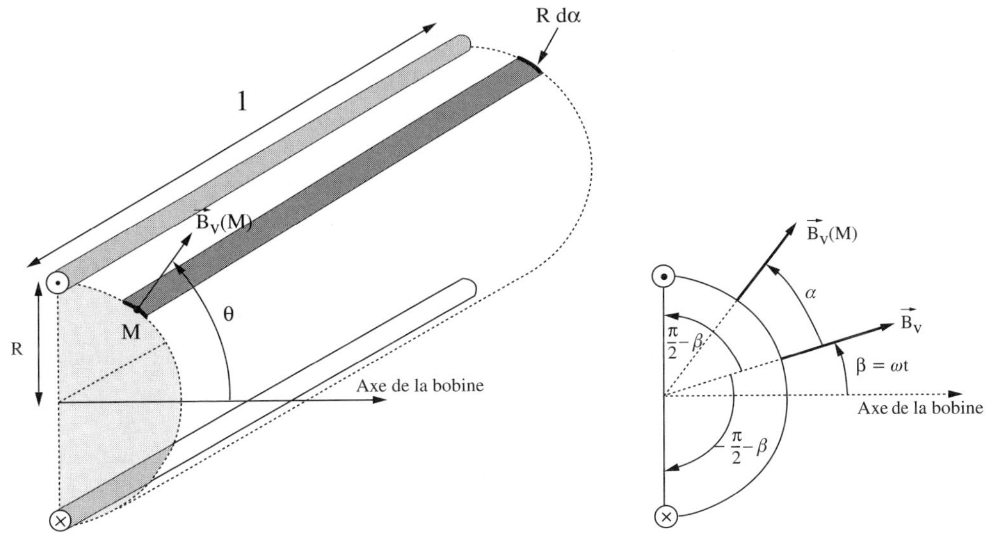

Figure 6.2 Calcul du flux à vide.

On obtient le flux à travers le demi-cylindre par une intégration selon α d'une encoche à l'autre, soit :

$$n_S\phi_V = \int_{\frac{-\pi}{2}-\beta}^{\frac{\pi}{2}-\beta} n_S \mathrm{d}\phi_V = \int_{\frac{-\pi}{2}-\beta}^{\frac{\pi}{2}-\beta} n_S 1 R \hat{B}_V \cos\alpha \mathrm{d}\alpha$$

$$n_S\phi_V = 2n_S 1 R \hat{B}_V \cos\beta$$

Le rotor tourne à la vitesse $\Omega_S = \omega$ donc quand t varie, $\beta = \omega t$ varie et φ_V aussi, d'où :

$$n_S\phi_V(t) = 2n_S 1 R \hat{B}_V \cos\omega t = n_S \hat{\Phi}_V \cos\omega t$$

> ***Remarque :*** Le flux qui traverse la bobine 1 est sinusoïdal, elle sera donc le siège de forces électromotrices sinusoïdales.

➤ Autre expression du flux à vide

Si l'on considère que la perméabilité relative du fer μ_r est infinie, la valeur maximale du champ rotorique est liée au courant d'excitation par la relation (*cf.* chapitre 5) :

$$\hat{B}_V = \frac{\mu_0 n_r I_e}{2e}$$

d'où $n_S\phi_V(t) = 2n_S 1 R \dfrac{\mu_0 n_r I_e}{2e} \cos\omega t = \dfrac{n_s n_r}{e/(\mu_0 1 R)} \cos\omega t \; I_e$

Par ailleurs, le flux créé à travers la bobine statorique par le courant I_e s'exprime en fonction du coefficient d'inductance mutuelle $M(t)$ (la géométrie du circuit n'est pas fixe puisque le rotor tourne à la vitesse $\omega = \Omega_S$ donc M est fonction du temps). Il est maximal quand les axes des bobines sont alignés.

$$n_S \phi_V(t) = M(t) I_e$$

$$n_S \phi_V(t) = \frac{n_s n_r}{e/(\mu_0 1 R)} \cos \omega t \; I_e = M(t) I_e$$

On pose : $M(t) = M_{SR} \cos \omega t$ avec $M_{SR} = \dfrac{n_s n_r}{e/(\mu_0 1 R)}$, mutuelle stator/rotor maximale.

On peut donc écrire : $n_S \phi_V(t) = M_{SR} \cos \omega t \; I_e$

Remarque : $\hat{\Phi}_V$ dépend du courant d'excitation I_e circulant dans la roue polaire. $\hat{\Phi}_V = \lambda I_e$ si le matériau n'est pas saturé (hypothèse retenue dans le cadre de ce cours).

En général le fonctionnement nominal réel se situe dans le coude de saturation.

d) Force électromotrice à vide

➤ Machine bipolaire

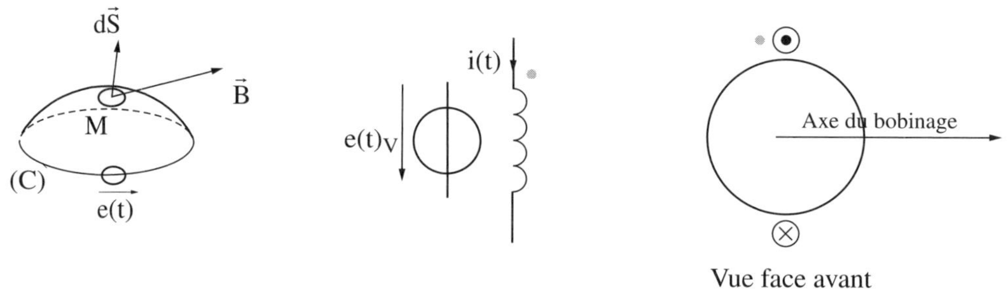

Figure 6.3 Conventions de signe.

En utilisant les conventions de signe définies sur la figure 6.3, la force électromotrice (f.é.m.) $e_V(t)$ qui apparaît aux bornes d'une bobine de n_S spires parcourue par un flux variable $\phi_V(t)$ est :

$$e_V(t) = -n_S \frac{\mathrm{d}\phi_V(t)}{\mathrm{d}t} = n_S \omega \hat{\Phi}_V \sin \omega t = \hat{E}_V \sin \omega t$$

Cette f.é.m. est donc sinusoïdale de fréquence $f = \dfrac{\omega}{2\pi}$ et de valeur efficace

$$E_V = n_S \frac{2\pi}{\sqrt{2}} f \hat{\Phi}_V = 4{,}44\, n_S f \hat{B}_V S$$

On retrouve la relation de Boucherot.

Remarque : Tous les calculs ci-dessus supposent une répartition spatiale sinusoïdale de champ, ce qui constitue souvent une approximation légitime. Pour éliminer certains harmoniques présents dans le flux, on modifie le bobinage induit ce qui conduit à :

– adopter un pas raccourci (et non diamétral) ;

– distribuer les conducteurs d'une phase sur un tiers de la circonférence ;

– incliner les encoches.

Ce qui amène à introduire un coefficient correcteur K généralement inférieur à 1 et on donne :

$$E_V = 4{,}44\, n_S \kappa f \hat{B}_V S$$

➤ Machine $2p$ polaire

Remarque : Dans ce cas le flux par pôle est moins élevé ce qui est compensé par le fait qu'il y ait davantage de pôles.

Le nombre de paires de pôles est le même au rotor et au stator.

On prend comme référence un pôle nord quelconque.

$B_V(\theta) = \hat{B}_V \cos p\alpha$ on intègre sur un pas polaire $\left(\dfrac{-\pi}{2p} - \beta ;\ \dfrac{\pi}{2p} - \beta\right)$ avec $\beta = \omega t = p\Omega_S t$ on trouve $n_S \phi_V(t) = 2 n_S L R \dfrac{\hat{B}_V}{p} \cos p\Omega t$, d'où

$$e_V(t) = -n_S \frac{\mathrm{d}\phi_V(t)}{\mathrm{d}t} = n_S \omega \hat{\Phi}_V \sin(p\Omega_S t)$$

L'expression de la valeur efficace est inchangée :

$$E_V = n_S \frac{2\pi}{\sqrt{2}} f \hat{\Phi}_V \ = 4{,}44\, n_S f \hat{B}_V S$$

$\omega = p\Omega_S$ pulsation des courants, correspond à la « vitesse » électrique, Ω_S est la vitesse du rotor, vitesse mécanique.

➤ Quelques données technologiques

La vitesse de rotation du rotor est donc liée de manière rigide à la pulsation des courants induits : $\Omega_S = \dfrac{\omega}{p}$.

Plus p est élevé et plus l'alternateur tourne lentement, on pourra ainsi l'adapter à sa machine d'entraînement.

2p : nombre de pôles	n : fréquence de rotation en tr/min	Type de centrale
2	3 000	thermiques
4	1 000	nucléaires, thermiques ou hydrauliques
6	1 000	hydrauliques
...	...	
14	214	
24	250	
40	150	

Les tensions en sortie des alternateurs sont en général comprises entre 10 et 27 kV. Elles ont assez peu évolué dans un passé récent, cependant, l'évolution des méthodes d'isolations permet d'envisager d'aller jusqu'à 30 kV.

La formule de Boucherot indique $E_V = 4{,}44 n_S K f \hat{B}_V S$.

Pour augmenter la tension induite, on peut donc agir sur n_S, $\hat{B}_V$ ou S.

L'induction maximale est limitée à 0,5 ou 0,6 t par la saturation du matériau magnétique. En général, pour des puissances supérieures à 250 MW on utilise des tôles à faibles pertes ($<$ 1 W/kg pour 1 T à 50 Hz).

La surface de la spire est proportionnelle à la longueur L du rotor et à son diamètre D. Il faut tenir compte de la force centrifuge qui tend à faire éclater le rotor : un organe à la périphérie d'un rotor dont le diamètre est 1,20 m et tournant à 3 000 tr/min, subit une accélération de 8 000 g (où g est l'accélération terrestre).

Le diamètre s'établit donc à 1,20 m pour les unités bipolaires (3 000 tr/min), 1,50 m pour les alternateurs de centrales nucléaires tétrapolaires.

Les alternateurs de centrales hydrauliques ont des diamètres supérieurs.

On adapte donc la longueur du rotor à la puissance souhaitée.

Quelques exemples :

n en tr/min	Puissance	Diamètre du rotor	Longueur	Masse
3 000	600 MW	1,20 m	13 m	60 t
1 500	1 500 MW	1,95 m	15 m	230 t

$p = 14, n = 214$ tr/min l'alternateur de la centrale de Serre-Ponçon est entraîné par une turbine à eau : $P = 90$ MW chute d'eau de 124,5 m.

L'augmentation de la puissance s'est surtout faite par l'intermédiaire d'un multiplication du nombre de voies en parallèle dans l'enroulement statorique (jusqu'à 4 dans les grands turboalternateurs).

Les courants par encoches sont de 20 à 30 kA pour les turbo-alternateurs de 600 MW à 1 500 MW ; ils sont beaucoup plus faibles dans le cas des alternateurs de centrales hydrauliques : 5 kA à 10 kA.

➢ Méthodes d'excitation

En général, et pour rendre l'alternateur autonome, il est muni d'une excitatrice destinée à produire le courant d'excitation nécessaire à son bon fonctionnement.

Cette excitatrice peut être :

– une MCC accouplée sur l'arbre de l'alternateur ;

– un alternateur auxiliaire (figure 6.4 a) ;

– un redresseur utilisant la tension fournie par l'alternateur (figure 6.4b).

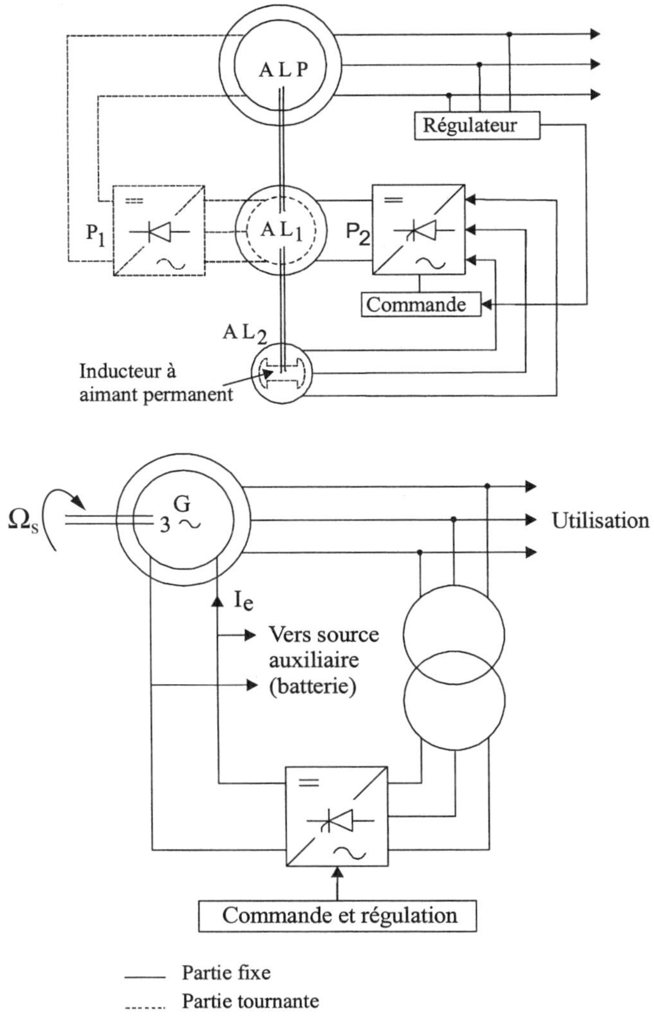

Figure 6.4.a-b Exemples d'excitations.

6.1.2 État magnétique de la machine en charge

Hypothèses : Nous raisonnons sur un alternateur bipolaire triphasé, couplé en étoile, à répartition spatiale sinusoïdale de champ, à pôles lisses, en fonctionnement équilibré.

Le modèle étudié suppose la machine non saturée

a) Réaction magnétique d'induit

Le *rotor tourne à la vitesse* $\omega = \Omega_S$; *il crée un champ tournant* $\overrightarrow{B}_V$ et donc un système de f.é.m. triphasées induites au stator.

Soit $e_{V1}(t)$ la f.é.m. induite dans la bobine 1, dont l'axe constitue l'origine des abscisses angulaires ($\theta = 0$) :

$$e_{V1}(t) = -n_S \frac{\mathrm{d}\phi_V(t)}{\mathrm{d}t} = \hat{E}_{V1}\sin(\omega t)$$

Le stator, branché sur une charge triphasée équilibrée, est parcouru par *trois courants équilibrés* de pulsation $\omega = \Omega_S$ (machine bipolaire).

Soit Ψ le déphasage du courant $i_1(t)$ dans la phase 1 par rapport à la f.é.m. à vide de cette phase 1 :

$$i_1(t) = \hat{I}\sin(\omega t - \psi)$$

Ces courants induits créent eux aussi un champ tournant

– de pulsation ω ;

– qui coïncide avec l'axe de la bobine 1 au moment où le courant y est maximal.

D'après le théorème de Ferraris, l'expression du champ induit est donc :

$$B_i(t) = \frac{3}{2}k\hat{I}\sin(\omega t - \psi).$$

Ces considérations peuvent se résumer sur les diagrammes vectoriels de la figure 6.5 qui représente le diagramme vectoriel correspondant au diagramme de Fresnel décrivant la composition des répartitions sinusoïdales de champ.

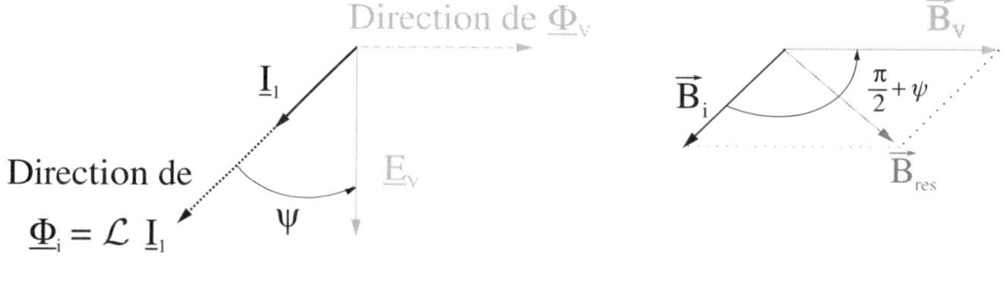

Figure 6.5 Représentation vectorielle des grandeurs électriques de la phase 1 et diagramme de Fresnel des grandeurs magnétiques correspondant.

Le champ dû à la réaction magnétique d'induit est synchrone du champ inducteur et déphasé de $\frac{\pi}{2} + \Psi$ en arrière.

Le champ résultant $\overrightarrow{B}_{res}$ est la somme du champ rotorique $\overrightarrow{B}_V$ (inducteur) et du champ statorique induit $\overrightarrow{B}_i$ (réaction magnétique d'induit : R.M.I.).
On parle couramment de rotors résultant, réel et fictif.

Remarque : Selon la valeur de Ψ le champ résultant prend des directions remarquables :

– si $\Psi = 0$ les deux rotors sont perpendiculaires, l'alternateur est en réaction transversale (figure 6.6a),

– si $\Psi = \frac{\pi}{2}$ les deux rotors sont colinéaires et en opposition : réaction longitudinale démagnétisante (figure 6.6b) ;

– si $\Psi = -\frac{\pi}{2}$ les deux rotors sont colinéaires et de même sens : réaction longitudinale magnétisante (figure 6.6 c).

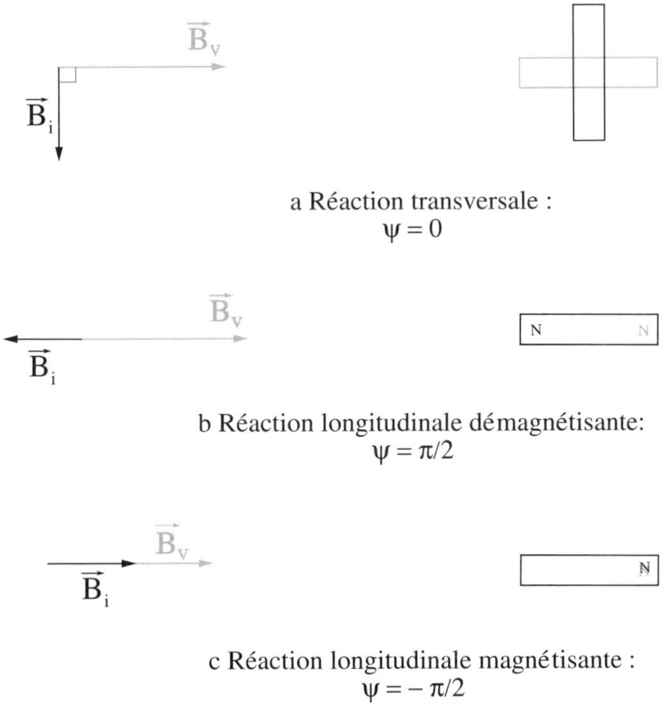

Figure 6.6 Diagramme de Fresnel des champs magnétiques et rotors associés dans des cas particuliers remarquables.

b) *Modèle de l'alternateur non saturé*

Hypothèse : l'alternateur n'est pas saturé donc $\mu = \text{cte}$. On peut ajouter les flux algébriquement car ils sont proportionnels aux courants.

➤ Bilan des flux à travers la phase 1

Le flux total $n_S\phi_{\text{res}1}(t)$ à travers la bobine statorique de la phase 1 est la somme :

– du flux à vide $n_S\phi_{V1}(t)$ (créé par le rotor) : $n_S\phi_{V1}(t) = M_{SR}\cos(\omega t)I_e$ (on a vu au 6.1.2b une expression de M_{SR} dans le cas particulier où μ_r est infini) (figure 6.7a) ;

– du flux créé par les courants statoriques $n_S\phi_{S1}(t)$ (R.M.I.) (figure 6.7b) :

$$n_S\phi_{\text{res}1}(t) = n_S\phi_{V1}(t) + n_S\phi_{S1}(t)$$

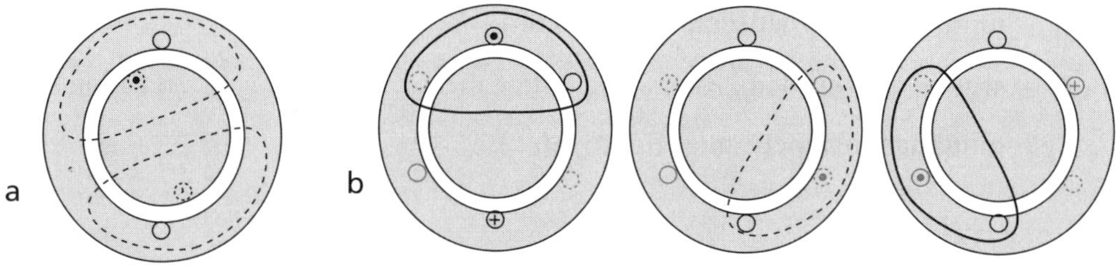

Figure 6.7 Exemples de ligne de champ
a : créée par le rotor (flux à vide) ;
b : créée par le stator.

Si l'on note L_S l'inductance propre du bobinage statorique et M_S le coefficient d'inductance mutuelle entre les bobines statoriques, le flux créé par les courants statoriques à travers la bobine statorique de la phase 1 s'exprime sous la forme :

$$n_S\phi_{S1}(t) = L_S i_1(t) + M_S i_2(t) + M_S i_3(t)$$

Nous travaillons en régime équilibré donc $i_1(t) + i_2(t) + i_3(t) = 0$ d'où :

$$n_S\phi_{S1}(t) = (L_S - M_S)i_1(t)$$

On pose :

$L_S - M_S = \mathcal{L}$ inductance cyclique (dite de Behn-Eschenburg).

$X_S = \mathcal{L}\,\omega$ réactance synchrone. D'où

$$n_S\phi_{S1}(t) = \mathcal{L}\,i_1(t)$$

Le flux résultant à travers la phase 1 s'exprime donc sous la forme :

$$\boxed{n_S\phi_{\text{res}1}(t) = \mathcal{L}\,i_1(t) + n_S\phi_{V1}(t)}$$

soit encore :

$$n_S\phi_{\text{res}1}(t) = \mathcal{L}\, i_1(t) + M_{SR}I_e\cos(\omega t)$$

Il est à l'origine de la f.é.m. $e_1(t)$ telle que : $e_1(t) = -n_S\dfrac{\mathrm{d}\phi_{\text{res}1}(t)}{\mathrm{d}t}$

Remarque : $\mathcal{L}$ n'est pas l'inductance propre du bobinage mais présente le même ordre de grandeur et est elle aussi proportionnelle à n_S^2.

Modèle électrique équivalent : convention générateur

Si l'on prend en compte les résistances des bobinages statoriques r_S, la tension $v_1(t)$ aux bornes de la bobine 1 s'écrit :

$$v_1(t) = -r_S i_1(t) + e_1(t)$$

avec
$$e_1(t) = -n_S\frac{\mathrm{d}\phi_{\text{res}1}(t)}{\mathrm{d}t} = -\mathcal{L}\frac{\mathrm{d}i_1(t)}{\mathrm{d}t} - n_S\frac{\mathrm{d}\phi_{V1}(t)}{\mathrm{d}t},$$

or
$$-n_S\frac{\mathrm{d}\phi_{V1}(t)}{\mathrm{d}t} = e_{V1}(t)$$

$$v_1(t) = -r_s i_1(t) - \mathcal{L}\frac{\mathrm{d}i_1(t)}{\mathrm{d}t} e_{V1}(t)$$

La phase 1 est représentative des trois phases de la machine, on peut donc écrire la relation suivante qui conduit au schéma équivalent par phase de la machine (figure 6.8) :

$$v(t) = -r_s i(t) - \mathcal{L}\frac{\mathrm{d}i(t)}{\mathrm{d}t} e_V(t)$$

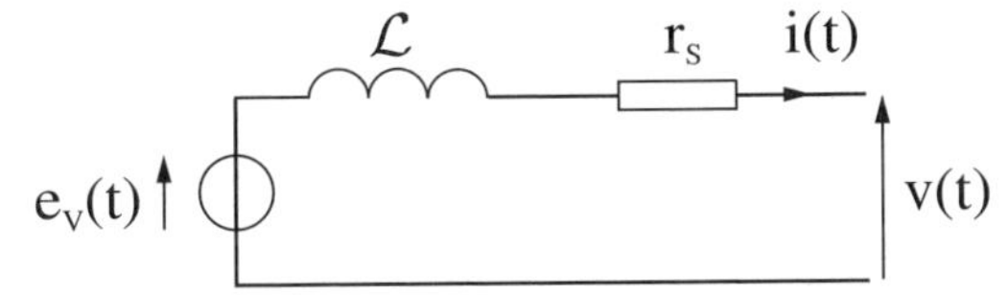

Figure 6.8 Schéma équivalent monophasé de la machine synchrone.

En régime sinusoïdal, la loi des mailles peut s'écrire en grandeurs complexes :

$$\underline{V} = -r_S\underline{I} - j\mathcal{L}\,\omega\underline{I} + \underline{E_V}\text{, soit}$$

$$\underline{V} = -r_S\underline{I} - jX_S\underline{I} + \underline{E_V}$$

qu'on peut aussi écrire

$$\underline{E_V} = \underline{V} + r_S\underline{I} + jX_S\underline{I}$$

$$\text{avec } \underline{E_V} = -jn_S\omega\underline{\Phi_V}$$

Remarque : En régime sinusoïdal, la f.é.m. à vide E_V est proportionnelle à la pulsation des courants statoriques et au courant d'excitation I_e : $E_V = \dfrac{M_{SR}\omega}{\sqrt{2}} I_e = \dfrac{1}{\sqrt{2}} n_S\omega\hat{\Phi}_V$, éventuellement corrigé du facteur K rencontré au 6.1.3a.

Pour une valeur de I_e donnée (ou pour une machine à aimants permanents), le flux à vide $\widehat{\Phi}_V$ est fixé mais E_V reste proportionnelle à $\omega = p\Omega_s$, soit à la vitesse de rotation.

Si r_S est négligée, le flux résultant est forcé, il ne dépend plus que des caractéristiques de la tension d'alimentation de la machine : c'est l'hypothèse de Kapp.

$$\underline{V} = -jn_S\omega\underline{\Phi_{\text{res}}}$$

$$\underline{V} = -j\mathcal{L}\,\omega\underline{I} - jn_S\omega\underline{\Phi_V}$$

$$\underline{V} = -j\omega(\mathcal{L}\,\underline{I} + n_S\underline{\Phi_V})$$

Travailler à $\dfrac{V}{f}$ = constante, *c'est travailler à flux résultant constant.*

c) Diagramme synchrone

Diagramme vectoriel

Il se trace à partir du schéma équivalent précédent ; il est identique à celui d'un transformateur.

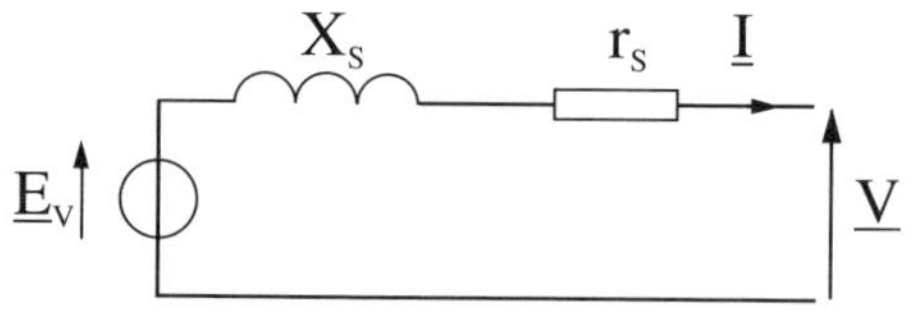

Figure 6.9 Schéma équivalent par phase de l'alternateur en régime sinusoïdal.

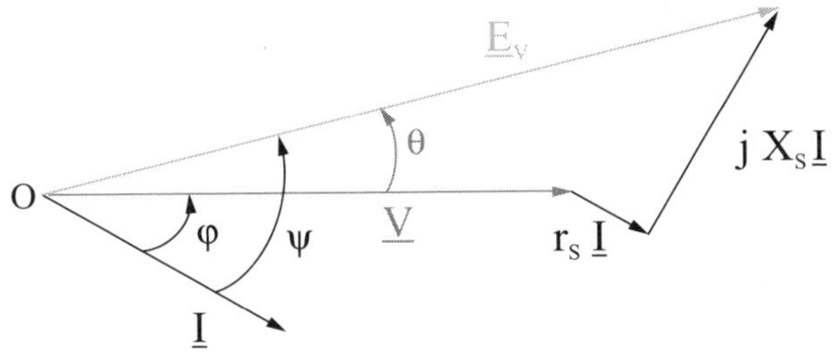

Figure 6.10 Diagramme vectoriel.

Ψ est le déphasage de $i(t)$ par rapport à la f.é.m. à vide $e_V(t)$,
θ, angle interne, est le déphasage de la tension en sortie de l'alternateur $v(t)$ par rapport à la f.é.m. à vide $e_V(t)$,
φ est le déphasage de $i(t)$ par rapport à la tension en sortie de l'alternateur $v(t)$.

Remarques :

- La tension $\underline{V}$ en sortie de l'alternateur dépend de la charge (d'impédance complexe apparente $\underline{Z}$) qui est alimentée : c'est elle qui impose le déphasage φ ($\varphi = \mathrm{Arg}\underline{Z}$).
- L'allure du diagramme vectoriel évoque celle vue au secondaire d'un transformateur *mais les ordres de grandeur sont différents* :

  $r_S I_n$ est de l'ordre de 1 % de V_n ;

  $X_S I_n$ vaut de 80 à 250 % de V_n (4 à 10 % pour un transfo), la réactance cyclique d'une machine synchrone est beaucoup plus importante non seulement à cause de la présence de l'entrefer mais aussi de part la nature de la réactance cyclique).

➤ Détermination des éléments du schéma équivalent monophasé

Remarque : On rappelle que par convention, on suppose toujours l'alternateur couplé en étoile.

- $E_V(I_e)$ est déterminée par un essai à vide, l'alternateur étant entraîné à sa vitesse nominale : *c'est la caractéristique à vide ou interne de la machine synchrone* (voir figure 6.11).
- r_S est mesurée à chaud par la méthode volt-ampèremétrique : c'est la résistance d'un bobinage d'induit.
- X_S est obtenue à partir de *l'essai en court-circuit équilibré*, réalisé *à la vitesse nominale, sous excitation réduite*.

Remarque : C'est l'équivalent de l'essai en court-circuit des transformateurs triphasés mais, à la différence du transformateur, le court-circuit est démagnétisant et il n'est donc pas rare de pratiquer l'essai avec des valeurs « substantielles ».

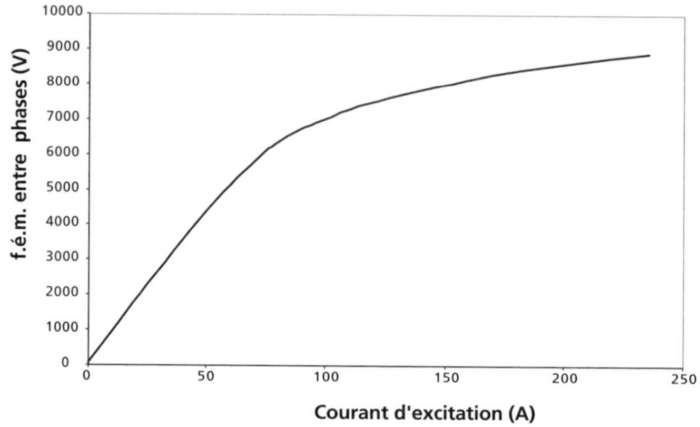

Figure 6.11 Caractéristique interne d'un turboalternateur de 62 kVA.

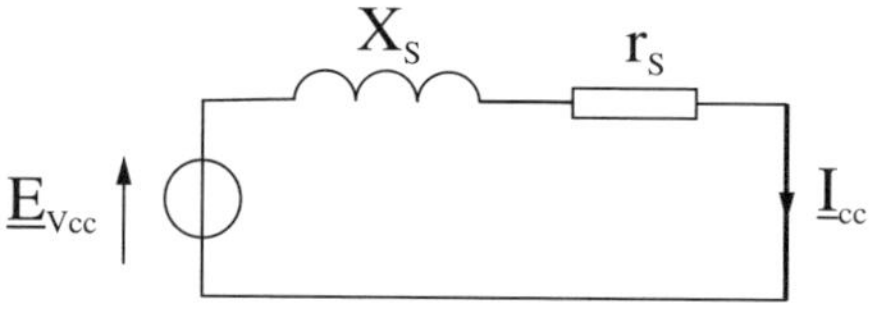

Figure 6.12 Représentation de l'essai en court-circuit sur le modèle équivalent monophasé.

On écrit la loi des mailles à partir du schéma de la figure 6.12 :

$$0 = -r_S \underline{I_{CC}} - jX_S \underline{I_{CC}} + \underline{E_{VCC}}$$

En posant $\underline{Z_S} = r_S + jX_S$, on obtient $\underline{Z_S} = \dfrac{\underline{E_{VCC}}}{\underline{I_{CC}}}$,

soit $Z_S = \dfrac{E_{VCC}}{I_{CC}} = \sqrt{r_S^2 + X_S^2}$ et donc :

$$X_S = \sqrt{Z_S^2 - r_S^2}$$

Remarque : Si on néglige r_S (c'est-à-dire dans l'hypothèse du flux forcé) et à courant d'excitation constant, le courant de court-circuit est indépendant de la vitesse :

$$I_{CC} \approx \frac{E_V}{\mathcal{L}\,\omega} = \frac{4{,}44 n_s f \hat{\Phi}_V}{\mathcal{L}\,2\pi f} = \text{cte}$$

d) Bilan des puissances, rendement

L'arbre des puissance se trace à partir d'un fonctionnement en générateur, la puissance absorbée en entrée est donc de la puissance mécanique (fournie par le moteur d'entraînement). La puissance utile est de la puissance électrique.

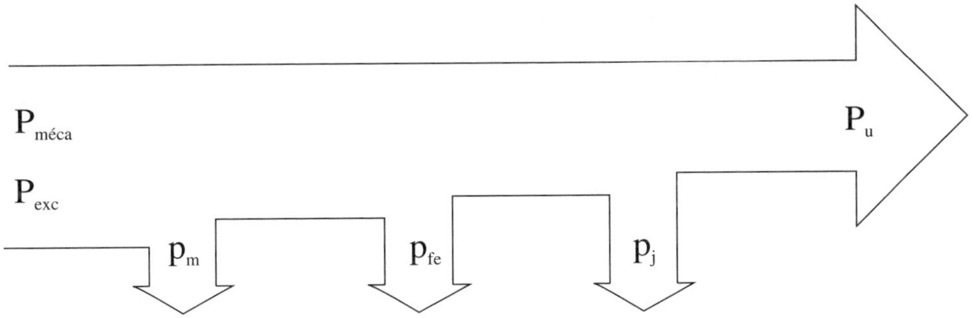

Figure 6.13 Bilan des puissances de l'alternateur.

On pose souvent $p_m + p_{fe} = p_c$, pertes constantes puisqu'elles ne dépendent pas du courant débité par l'alternateur, mais seulement de la vitesse de rotation et de la tension d'alimentation.

Le rendement de l'alternateur est calculé à partir de la définition habituelle :

$$\eta = \frac{P_u}{P_{\text{méca}}} = \frac{P_u}{P_u + p_c + p_j + p_{\text{exc}}}$$

Pour mesurer les différentes pertes il faut réaliser des essais, par exemple à puissance réduite :

– un moteur taré permet de mesurer $p_{\text{méca}}$: alternateur à vide non excité ;

– $p_c = p_{\text{méca}} + p_f$: alternateur à vide, excité pour avoir l'état magnétique le plus proche possible du fonctionnement nominal donc : $E_V = V_n$ (on peut aussi procéder à un essai en moteur à vide, l'excitation étant réglée pour le minimum de I) ;

– la mesure de r_S permet de calculer les pertes joule.

6.1.3 Caractéristiques de l'alternateur

Elles lient entre elles les grandeurs électriques de la machine : V, I, I_e deux prises comme variables et une comme paramètre.

a) Caractéristiques externes (ou naturelles) $V = f(I)_{I_e=\text{cte}}$

But : décrire V en fonction de I à I_e et φ fixés.

Données : $I_e = \text{cte}$, $\cos\varphi = \text{cte}$ et $\Omega = \Omega_S$ fréquence fixe.

Caractéristique interne $E_V = f(I_e)$

Interprétation par le diagramme vectoriel des tensions

On choisit $\underline{I}$ comme origine des phases. On place alors le triangle de Behn-Eschenburg :

- OB représente $r_S\underline{I}$.
- BC représente $V = \text{cte}$, il est en quadrature avance par rapport à $\underline{I}$.
- I est déphasé de φ par rapport à $\underline{V}$: on place la direction de $\underline{V}$.
- La valeur de I_e donne celle de E_V, on trace le cercle de centre O et de rayon E_V.
- Le point de fonctionnement A se trouve à l'intersection du cercle de rayon E_V et de la direction de $\underline{V}$.

On obtient ainsi le diagramme vectoriel traduisant la loi des mailles en sortie de l'alternateur :

$$\underline{V} = -(r_S + jL\,\omega)\underline{I} + \underline{E_V}$$

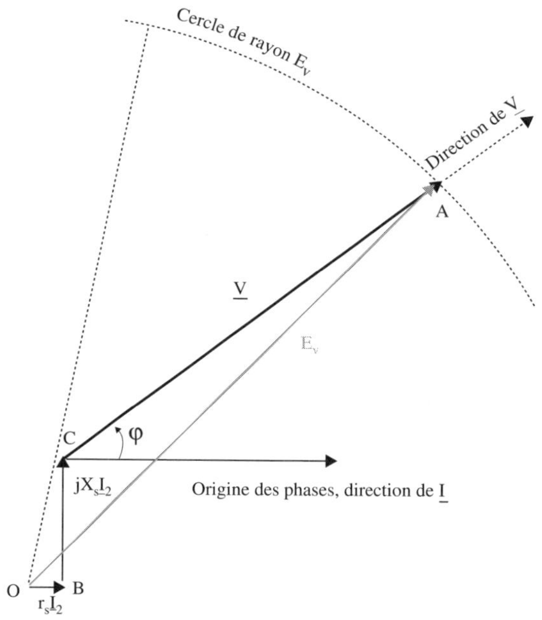

Figure 6.14 Construction du point de fonctionnement.

Allure des caractéristiques

Leur allure est représentée sur la figure 6.13, elle se justifie par le diagramme vectoriel des tensions (de B.E.).

Si l'on raisonne à facteur de puissance donné :

- sur charge inductive ($\cos\varphi$ arrière (AR)) la réaction magnétique d'induit est démagnétisante, plus l'intensité du courant d'induit I augmente, plus la tension de sortie V diminue ;

– sur charge capacitive ($\cos\varphi$ avant (AV)) la réaction magnétique d'induit est magnétisante, plus l'intensité du courant d'induit I augmente, plus la tension de sortie V augmente.

Par ailleurs, à courant d'induit donné :

– plus la charge est inductive, plus la tension chute en sortie de l'alternateur ;
– sur charge fortement capacitive, la tension de sortie de l'alternateur est supérieure à la force électromotrice à vide.

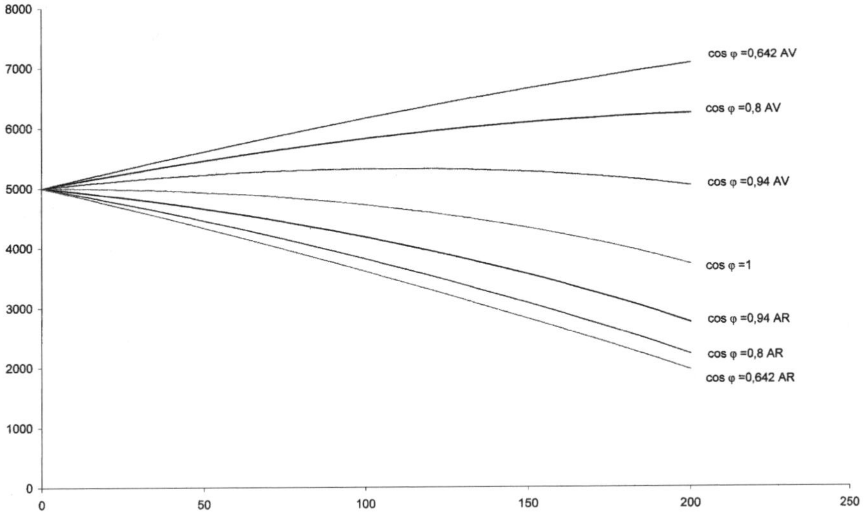

Figure 6.15 Caractéristiques externes d'un turboalternateur de 62 kVA.

Remarque : On observe que si la charge est inductive ($\varphi > 0$), $V < E_V$, par contre si la charge est très capacitive ($\varphi < 0$) $V > E_V$, la tension en sortie de l'alternateur est supérieure à la tension à vide.

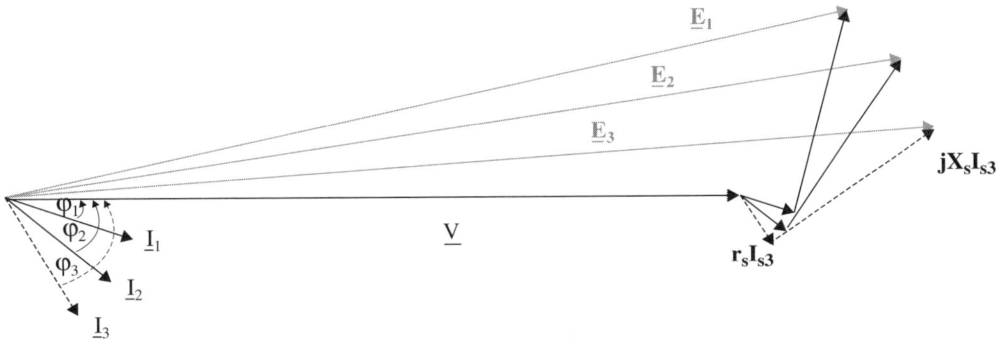

Figure 6.16.a Diagrammes vectoriels sur différentes charges inductives.

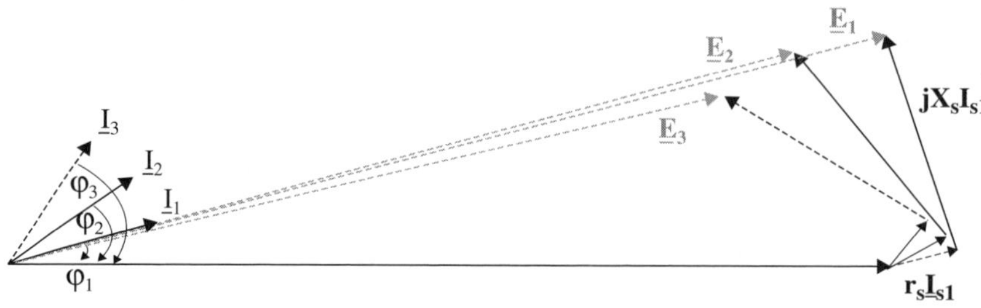

Figure 6.16.b Diagrammes vectoriels sur différentes charges capacitives.

b) Caractéristique de réglage $I_e = f(I)_{V=\text{cte}}$

On les trace en général pour $V = V_n$, c'est à dire pour l'alternateur couplé au réseau.

But : déterminer la valeur de I_e nécessaire pour avoir $V = \text{cte}$ pour I et φ connus.

Données : $V = \text{cte}$, $\cos\varphi$ et vitesse constants.

Exploitation du diagramme

On place $\underline{V}$, $r_S\underline{I}$ tel que $\underline{I}$ soit déphasé de φ, puis on trace $js\underline{I}$ et on construit $\underline{E}_V = \underline{V} + r_S\underline{I} + js\underline{I}$. La valeur de E_V donne celle de I_e à partir de la caractéristique interne.

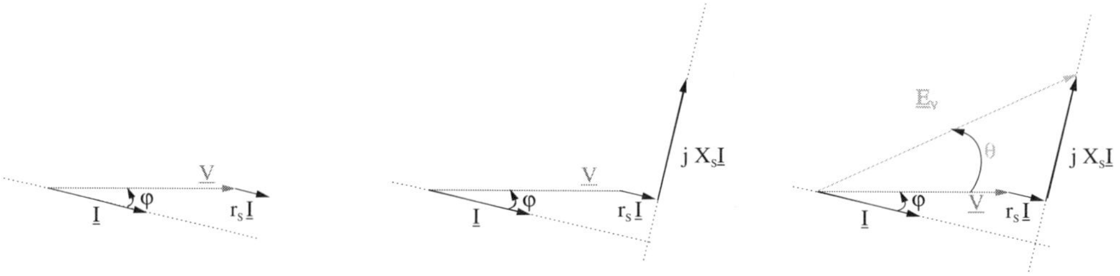

Figure 6.17 Étapes du tracé du diagramme vectoriel.

On constate sur les caractéristiques externes que lorsque la charge est inductive, la tension chute. Pour la maintenir constante, il faut augmenter la force électromotrice à vide donc le courant d'excitation I_e.

Inversement, lorsque la charge est capacitive, la tension augmente, pour la maintenir constante, il faut diminuer la force électromotrice à vide donc le courant d'excitation I_e.

➢ Caractéristiques

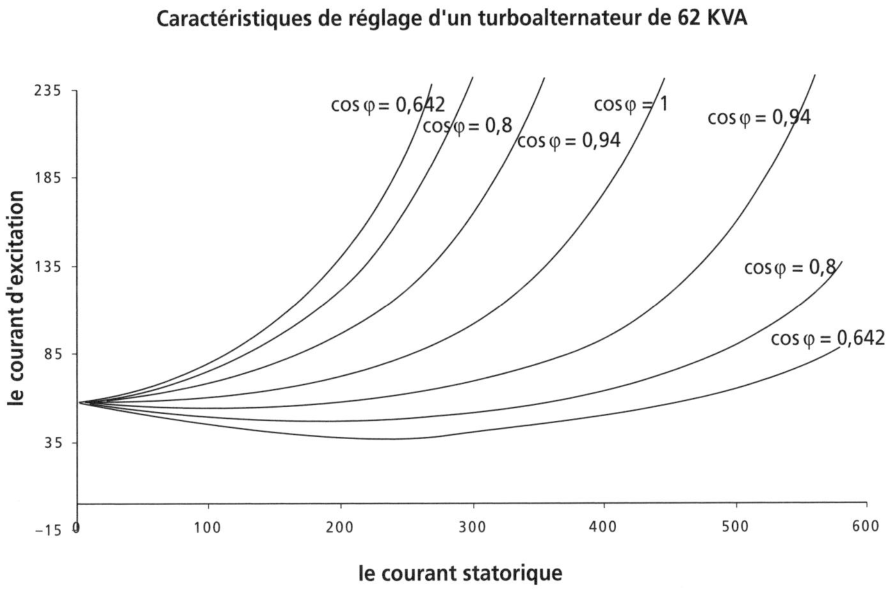

Figure 6.18 Caractéristiques de réglage de l'alternateur.

Remarque : Pour maintenir V, il faut augmenter E_V donc I_e. Pour les charges fortement inductives, on ne peut pas maintenir V jusqu'à $I = I_n$. Sur la plaque signalétique d'un alternateur on trouve :

f_n fréquence nominale ;

U_n tension composée nominale ;

S_n puissance apparente nominale ;

$\cos\varphi$: il indique indirectement le courant d'excitation, c'est la valeur du $\cos\varphi$ *arrière* pour laquelle le débit de I_n nécessite I_{en}.

Sans échauffement excessif de l'inducteur l'alternateur peut débiter I_n sous U_n pour tous les $\cos\varphi$ AV et les $\cos\varphi$ AR supérieurs à celui indiqué sur la plaque.

6.1.4 Alternateur couplé sur le réseau : fonctionnement à $V =$ cte

a) Couplage sur le réseau

Il s'agit de faire travailler en parallèle des sources de tension alternative. Si on veut éviter les dégradations il faut qu'elles aient les mêmes f.é.m. instantanées :

– même fréquence ;

– même amplitude ;

– même ordre des phases.

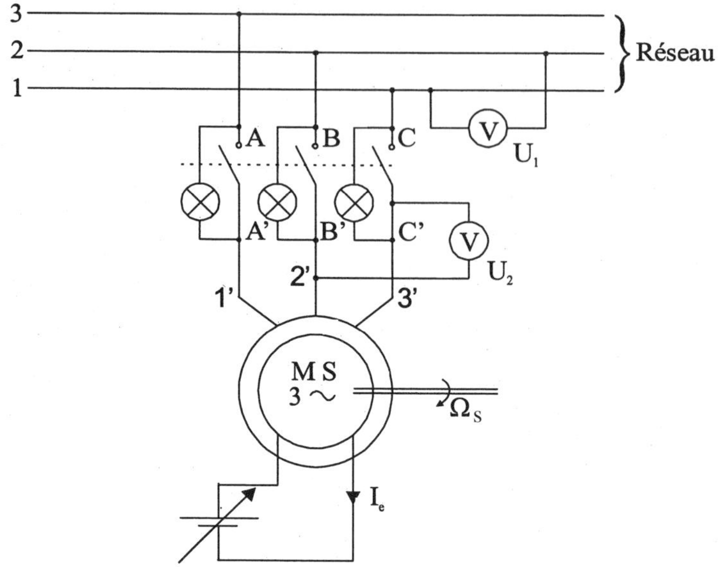

Figure 6.19 Dispositif de couplage sur le réseau

– les trois lampes doivent s'allumer et s'éteindre en même temps sinon *corriger l'ordre des phases* ;

– les cycles allumage/extinction doivent être lents sinon *corriger la vitesse d'entraînement* ;

– les extinctions doivent être complètes sinon *corriger l'excitation.*

On couple lors d'une extinction.

Remarque : Il existe bien entendu des dispositifs de couplage automatique : les synchrocoupleurs qui prennent en charge les différentes étapes à réaliser.

b) Réversibilité de la machine synchrone

Hypothèses : On néglige les fuites magnétiques, la résistance de stator et toutes les pertes.
La machine est reliée au réseau de tension constante et de pulsation ; elle travaille à flux forcé.

➤ Aspect magnétique

Au moment du couplage $\underline{I} = 0$ et $\underline{E_V} = \underline{V}$: le rotor réel et le rotor résultant sont superposés puisque le rotor fictif n'existe pas $\underline{I} = 0$. (figure 6.20a).

Par accroissement du couple fourni par la machine d'entraînement, le rotor réel prend de l'avance par rapport au rotor résultant (l'angle interne θ devient positif). Le système des courants statoriques apparaît et reconstitue le champ tournant résultant qui doit rester immuable (flux forcé). L'excédent d'énergie mécanique est transformé en énergie électrique : la machine fonctionne en alternateur (figure 6.20b).

Si on applique un couple résistant, le rotor réel ralentit et prend du retard par rapport au rotor résultant (l'angle interne θ devient négatif). Le stator appelle un courant pour reconstituer le champ tournant résultant (flux forcé). La machine fonctionne alors en moteur (figure 6.20b).

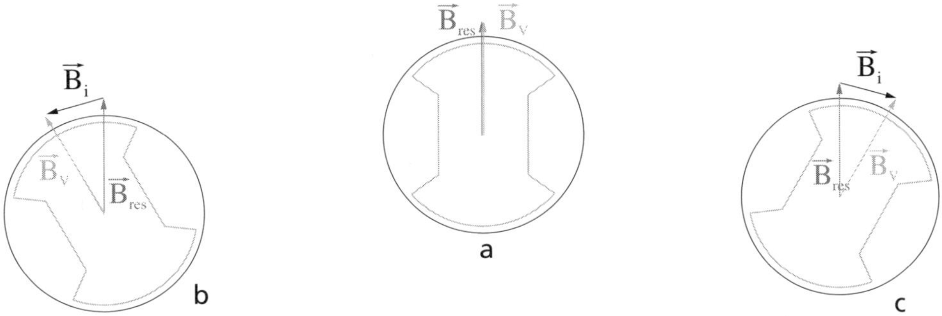

Figure 6.20 Fonctionnement réversible de la machine synchrone.

➤ Diagramme vectoriel

Il est associé au diagramme des champs magnétiques et traduit dans les trois cas envisagés l'équation tirée de la loi des mailles aux bornes de la machine :

$$\underline{V} = \underline{E_V} - jX_S\underline{I}$$

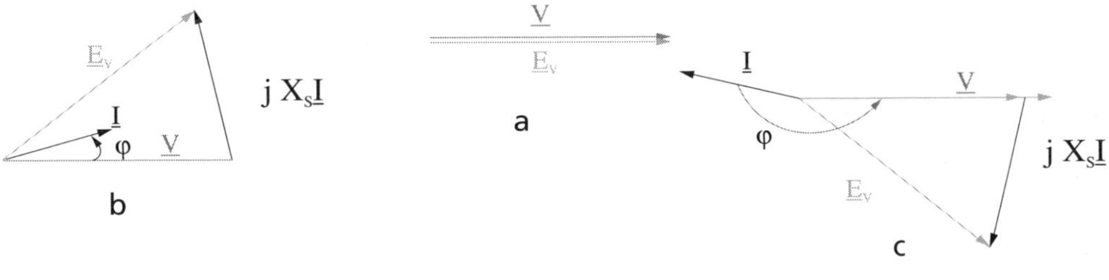

Figure 6.21.a-b-c Diagrammes bipolaires associés au situations 6.20a, b, c.

Remarque : Dans la configuration du cas c, on est conduit à travailler avec φ qui sort de l'intervalle $+\frac{\pi}{2}, -\frac{\pi}{2}$, ce qui conduit à changer $\underline{I}$ en $-\underline{I}$ et φ en $\varphi \pm \pi$. De même, on changera θ en $-\theta$. On abandonne la convention générateur lorsqu'on travaille en moteur synchrone.

➤ À excitation donnée selon la position du rotor réel

Par rapport au rotor fictif la machine reçoit ou fournit de la puissance active P :

$$P = 3VI\cos\varphi$$

Or en projetant $X_S\underline{I}$ et $\underline{E_V}$ sur la direction verticale, on observe que :

$$X_SI\cos\varphi = E_V\sin\theta$$

d'où

$$P = 3V\frac{E_V}{X_S}\sin\theta$$

Si $\theta > 0$, $P > 0$ la machine, orientée en convention générateur, fournit une puissance active positive : elle fonctionne en alternateur.

Si $\theta < 0$, $P < 0$ la machine, orientée en convention générateur, fournit une puissance active négative : elle fonctionne en moteur synchrone.

Lorsque la machine fonctionne en alternateur, la f.é.m. à vide $\underline{E_V}$ est en avance par rapport à $\underline{V}$, $(\theta \geqslant 0)$.

Lorsque la machine fonctionne en moteur, la f.é.m. à vide $\underline{E_V}$ est en retard par rapport à $\underline{V}$, $(\theta \leqslant 0)$.

➤ Lecture des puissances

Les expressions des puissances active et réactive fournies par la machine synchrone (convention générateur) sont les suivantes :

$$P = 3VI\cos\varphi \quad \text{et} \quad Q = 3VI\sin\varphi$$

On peut lire P et Q sur le diagramme bipolaire des tensions.

Le point de fonctionnement se trouve en A. L'angle φ déphasage de $\underline{I}$ par rapport à $\underline{V}$ se retrouve entre $jX_S\underline{I}$ et la verticale.

La projection de $jX_S\underline{I}$ sur la direction verticale donne donc :

$$AH = X_SI\cos\varphi = \frac{X_S}{3V}P$$

Celle sur l'horizontale donne :

$$AK = X_SI\sin\varphi = \frac{X_S}{3V}Q$$

Les projections de X_SI donnent à $\frac{3V}{X_S}$ prés la puissance active et la puissance réactive.

$$P = \frac{3V}{X_S}AH \quad \text{et} \quad Q = \frac{3V}{X_S}AK$$

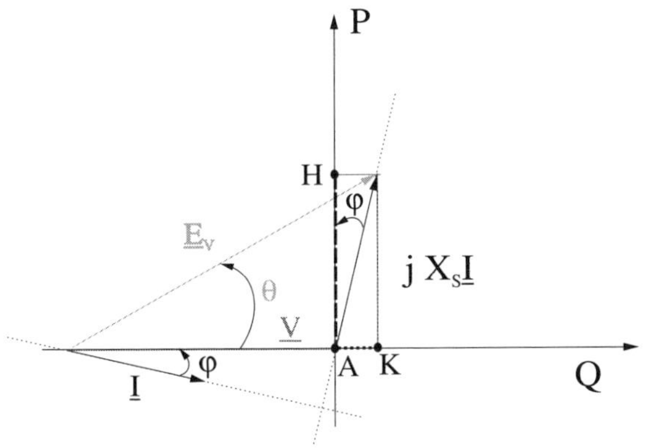

Figure 6.22 Lecture des puissances active et réactive.

Remarque : On constate que dans les deux cas la machine absorbe de la puissance réactive : $Q < 0$.

c) *Puissance échangée avec le réseau*

La position du point de fonctionnement A est imposée

– par la puissance fournie par la machine qui entraîne l'alternateur : aux pertes près elle vaut P et donne la droite d'équipuissance sur laquelle se trouve $A\left(AH = \dfrac{X_S}{3V}P\right)$.

– par le courant d'excitation I_e qui donne la f.é.m. à vide E_V (cercle d'égal E_V).

Supposons que la machine vient d'être couplée sur le réseau, $\underline{E_V} = \underline{V}$, le courant d'induit est nul. (figure 6.23a).

Si l'on admet *davantage de puissance mécanique* sur l'arbre *sans modifier le réglage de l'excitation,* $\underline{E_V}$ prend de l'avance sur $\underline{V}$, le surcroît de puissance mécanique est converti en puissance électrique : *la machine fonctionne en alternateur.* Cependant, *elle consomme de la puissance réactive.* (figure 6.23b).

Si l'on admet *davantage de puissance mécanique* sur l'arbre mais *en augmentant l'excitation, la machine fonctionne en alternateur,* mais de plus, *elle fournit de la puissance réactive.* (figure 6.23c).

Si l'on applique un *couple résistant* sur l'arbre *sans modifier le réglage de l'excitation,* le rotor ralentit, $\underline{E_V}$ prend du retard sur $\underline{V}$, le stator appelle de la puissance électrique pour compenser ce couple résistant : *la machine fonctionne en moteur.* Cependant, *elle consomme de la puissance réactive.* (figure 6.23d).

Mais si l'on *augmente alors le courant d'excitation, la machine fonctionne en moteur* et *fournit de la puissance réactive.* Dans ce cas, on ne pourra cependant pas l'utiliser à sa puissance active nominale. (figure 6.23e).

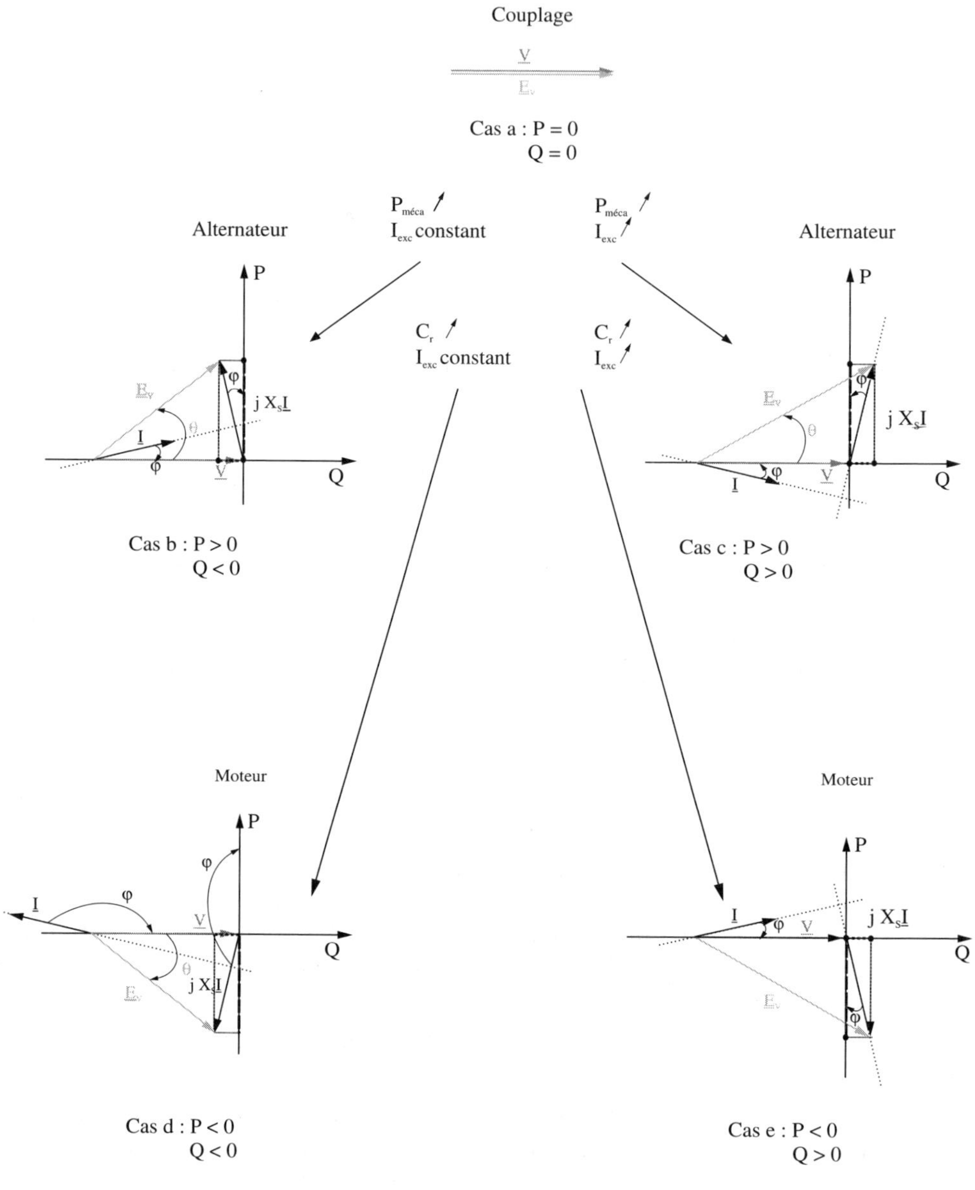

Figure 6.23.a-b-c-d-e Échanges de puissances avec le réseau.

Le signe de la puissance mécanique sur l'arbre, c'est-à-dire du couple, désigne le mode de fonctionnement moteur ou alternateur.

Le réglage du courant d'excitation permet, lui, de gérer les échanges de puissance réactive et ce, de manière indépendante de la puissance active.

Lorsque la machine est surexcitée, elle fournit de la puissance réactive, lorsqu'elle est sous-excitée elle consomme de la puissance réactive.

On peut bien sûr la régler pour travailler à facteur de puissance unitaire.

Remarque 1 : Lorsque la machine est utilisée uniquement pour fournir de la puissance réactive, on l'étudie en convention récepteur et on parle de compensateur synchrone.

Remarque 2 : Si la machine est fortement magnétisée (à I_e important), on dispose d'un « excédent » d'énergie magnétique qui permet de produire de la puissance réactive.

6.2 MOTEUR SYNCHRONE

Hypothèses : Nous raisonnons sur un moteur synchrone bipolaire triphasé, couplé en étoile, à répartition spatiale sinusoïdale, à pôles lisses, en fonctionnement équilibré, c'est-à-dire dans les mêmes conditions que dans la partie précédente.

On néglige l'influence des résistances statoriques, le flux sera supposé forcé.

6.2.1 Généralités

Si on couple la machine synchrone sur le réseau, la pulsation des courants est $\omega = 100\pi$ donc $\Omega_S = \dfrac{\omega}{p} = \text{cte}$. Nous considérons le cas d'une machine bipolaire donc $p = 1$.

a) Convention, diagramme bipolaire

– Les éléments du schéma équivalent sont les mêmes que pour l'alternateur.

– On choisit la convention récepteur.

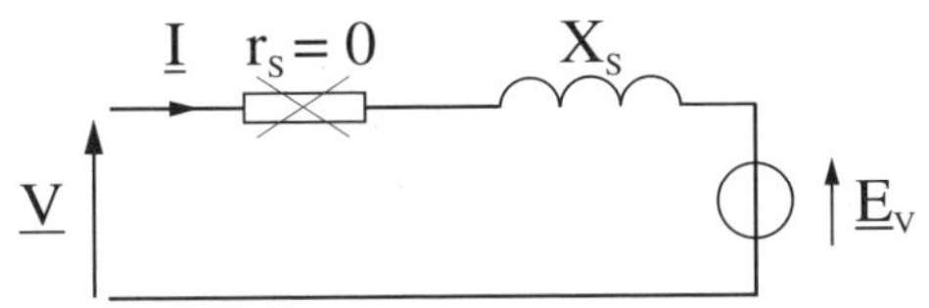

Figure 6.24 Modèle équivalent par phase du moteur synchrone.

Du modèle équivalent on déduit la loi des mailles suivante : $\underline{V} = \underline{E_V} + jX_S\underline{I}$.

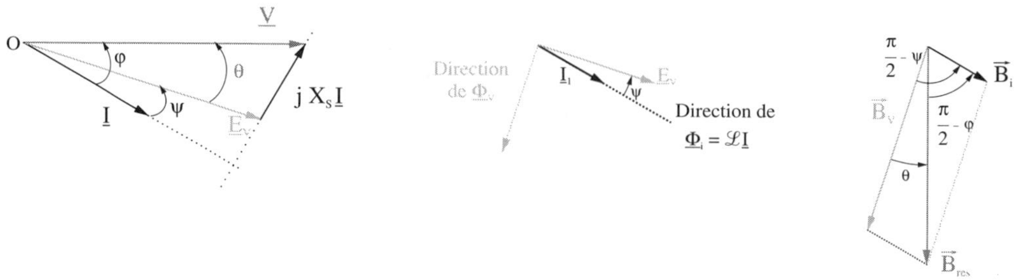

Figure 6.25 Diagramme bipolaire en convention récepteur.

Remarque 1 : On a changé la convention du courant au stator *et* la convention de flux, il en résulte qu'un courant positif créé encore un flux positif. On travaille maintenant en convention récepteur, la loi de Faraday devient : $v(t) = n_S \dfrac{\mathrm{d}\phi_{\text{res}}}{\mathrm{d}t}$, soit en complexes : $\underline{V} = jn_S\omega\underline{\Phi_{\text{res}}}$.

De même, $e_V(t) = n_S \dfrac{\mathrm{d}\phi_V}{\mathrm{d}t}$ d'où $\underline{E_V} = jn_S\omega\underline{\Phi_V}$.

Les tensions sont donc en avance de $\dfrac{\pi}{2}$ par rapport aux flux.

Remarque 2 : Toutes les relations concernant les puissances sont évidemment conservées en fonctionnement moteur. Cependant pour conserver la cohérence des signes, on est amené à inverser l'orientation de axes des puissances actives et réactive ainsi que l'orientation de l'angle interne de la machine.

θ est orienté de $\underline{E_V}$ vers $\underline{V}$.

Si $\theta \geqslant 0$, la machine fonctionne en moteur et $P \geqslant 0$.

Si $\theta \leqslant 0$, la machine fonctionne en alternateur et $P \leqslant 0$.

b) Courbes en V (courbes de Mordey)

Ce sont des courbes $I = f(I_e)_{P_u=\text{cte}}$ tracées à tension d'alimentation et puissance utile constantes. Elles permettent de mettre en évidence la particularité de ce moteur qui est *de pouvoir faire varier le courant I et la puissance réactive par le courant d'excitation I_e*.

Remarques :

- Le lieu des minima correspond à $\cos\varphi = 1$.
- À droite le moteur est surexcité et produit de la puissance réactive, à gauche le moteur est sous-excité et consomme de la puissance réactive.
- Un compensateur synchrone est un moteur synchrone tournant toujours à vide et uniquement destiné à créer ou consommer de la puissance réactive :

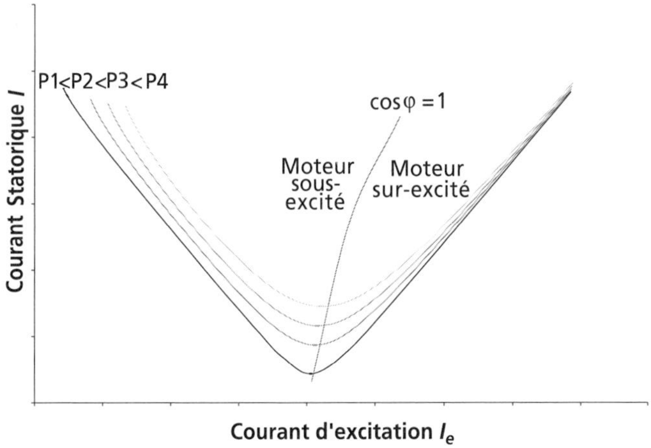

Figure 6.26 Courbes de Mordey d'un moteur synchrone.

– aux heures de forte charge il crée de la puissance réactive : $Q < 0$;
– à d'autres heures il consomme de la puissance réactive ($Q > 0$) pour compenser l'élévation de tension créée par de longues lignes HT à vide par exemple.

6.2.2 Couple électromagnétique développé par le moteur synchrone

Supposons que l'on ait besoin, en traction par exemple, de régler la valeur du couple électromagnétique pour atteindre une vitesse donnée (on retrouve cette nécessité en régime dynamique, dans une phase de démarrage ou de ralentissement), quelles sont alors les grandeurs qu'il est nécessaire de contrôler pour assurer cette commande en couple ?

Le couple développé par un moteur électrique résulte de l'interaction de deux champs magnétiques. Il s'exprime sous forme de produit vectoriel et dépend donc par là même de leur « distance angulaire ». (voir le chapitre 3).

La machine synchrone est le siège de trois champs magnétiques tournants (figure 6.25) :

$\overrightarrow{B_V}$ champ magnétique à vide, porté par le rotor, $\overrightarrow{B_i}$ champ magnétique induit, $\overrightarrow{B_{res}}$ champ magnétique résultant.

Selon l'approche choisie, on obtiendra donc trois expressions différentes du couple qui correspondent à des approches différentes de la machine.

Compte tenu des relations angulaires entre les différents vecteurs, on peut exprimer le couple en fonction :
– des paramètres externes V, I, φ ;
– des paramètres internes de la machine E_V, θ, ψ.

a) Expression du couple en fonction des paramètres externes : Φ_{res}*,* I *et* φ

Si l'on considère $\overrightarrow{B_i}$ et $\overrightarrow{B_{\text{res}}}$, on privilégie les paramètres externes de la machine : la tension et le courant statorique. Le couple est proportionnel au produit :

$$B_i B_{\text{res}} \sin\left(\frac{\pi}{2} - \varphi\right) = B_i B_{\text{res}} \cos\varphi$$

Ce faisant, on traduit la réalité physique de la conversion électromécanique qui a lieu dans l'entrefer.

Nous connaissons l'expression de la puissance électrique absorbée par la machine :

$$P_{\text{abs}} = 3VI\cos\varphi$$

Si nous négligeons r_s (hypothèse du flux forcé), et les pertes fer, cette puissance absorbée arrive intégralement au niveau de l'entrefer :

$$P_{\text{em}} = P_{\text{abs}} = 3VI\cos\varphi$$

Si nous négligeons les pertes mécaniques, la puissance électromagnétique est intégralement transformée en puissance mécanique : $P_m = P_{\text{em}}$.

$$P_{\text{em}} = 3VI\cos\varphi = C_{\text{em}}\Omega_S = C_m\Omega_S$$

$$C_{\text{em}} = \frac{3VI\cos\varphi}{\Omega_S} = C_m$$

Le flux est forcé, donc selon la formule de Boucherot (K est le coefficient correcteur) :

$$V = 4{,}44 K n_S f \hat{\Phi}_{\text{res}} = \frac{K}{\sqrt{2}} n_S \omega \hat{\Phi}_{\text{res}}$$

or $\Omega_S = \dfrac{\omega}{p}$ d'où $C_{\text{em}} = \dfrac{3}{\sqrt{2}} p K n_S \hat{\Phi}_{\text{res}} I \cos\varphi$

$$\boxed{C_{\text{em}} = A\,\Phi_{\text{res}} I\cos\varphi, \quad \text{avec} \quad A = 3pKn_s}$$

Remarques : Cette expression est particulièrement adaptée à l'étude du moteur sur le réseau.

$\dfrac{V}{\omega} = K n_S \Phi_{\text{res}}$ donc une loi de commande qui impose $\dfrac{V}{\omega} = \text{cte}$, impose Φ_{res}, le flux résultant dans la machine. Dans ce cas, à facteur de puissance constant, le couple est proportionnel au courant d'induit comme dans la machine à courant continu.

b) Expression du couple en fonction de ψ

Si l'on considère $\overrightarrow{B_V}$ et $\overrightarrow{B_i}$, on privilégie un paramètre interne de la machine, la f.é.m. à vide et un paramètre externe, le courant statorique. Le couple est donc proportionnel au produit :

$$B_V B_i \sin\left(\frac{\pi}{2} - \psi\right) = B_V B_i \cos\psi$$

Pour obtenir son expression, on exprime la puissance électromagnétique de deux manières différentes : en fonction des paramètres électriques et en fonction des paramètres mécaniques.

Les expressions de la puissance électromagnétique sont les suivantes :

$$P_{\text{em}} = 3E_V I \cos\psi = 3pKn_S\omega\Phi_V I \cos\psi$$

car de même que V est lié au flux résultant par la formule de Boucherot, E_V est liée au flux à vide $\hat{\Phi}_V$ par $E_V = \frac{K}{\sqrt{2}} n_S \omega \hat{\Phi}_V$, avec le même coefficient de bobinage K.

$$P_{\text{em}} = C_{\text{em}}\Omega_S.$$

$$\text{d'où } C_{\text{em}} = \frac{3E_V I \cos\psi}{\Omega_S} = 3\frac{p}{\omega} K n_S \omega \Phi_V I \cos\psi$$

$$C_{\text{em}} = 3pKn_S\Phi_V I \cos\psi = A\Phi_V I \cos\psi \qquad (3)$$

$$\boxed{C_{\text{em}} = A\Phi_V I \cos\psi}$$

Il apparaît un mode de contrôle du couple par alimentation à *courant imposé*. On dispose de trois grandeurs de réglage indépendantes :

- I valeur efficace du courant de phase ;
- Φ_V valeur efficace du flux à vide par phase réglable par l'intermédiaire de I_e ;
- ψ déphasage entre $\underline{I}$ et $\underline{E_V}$ (réglable par autopilotage).

Cette expression est adaptée à l'étude de la machine associée à un onduleur de courant.

c) Expression du couple en fonction de l'angle interne θ

Si maintenant l'on considère $\overrightarrow{B_V}$ et $\overrightarrow{B_{\text{res}}}$, on privilégie encore un paramètre interne de la machine, la f.é.m. à vide, et un paramètre externe, cette fois la tension statorique. Le couple est donc proportionnel au produit : $B_V B_{\text{res}} \sin\theta$.

Ce choix aboutit à une expression adaptée à l'étude de la machine associée à un onduleur de tension.

Pour établir son expression, il nous faut revenir au diagramme vectoriel.

Nous avons vu dans le chapitre précédent que $X_S I \cos\varphi = E_V \sin\theta$, cette expression reste vraie en fonctionnement moteur.

En reportant cette expression dans celle du couple nous obtenons :

$$C_{\text{em}} = \frac{3VE_V}{X_S\Omega_S}\sin\theta = \frac{3p}{L}\frac{V}{\omega}\frac{E_V}{\omega}\sin\theta$$

or $\dfrac{E_V}{\omega} = Kn_S\Phi_V$, de même $\dfrac{V}{\omega} = Kn_S\Phi_{\text{res}}$.

D'où l'on déduit

$$C_{\text{em}} = \frac{3p}{L}\frac{V}{\omega}\frac{E_V}{\omega}\sin\theta = A'\Phi_{\text{res}}\Phi_V\sin\theta$$

$$\boxed{C_{\text{em}} = A'\Phi_{\text{res}}\Phi_V\sin\theta \quad \text{avec} \quad A' = \frac{3p}{L}(Kn_S)^2}$$

Cette expression fait apparaître un mode de contrôle du couple à *tension imposée* ; on dispose de trois grandeurs de réglage :
- $\dfrac{V}{\omega} = Kn_S\Phi_{\text{res}}$;
- Φ_V flux à vide (grâce à I_e) ;
- θ angle interne (par autopilotage).

Si l'on travaille à $\dfrac{V}{\omega} = \text{cte}$ et à courant d'excitation donné (soit Φ_V donné), le couple est proportionnel à $\sin\theta$.

θ est l'angle entre le rotor réel et le rotor résultant ($\underline{\Phi_v}$ et $\underline{\Phi_{\text{res}}}$), c'est-à-dire entre $\underline{E_V}$ et $\underline{V}$.

Si $\theta > 0$, $C_{\text{em}} > 0$, $\underline{E_V}$ est en retard sur $\underline{V}$: fonctionnement en *moteur synchrone* ;

Si $\theta < 0$, $C_{\text{em}} < 0$, $\underline{E_V}$ est en avance sur $\underline{V}$: fonctionnement en alternateur.

> **Attention !** θ est fléché à l'envers par rapport à la convention alternateur soit de $\underline{E_V}$ vers $\underline{V}$.

Allure de la courbe

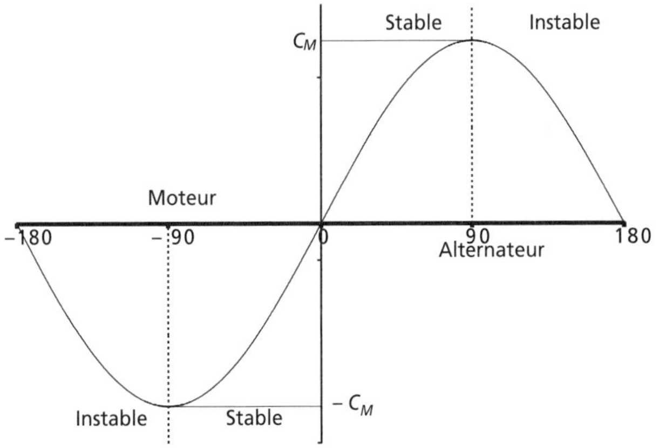

Figure 6.27 Couple développé par le moteur synchrone en fonction de l'angle interne θ.

Si on travaille à $\frac{V}{\omega}$ = cte $C_{em} = A'' \sin\theta$, contrôler le couple c'est contrôler θ.

Domaine de stabilité

En régime transitoire, on a $J\frac{d\Omega_S}{dt} = C_{em} + C'$.

Tant que $|\theta| \leqslant \frac{\pi}{2}$, si Ω_s diminue accidentellement le rotor réel s'éloigne, θ augmente, C_{em} augmente le rotor accélère, θ diminue : le fonctionnement est stable.

De même si Ω_s augmente, le rotor réel se rapproche, θ diminue C_{em} diminue aussi, le rotor ralentit et θ augmente à nouveau : le fonctionnement est stable.

Lorsque l'on refait le même raisonnement pour $|\theta| > \frac{\pi}{2}$, on aboutit à la conclusion opposée : le fonctionnement est instable, la machine décroche.

d) Réglage du couple

Rappelons l'expression du couple électromagnétique pour un moteur à courant continu : $C_{em} = K\Phi I$ avec Φ flux créé par l'inducteur et I courant d'induit.

Faisons la comparaison avec les expressions que nous venons d'établir pour le moteur synchrone.

Moteur à courant continu	Moteur synchrone
$C_{em} = K\Phi I$	$C_{em} = A\Phi_{res} I \cos\varphi$ ou $C_{em} = A\Phi_V I \cos\psi$ ou $C_{em} = A'\Phi_V \Phi_{res} \sin\theta$

Pour une MCC, contrôler le couple revient à contrôler le flux inducteur Φ et le courant dans l'induit.

Pour une machine synchrone, il y a plusieurs solutions donc plusieurs types de commande. *Quelle que soit la solution adoptée, il faudra contrôler un flux et un courant (ou deux flux), et un angle*, ce qui se comprend aisément en se rappelant le principe de fonctionnement d'un moteur synchrone.

6.2.3 Vitesse variable

a) *Principe de la variation de vitesse du moteur synchrone : nécessité de l'autopilotage*

Le moteur synchrone tourne à la vitesse $\Omega_S = \dfrac{\omega}{p}$.

Pour *faire varier sa vitesse*, il faut donc *faire varier ω, la pulsation du réseau d'alimentation.*

Le champ statorique tourne à la vitesse imposée par la fréquence d'alimentation ; le champ rotorique (excitation ou aimants) dans le mode de fonctionnement classique est « accroché » au champ du stator. Plus on demande de couple sur le rotor, plus les deux champs se décalent.

Toutefois, les dynamiques des champs sont très différentes :

- la dynamique du champ statorique dépend des performances de la source à fréquence variable (constantes de temps électriques, donc faibles) ;
- la dynamique du champ rotorique dépend des performances des parties tournantes beaucoup moins rapides (constantes de temps mécaniques).

Une variation brusque de la pulsation d'alimentation entraînera une variation tout aussi rapide de la vitesse du champ statorique.

Le rotor est soumis à l'inertie du banc, la vitesse de rotation du champ rotorique n'augmentera donc pas aussi vite.

Cela aura pour effet de générer un décalage trop important entre les champs et donc de faire décrocher la machine.

> ***Remarque :*** Ce mode de variation de vitesse en boucle ouverte est utilisé dans quelques applications dans lesquelles il n'y a pas de variations brusques de la vitesse ou du couple résistant des charges entraînées. Dans ce cas, on se contente de faire varier la tension V proportionnellement à la fréquence afin de conserver la caractéristique de couple.

Pour résoudre ce problème l'idée essentielle est d'asservir la position du champ rotorique par rapport à celle du champ statorique ou du champ résultant.

Cela constitue le mode de fonctionnement dit autopiloté. On impose le décalage angulaire entre les deux champs.

On parle alors de moteur synchrone autopiloté ou de moteur brushless (sans balais).

C'est une association machine synchrone, convertisseurs statiques permettant un fonctionnement à vitesse variable à partir d'un réseau à fréquence fixe.

Dans les cas où la machine est alimentée par un *onduleur de courant*, la commande est conçue à partir de l'expression : $C_{em} = A\Phi_V I \cos\psi$.

L'*angle d'autopilotage est* ψ, angle entre la f.é.m. à vide $\underline{E_V}$ et le courant au stator $\underline{I}$ car l'angle entre le champ magnétique à vide et le champ du stator est $\frac{\pi}{2} - \psi$.

C'est le dispositif à courant imposé :
- le contrôle de ω donne celui de la vitesse Ωs ;
- Ψ étant fixé grâce à l'autopilotage, le moteur ne peut pas décrocher et on garde la même caractéristique de couple ;
- le contrôle de I donne celui du couple.

On dispose de deux variables *indépendantes* qui permettent de régler couple et vitesse comme dans la MCC à excitation séparée.

Dans les cas où la machine est alimentée par un *onduleur de tension, l'angle d'autopilotage* est θ, angle entre la f.é.m. à vide $\underline{E_V}$ et la tension au stator $\underline{V}$ (mais aussi angle entre le champ magnétique à vide et le champ résultant).

On développe un autre type de commande, *à tension imposée*, à partir de l'expression

$$C_{em} = A'\Phi_V \Phi_{res} \sin\theta$$

b) Moteur synchrone autopiloté : système à courant imposé

Le système le plus fréquent est celui de la figure 6.28.

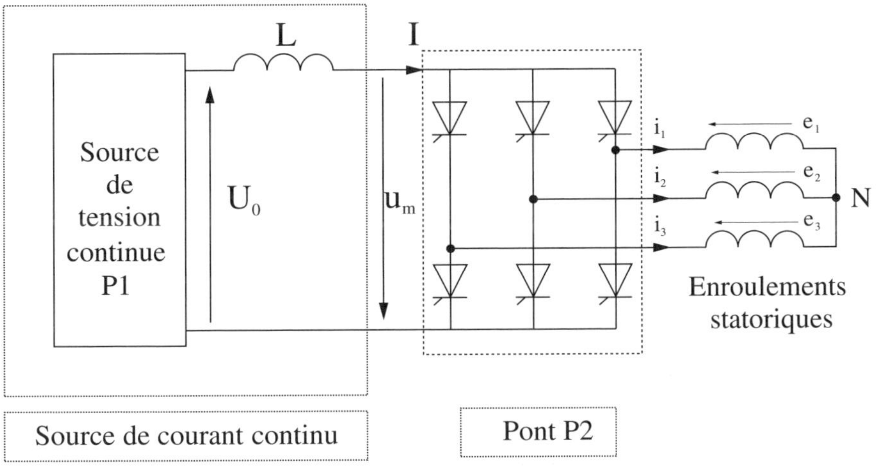

Figure 6.28 Schéma de principe d'un moteur synchrone autopiloté associé à un commutateur de courant.

Il comprend :

– une source de courant continu constituée à l'aide d'une source de tension continue (fréquemment un pont P1 redresseur à 6 thyristors fournissant la tension redressée), en série avec une forte inductance de lissage assurant $I = \text{cte}$;
– un pont P2 onduleur de courant à 6 composants (souvent des thyristors) fournissant les courants alternatifs du moteur i_1, i_2, i_3 ;
– le moteur schématisé par ses f.é.m. e_1, e_2, e_3 avec une inductance en série par phase ;
– un capteur de position solidaire du rotor, assurant l'autopilotage en commandant la fermeture des composants de l'onduleur aux moments convenables.

Le capteur lié au rotor impose la commutation des thyristors, donc l'aiguillage du courant dans les phases (voir annexe).

La position de la roue polaire (rotor) détermine donc l'alimentation des phases du stator, c'est-à-dire la position du champ statorique (et de ce fait la valeur instantanée de la tension à vide aux bornes d'une phase $\underline{E_V}$).

Le couple ne dépend plus alors que de l'amplitude du champ statorique (donc des courants d'alimentation), et de l'amplitude du champ rotorique (qui peut être fixe dans le cas des rotors à aimants ou variable pour la machine à inducteur bobiné) :

$$C_{em} = A\Phi_V I \cos\psi$$

Le réglage de l'angle d'autopilotage ψ est imposé par le capteur associé à un circuit électronique déphaseur.

Le moteur se comporte comme une MCC : c'est le déplacement du rotor qui commande les changements des courants statoriques. L'ensemble capteur de position + onduleur de courant joue le rôle de l'ensemble balais + collecteur.

La puissance transférée à la machine s'écrit : $P = \overline{u_m} I = C_{em}\Omega_S$. Or,

$$C_{em} = A\Phi_V I \cos\psi$$

Φ_V et ψ sont constants grâce au courant d'excitation et à l'autopilotage, d'où

$$\Omega_S = K\overline{u_m}$$

On commande donc la vitesse par la valeur moyenne U_0 de la tension fournie par la source continue à l'onduleur : $U_0 = -\overline{u_m}$.

Quand U_0 est maximum on peut augmenter Ω_S en réduisant I_e (fonctionnement à puissance constante).

On peut, si on le souhaite, fonctionner à « couple constant » en régulant la valeur de I.

À condition que la source continue soit réversible, la réversibilité ne pose pas de problème, tous les autres éléments du système étant réversibles.

Remarque : La valeur de ψ est déterminée en fonction de la nature des composants du pont alimentant le stator (thyristors ou transistors) et de critères comme la linéarité couple courant, le facteur de puissance et la puissance massique.

La tension aux bornes des phases de la machine est utilisée pour bloquer les thyristors (commutation assistée comme dans les redresseurs). Elle doit donc satisfaire un certain nombre de conditions afin que le blocage des composants soit efficace :

– valeur efficace suffisante ;

– tension aux bornes d'un thyristor négative pendant un temps supérieur à son t_q (caractéristique technique du thyristor : temps minimum pendant lequel il doit être soumis à une tension négative pour restaurer son pouvoir de blocage).

Avec un onduleur à thyristors, il faut donc prévoir des dispositifs de blocage pour le fonctionnement à basse vitesses et travailler à $\psi \leqslant 0$ afin de rester en commutation naturelle. L'utilisation des thyristors impose donc un déclassement de la machine vis-à-vis du couple nominal ($\psi \neq 0$).

Les thyristors permettant de contrôler des puissances élevées (jusqu'à quelques 10 MW), ce montage est notamment utilisé en traction électrique (TGV Atlantique).

c) *Moteur synchrone autopiloté : système à tension imposée*

La figure 6.29 donne le schéma de principe d'un tel dispositif.

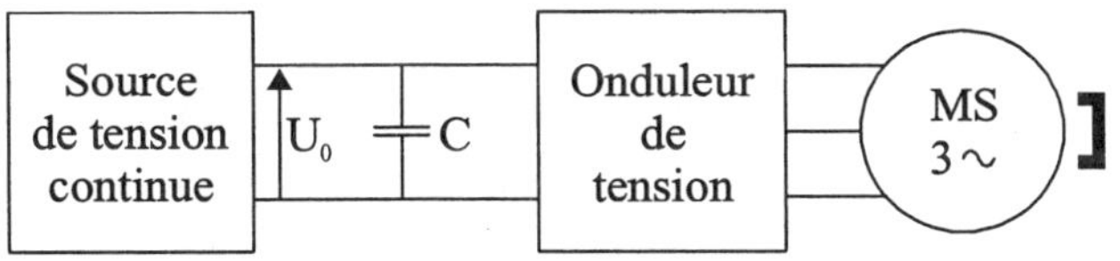

Figure 6.29 Schéma de principe d'un moteur synchrone autopiloté associé à un commutateur de tension.

La tension est appliquée aux bornes des enroulements de la machine en fonction des ordres du dispositif d'autopilotage. Le découpage peut être du type 180° (commande adjacente) ou 120°.

Le réglage du couple de la machine est possible en maintenant le rapport $\frac{V}{\omega}$ constant. La tension efficace V appliquée aux bornes de la machine dépend évidemment de la valeur de U_0 tension en sortie de la source continue.

Si cette dernière est obtenue à partir d'un redresseur commandé, le réglage de V s'effectue par l'intermédiaire de U_0, sans changer l'allure générale du découpage réalisé par l'onduleur.

Si U_0 est issue d'un redresseur à diodes, le réglage de V se fait par modulation de largeur d'impulsions (MLI). Dans ce cas, on superpose un signal de modulation à fréquence élevée aux commandes précédentes.

Les interrupteurs de l'onduleur de tension MLI sont commandés à l'amorçage et au blocage et il n'y a donc pas de problèmes de commutation aux basses vitesses comme dans le montage à thyristors.

Les courants statoriques sont ici quasi sinusoïdaux, ainsi il n'y a pas d'ondulation sur le couple électromagnétique, contrairement au montage utilisant des thyristors.

Le fait de pouvoir travailler avec un angle ψ nul, permet d'obtenir le couple maximum de la machine.

L'emploi de cette structure en forte puissance est limité par les performances des interrupteurs de l'onduleur MLI. Aujourd'hui les GTO permettent toutefois de contrôler des puissances de l'ordre du MW avec une fréquence de découpage de quelques centaines de Hertz.

L'inconvénient majeur de la structure considérée est évidemment la complexité du circuit de commande.

d) Conclusion

Pour $\psi = 0$ le comportement de la machine synchrone est similaire à celui d'une machine à courant continu.

Dans une MCC grâce au système balais collecteur, le courant change de sens dans chaque section (portion de bobinage située entre deux lames consécutives du collecteur) chaque fois que les lames correspondantes passent sous un balai.

La MSA est tout à fait comparable à une MCC classique, à excitation indépendante, possédant deux balais et 3 lames de collecteur (l'enroulement de chaque phase constituant l'équivalent d'une section).

Nous venons de voir les principales structures permettant la commande à vitesse variable de la machine synchrone.

L'association machine synchrone – pont à thyristors est aujourd'hui utilisée dans le domaine des *fortes puissances* (supérieure à quelques mégawatts : traction électrique, propulsion marine, compresseurs de forage…). Cette structure a notamment permis de faire de nets progrès par rapport aux entraînements réglés par moteur à courant continu dont la puissance était limitée par la présence du collecteur mécanique.

L'association machine synchrone – onduleur de tension MLI est largement utilisée dans les entraînements de *petites puissances* (quelques watts à quelques kilowatts) et notamment en robotique. Les machines sont généralement à aimant permanent. À couple électromagnétique égal, les moteurs synchrones grâce à l'absence de collecteur mécanique, permettent des vitesses de rotations plus élevées que les moteurs à courant continu.

De plus, du fait de l'absence de collecteur, les machines synchrones ont un moment d'inertie du rotor plus faible que les machines à courant continu, ce qui permet d'améliorer les performances dynamiques des systèmes entraînés.

Dans la gamme des *puissances moyennes* (entre quelques dizaines et quelques centaines de kilowatts), l'utilisation des machines synchrones est peu courante.

C'est ici le domaine de la *machine asynchrone* dont le coût de fabrication, dans le cas du rotor à cage, est environ deux fois plus faible que pour une machine synchrone.

Aujourd'hui, l'asservissement de vitesse d'un moteur asynchrone où le couple électromagnétique est contrôlé par la méthode du *flux orienté* a les mêmes performances qu'un asservissement numérique utilisant une machine synchrone autopilotée ou une machine à courant continu

Annexe 2

Élaboration de la commande de la machine synchrone auto pilotée alimentée par un onduleur de courant

Objectif : maintenir un angle fixe entre le champ magnétique à vide $\overrightarrow{B}_V$, lié au rotor et le champ magnétique induit $\overrightarrow{B}_i$.

> ***Remarque :*** Dans le cas d'un régime sinusoïdal, l'angle entre les champs est $\gamma = 90 - \Psi$, l'angle d'autopilotage retenu sera donc Ψ. Cependant, les courants n'étant pas sinusoïdaux, Ψ est défini comme le déphasage du fondamental du courant d'une phase statorique par rapport à la f.é.m. correspondante.

Hypothèses :

- la machine bipolaire triphasée est à répartition spatiale sinusoïdale ; elle n'est pas saturée ;
- le courant I issu de la source d'alimentation est parfaitement constant ;
- le rotor coïncide avec l'axe de la bobine 1 à l'instant initial.

A2.1 ANALYSE AVEC L'ANGLE DE PILOTAGE $\Psi = 0$.

A2.1.1 Étude chronologique

a) Étape 1 : composants K'_2 et K_1 (bobinages 2 et 1)

Les bobinages 2 et 1 sont alimentés, leurs champs respectifs s'additionnent. Par conséquent, le champ statorique $\overrightarrow{B}_i$ est dans l'axe des spires du bobinage 3 qui n'est pas alimenté.

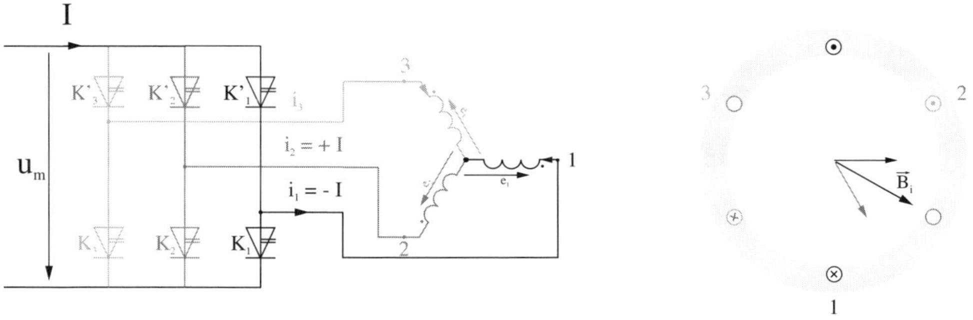

Figure A2.1

Pour faire avancer le champ statorique $\overrightarrow{B_i}$, il faut :

– alimenter le bobinage 3, c'est-à-dire rendre conducteurs les composants K'_3 et K_1 ;

– supprimer l'alimentation de la phase 2, c'est-à-dire bloquer le composant K'_2.

b) Étape 2 : composants K_1 et K'_3 (bobinages 3 et 1)

En alimentant K'_3 et K_1, $\overrightarrow{B}_i$ avancera encore de 60°.

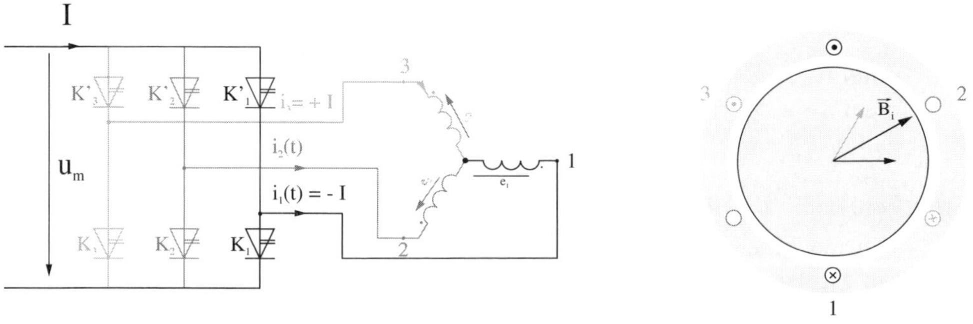

Figure A2.2

c) Étape 3 : K'_3 et K_2 (bobinages 3 et 2)

En poursuivant ce raisonnement, on peut faire avancer le champ statorique $\overrightarrow{B}_i$ par pas de 60°.

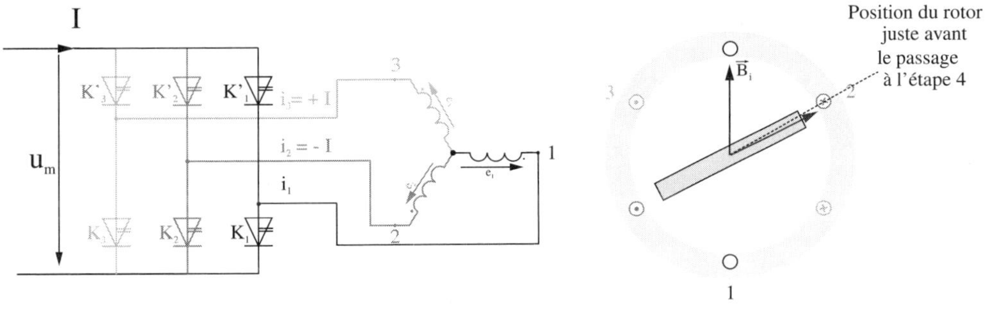

Figure A2.3

Pour que la machine soit autopilotée, il faut que ce soit le rotor qui déclenche le passage d'une étape à l'autre.

L'angle γ entre les champs $\overrightarrow{B_i}$ et $\overrightarrow{B_v}$ est de 60° à la fin de l'étape 3.

d) Étape 4 : composants K'_1 et K_2 (bobinages 1 et 2)

L'angle γ entre les champs $\overrightarrow{B_i}$ et $\overrightarrow{B_v}$ vaut 120° au début de l'étape 4. Dès que le rotor arrive à 60° de $\overrightarrow{B_i}$, il faut changer d'étape : ici, bloquer K_2 et amorcer K_3.

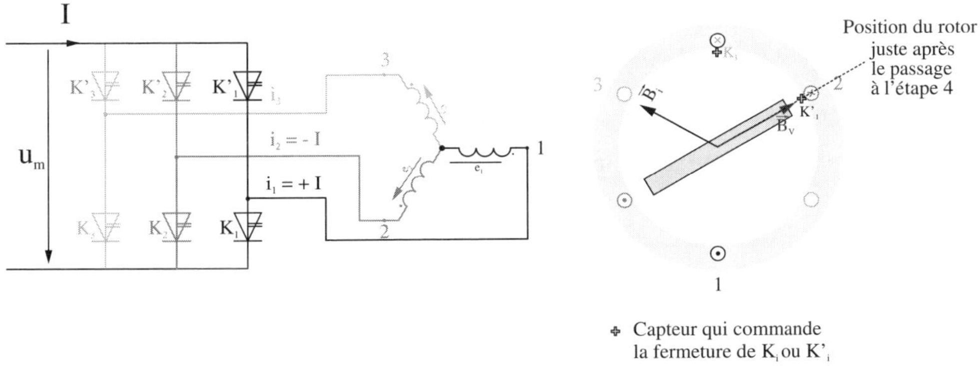

Figure A2.4

e) Étape 5 : composants K'_1 et K_3 (bobinages 1 et 3)

Au cours d'une étape, l'angle γ entre les champs $\overrightarrow{B_i}$ et $\overrightarrow{B_v}$ varie de 120° à 60° : en moyenne il vaut 90°.

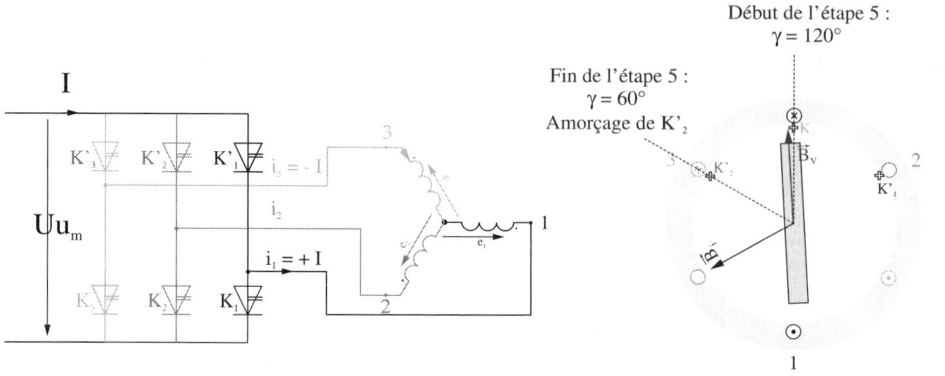

Figure A2.5

f) Étape 6 : composants K_2' et K_3, (bobinages 2 et 3)

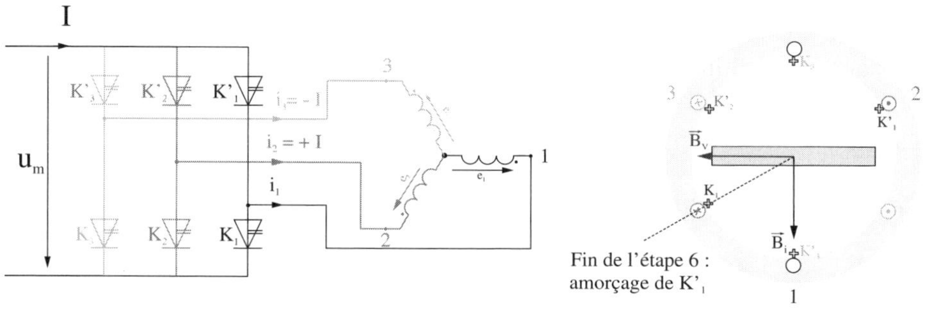

Figure A2.6 G

Remarque : Au cours de cette étape, le rotor passe à nouveau par la position initiale (voir figure A2.6), il a fait un tour complet.

g) Étape 7 : composants K_1 et K_2', (bobinages 2 et 1)

Cette étape est identique à l'étape 1.

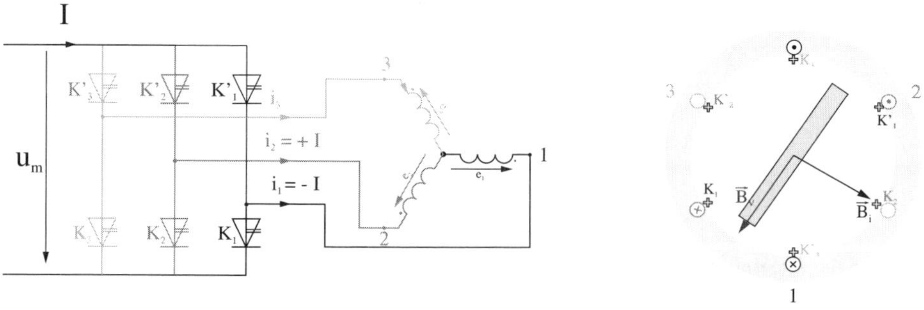

Figure A2.7

A2.1.2 Analyse des grandeurs électriques

a) Les courants

En « aiguillant » le courant de manière judicieuse dans les enroulements du stator, on reconstitue un système triphasé de courants (non sinusoïdal). Ces courants sont identiques à ceux qui circulent dans les lignes lorsqu'un pont redresseur à six diodes alimente une charge dont le courant est parfaitement lissé.

Comme c'est le passage du rotor qui déclenche l'alimentation des bobinages, la machine ne peut pas décrocher.

		Étape 1	Étape 2	Étape 3	Étape 4	Étape 5	Étape 6	Étape 7
	0° 30°	90°	150°	210°	270°	330°	420°	
$i_1(t)$	0	– I	– I	0	+ I	+ I	0	– I
$i_2(t)$	+ I	+ I	0	– I	– I	0	+ I	+ I
$i_3(t)$	– I	0	+ I	+ I	0	– I	– I	0

b) Les f.é.m.

Il faut tout d'abord établir l'expression des f.é.m. instantanées.

En $t = 0$, le rotor est dans l'axe de la bobine 1, le flux y est maximal :

$$n_S \phi_{V1}(t) = n_S \widehat{\phi_V} \cos \omega t$$

Nous travaillons en convention récepteur donc la f.é.m. $e_1(t)$ est en avance de 90° par rapport au flux :

$$e_1(t) = n_S \frac{\mathrm{d}\phi_{V1}(t)}{\mathrm{d}t} = -n_S \omega \widehat{\phi_V} \sin \omega t = -\widehat{E_V} \sin \omega t$$

Les grandeurs électriques relatives à la phase 1 s'établissent donc comme sur la figure A.2.8 : (voir page suivante).

On constate que le courant $i_{1f}(t)$ fondamental de $i_1(t)$ est en phase avec $e_1(t)$: $\Psi = 0$, on travaille à couple moyen maximal.

> ***Remarque :*** L'angle γ entre les champs $\overrightarrow{B_i}$ et $\overrightarrow{B_v}$ varie de 120° à 60° : en moyenne il vaut 90°. L'angle Ψ vaut 0°, on constate que l'on retrouve une relation du même type que celle obtenue en régime sinusoïdal mais elle lie ici la valeur moyenne de γ à Ψ : $\overline{\gamma} = 90 - \Psi$.

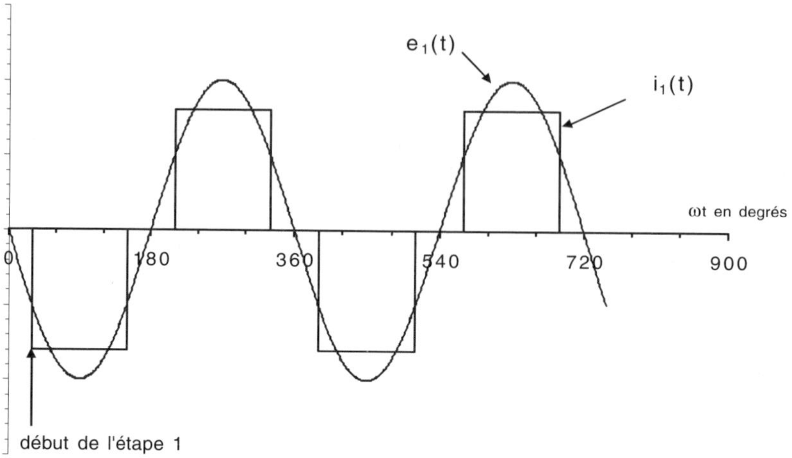

Figure A2.8 Grandeurs électriques relatives à la phase 1.

A2.1.3 Étude du couple électromagnétique

a) Couple et champs magnétiques

L'angle γ entre les champs $\overrightarrow{B_i}$ et $\overrightarrow{B_v}$ est de 120° au début d'une étape, puis il diminue, passe par la valeur 90° (qui correspond au couple maximum) et vaut 60° à la fin de l'étape.

Le couple électromagnétique est de la forme : $c_{\text{em}}(t) = kI \sin \gamma(t)$, il n'est donc pas constant mais présente une ondulation.

Exemple. Étape 1

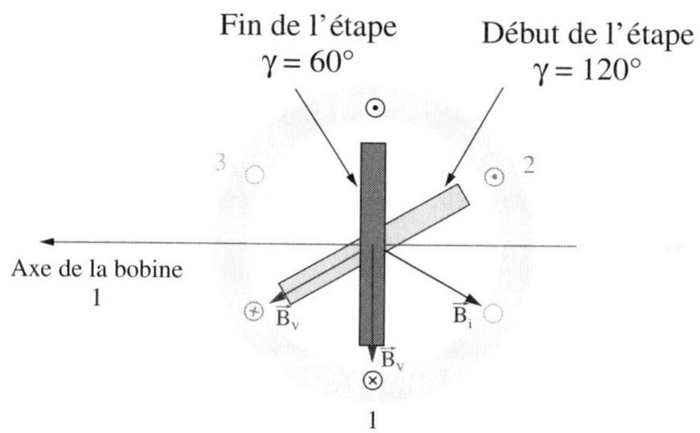

Figure A2.9

En $t = 0$, le rotor est dans l'axe de la bobine 1, les deux champs sont perpendiculaires, ($\gamma = 90°$), le couple est maximal (voir figure A2.6).

On en déduit l'allure du couple électromagnétique instantané représenté sur la figure A2.9 :

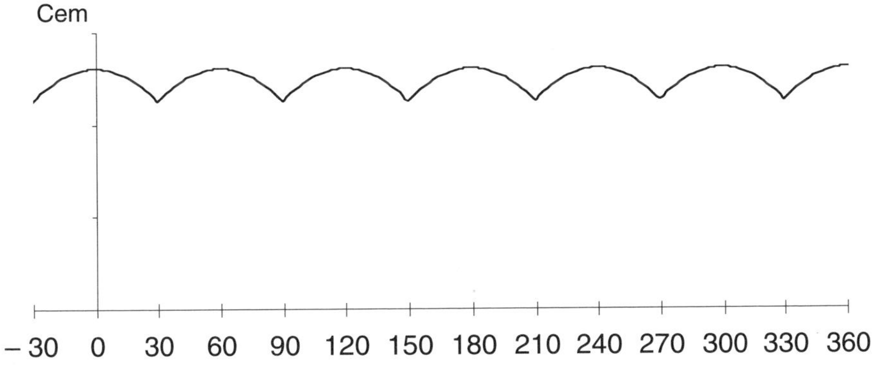

Figure A2.10 Couple électromagnétique en fonction de la position du rotor.

La valeur moyenne de γ est 90°, celle de Ψ est donc 0 : on travaille ici à couple moyen maximal : $C_{\text{em}} = kI \cos \Psi$.

c) Couple et puissance électromagnétique

On peut aussi exprimer le couple électromagnétique à partir de la puissance électromagnétique instantanée :

$$c_{\text{em}}(t) = \frac{e_1(t)i_1(t) + e_2(t)i_2(t) + e_3(t)i_3(t)}{\Omega_S}$$

Si l'on complète les graphes de la phase 1 par les f.é.m. des phases 2 et 3, on obtient la figure A2.11.

Le couple est périodique de période 60°. On peut établir son expression entre – 30° et + 30° par exemple.

Sur cet intervalle, $i_1(t) = 0$, $i_2(t) = +I$, $i_3(t) = -I$ d'une part et $e_2(t) = -n_S\omega\widehat{\phi_v} \sin(\omega t - 120)$, $e_3(t) = -n_S\omega\widehat{\phi_v} \sin(\omega t + 120)$ d'autre part.

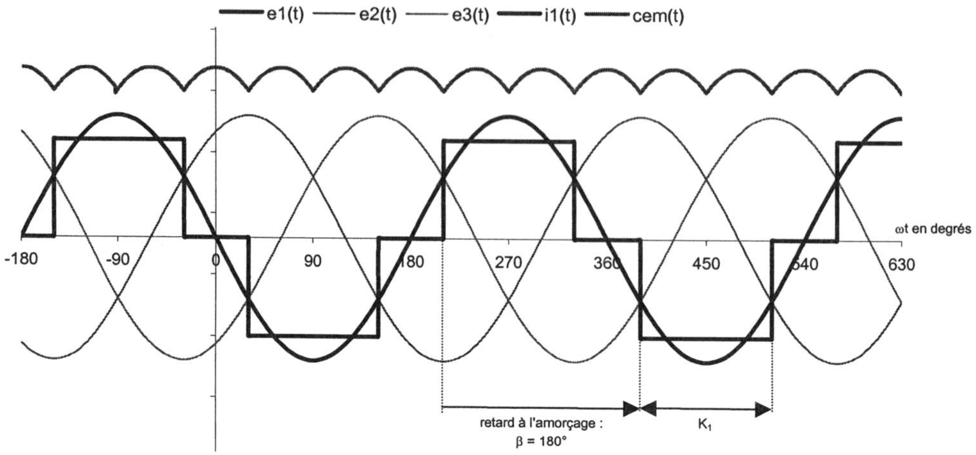

Figure A2.11

Cela donne pour le couple électromagnétique :

$$c_{\text{em}}(t) = \left(-\frac{n_S \omega \widehat{\Phi}_v}{\Omega_S} \sin(\omega t - 120) \right) I + \left(\frac{n_S \omega \widehat{\Phi}_v}{\Omega_S} \sin(\omega t + 120) \right) I,$$

Par linéarisation on obtient : $c_{\text{em}}(t) = \sqrt{3} n_S p \widehat{\phi}_v I \cos(\omega t)$.

> ***Remarque :*** Ces graphes correspondent à une commande des composants du pont onduleur avec un angle de retard de 180° (on peut constater qu'il est indispensable d'utiliser des composants commandés au blocage, des thyristors ne conviendront pas).

A2.2 CAS PARTICULIER DU MONTAGE ONDULEUR À THYRISTORS

Dans le cas (TGV Paris/Sud-Ouest par exemple) où l'onduleur est réalisé avec des thyristors, il est indispensable que le courant dans une phase soit en avance par rapport à la f.é.m. correspondante afin que les composants puissent se bloquer.

Examinons le cas d'un angle $\Psi = -30°$.

A2.2.1 Les grandeurs électriques

Pour que $\Psi = -30°$, il faut que le fondamental de $i_1(t)$ soit en avance de 30° sur la f.é.m. à vide $e_1(t)$ (voir figure A2.12).

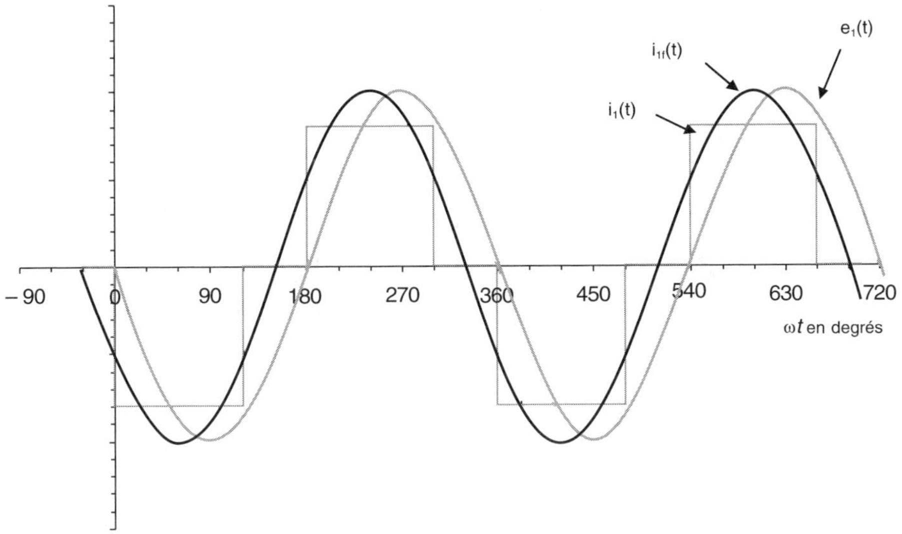

Figure A2.12 Courants et tensions dans la phase 1.

Pour cela, il faut que la phase 1 soit alimentée 30° plus tôt que dans le cas précédent : l'étape 1 commence donc en $t = 0$.

Pour ce faire, il suffit de décaler les capteurs de 30° ainsi que le montre la figure A2.13 (ou de déphaser le signal obtenu par les capteurs dans le cas précédent).

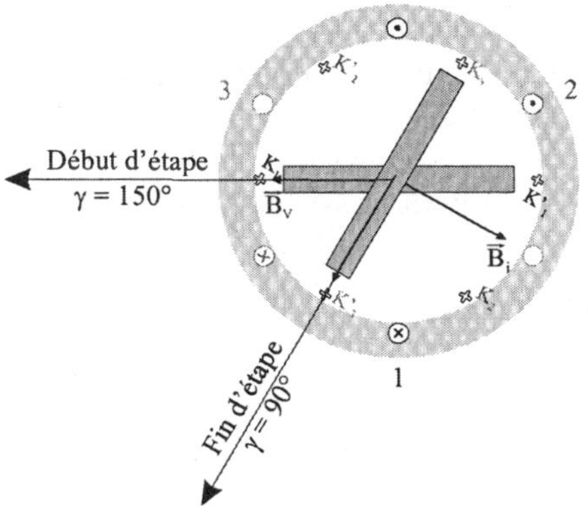

Figure A2.13

A2.2.2 Le couple électromagnétique

L'angle γ entre les champs $\overrightarrow{B_i}$ et $\overrightarrow{B_v}$ varie entre 150° et 90°, sa valeur moyenne est donc 120° : $\Psi = 90° - \overline{\gamma} = -30°$.

Le couple électromagnétique est de la forme $c_{em}(t) = kI \sin \gamma(t)$, il n'est donc pas constant mais présente une ondulation plus importante que dans le cas précédent (voir figure A2.14) :

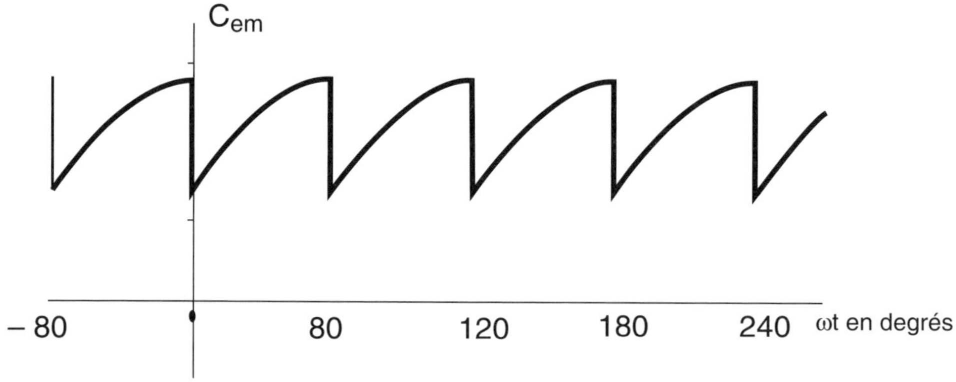

Figure A2.14

On retrouve la relation $C_{em} = kI \cos \Psi$ pour la valeur moyenne du couple électromagnétique.

> ***Remarque :*** Pour des applications où la charge mécanique présente une faible inertie, une telle structure est mal adaptée parce qu'il y a une ondulation importante sur le couple électromagnétique instantané. Afin de supprimer les ondulations de couple, il faut alimenter la machine synchrone par des courants sinusoïdaux grâce à un onduleur de tension commandé en Modulation de Largeur d'Impulsion (MLI).

Comme précédemment, on peut aussi raisonner à partir de la puissance électromagnétique.

Si l'on complète le graphe correspondant au fonctionnement de la phase A, par les tensions des deux autres phases, on obtient les courbes de la figure A2.15.

> ***Remarque :*** Elles sont identiques à celles que l'on obtient en sortie d'un PD3 commandé avec un angle de retard β (150° dans notre exemple).
>
> Plus généralement, les thyristors sont amorcés avec un angle de retard $\beta = 180° + \Psi$.

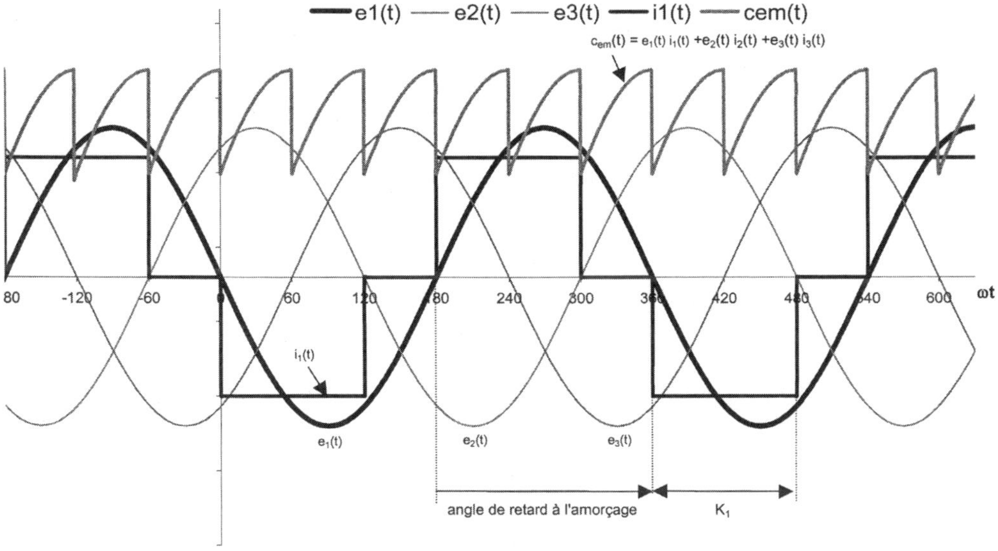

Figure A2.15

En reprenant le raisonnement du paragraphe précédent, on peut établir l'expression du couple instantané à partir des grandeurs électriques : elle est identique à celle obtenue précédemment mais l'intervalle de validité est décalé de Ψ. Ce qui donne entre $(-30° + \Psi)$ et $(+30° + \Psi)$:

$$c_{\text{em}}(t) = \sqrt{3}n_S p\widehat{\Phi}_v I\cos(\omega t).$$

Le calcul de sa valeur moyenne conduit au résultat suivant :

$$C_{\text{em}} = \sqrt{3}n_S p\widehat{\Phi}_v I\cos\Psi = A\widehat{\Phi}_v I\cos\Psi$$

A2.2.3 Grandeurs de commande de la machine

Puisque l'on néglige les pertes statoriques, la puissance électromagnétique transférée à la machine s'écrit :

$$P_{\text{em}} = \overline{u}_m I = C_{\text{em}}\Omega_S$$

Or on vient de voir que : $C_{\text{em}} = kI\cos\Psi = A\widehat{\Phi}_V I\cos\Psi$.

On en déduit que : $\overline{u}_m = A\Omega_S\widehat{\Phi}_V \cos\Psi$.

Or compte tenu de la configuration du montage (voir figure 6.28), la relation entre les tensions est la suivante :

$$U_0 = L\frac{\mathrm{d}i}{\mathrm{d}t} - u_m(t)$$

On travaille en régime périodique d'où la relation qui lie les valeurs moyennes :

$$U_0 = -\overline{u}_m$$

On aboutit donc à deux relations suivantes :

$$\Omega_S = \frac{U_0}{A\widehat{\Phi}_V \cos\Psi}$$

$$C_{\mathrm{em}} = A\widehat{\Phi}_V\, I \cos\Psi$$

À condition de maintenir le flux à vide constant dans la machine et l'angle d'autopilotage Ψ constant, la vitesse de la machine est proportionnelle à la tension d'alimentation continue U_0, le couple électromagnétique est proportionnel au courant d'alimentation continu I, comme dans une machine à courant continu.

Remarque : On a vu sur les deux cas particuliers étudiés que $\beta = 180° + \Psi$, ce qui donne : $U_0 = -\overline{u}_m = -\dfrac{3\sqrt{3}\widehat{E}_V}{\pi}\cos\beta = \dfrac{3\sqrt{3}\widehat{E}_V}{\pi}\cos\Psi$.

Dans le cas où la tension U_0 est obtenue par l'intermédiaire d'un pont redresseur PD3 entièrement commandé (angle de retard α) on a de plus $U_0 = \dfrac{3\sqrt{3}\widehat{V}_{\mathrm{secteur}}}{\pi}\cos\alpha$ et $-\overline{u}_m = \dfrac{3\sqrt{3}\widehat{E}_V}{\pi}\cos\Psi$.

De l'égalité précédente on déduit :

$$U_0 = \frac{3\sqrt{3}\widehat{V}_{\mathrm{secteur}}}{\pi}\cos\alpha = \frac{3\sqrt{3}\widehat{E}_v}{\pi}\cos\Psi = -\overline{u}_m$$

d'où $V_{\mathrm{secteur}}\cos\alpha = E_V\cos\Psi$.

Chapitre 7

La machine asynchrone triphasée

7.1 GÉNÉRALITÉS

7.1.1 Principe de fonctionnement

Si l'on remplace le rotor d'une machine synchrone par un cylindre conducteur mobile autour de son axe, on constate qu'il se met en rotation à une vitesse inférieure à la vitesse de synchronisme. Il tourne dans un sens lorsque le stator est alimenté par un système de tensions triphasé équilibré direct, en sens inverse si on intervertit deux phases (système de tensions triphasé équilibré inverse).

Les courants de Foucault et la loi de Lenz permettent d'interpréter ce phénomène. Le système des courants triphasé statorique donne naissance à un champ tournant à la vitesse de synchronisme Ω_S.

Ce champ magnétique induit dans le cylindre rotorique des courants de Foucault dont l'effet, d'après la loi de Lenz, doit s'opposer à la rotation du champ d'origine statorique par rapport au rotor.

Le cylindre se met donc en rotation, sa vitesse tendant vers la vitesse de synchronisme sans jamais l'atteindre. En effet, s'il tourne à la vitesse de synchronisme il ne « voit » plus de variation de champ, donc il n'y a plus de courant induit.

Plus de courants induits, plus de couple… et le rotor a tendance à ralentir, donc il voit à nouveau un champ variable qui crée des courants induits, donc un couple moteur, etc.

Un équilibre dynamique s'établit et le rotor tourne à la vitesse $\Omega < \Omega_S$.

De la même façon, si on l'entraîne à une vitesse supérieure à Ω_S, le stator tend à ramener sa vitesse à la vitesse de synchronisme, le rotor est donc freiné, c'est un fonctionnement en génératrice.

De telles machines, qui ne développent un couple que pour des vitesses différentes de la vitesse de synchronisme, sont dites machines asynchrones ou à induction.

7.1.2 Constitution

Dans quel matériau fabriquer le rotor ? La seule contrainte théorique est qu'il soit conducteur. Pour obtenir un couple moteur important, le champ magnétique doit être le plus grand possible. Pour augmenter le rendement de la machine, il convient de minimiser les pertes :

- tout cuivre, le champ magnétique s'effondrera et le couple avec ;
- tout ferromagnétique le champ sera satisfaisant mais les pertes Joule liées aux courants induits seront énormes.

Pour ces raisons, le rotor et le stator seront constitués de matériaux ferromagnétiques et l'entrefer sera le plus étroit possible (de 0,2 mm à 3 mm suivant la puissance de la machine).

Ils seront feuilletés afin de limiter les pertes par courant de Foucault.

Nous considérerons dans ce chapitre que le circuit magnétique n'est pas saturé.

a) Le stator

Il est identique à un stator d'alternateur. C'est une armature cylindrique fixe, qui porte un bobinage triphasé, alimenté par une source triphasée équilibrée de fréquence f.

b) Le rotor

Les courants induits « utiles » rotoriques seront canalisés par un enroulement qui peut se présenter sous deux formes :

- le *rotor à cage* dont l'enroulement est constitué par des barres conductrices logées dans des encoches uniformément réparties à la périphérie du rotor. Elles sont court-circuitées en permanence par deux anneaux conducteurs situés aux deux extrémités du cylindre rotorique (figure 7.1.a). Ce rotor est simple et robuste mais ses paramètres sont figés.
- Le *rotor à bagues* (ou rotor bobiné) plus complexe est muni d'un enroulement triphasé, composé de bobines multispires logées dans des encoches. L'enroulement généralement couplé en étoile est connecté à trois bagues conductrices isolées les

unes des autres sur lesquelles viennent frotter des balais en graphite, permettant un accès électrique au rotor (figure 7.1.b).

On peut ainsi, par action sur le rotor, obtenir des variations de vitesse ou bien certaines caractéristiques de démarrage ou de freinage.

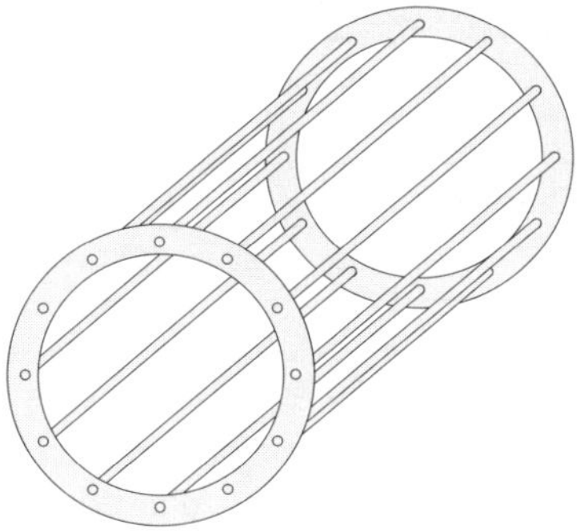

Figure 7.1a Rotor à cage.

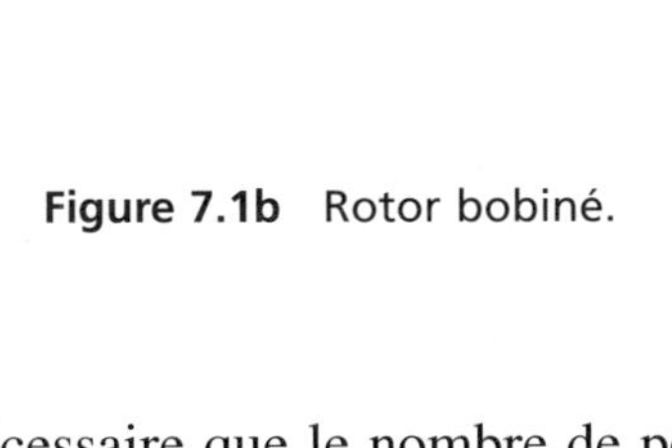

Figure 7.1b Rotor bobiné.

Remarque : Il est nécessaire que le nombre de pôles soit identique au rotor et au stator. Une cage est équivalente à un bobinage polyphasé couplé en étoile, le nombre de phases étant égal au nombre de barres. De plus, à condition que le nombre de barres soit suffisamment grand (supérieur à 8 fois le nombre de paires de pôles), ce qui est le cas général, la cage a la propriété de prendre automatiquement le même nombre de pôles que le bobinage du stator. Dans le cas du rotor bobiné, le nombre de pôles est fixé à la construction.

7.1.3 Analyse qualitative du fonctionnement

a) Vitesse des champs tournants

Envisageons le cas où le rotor tourne à une vitesse $\Omega < \Omega_S$.

Stator	Rotor
3 phases $2p$ poles	Bobiné : 3 phases $2p$ pôles — Cage : x phases $2p$ pôles
Il ne tourne pas mais crée un champ $\overrightarrow{B}_S$ tournant à Ω_S	Il tourne à $\Omega \neq \Omega_S$ et voit tourner le champ $\overrightarrow{B}_S$ à $\Omega_r = \Omega_S - \Omega = \Delta\Omega$
Les courants statoriques sont de pulsation ω telle que $\omega = p\Omega_S$	Les courant induits sont de pulsation ω_r telle que $\omega_r = p(\Omega_S - \Omega) = p\Delta\Omega$
	Création d'un champ induit $\overrightarrow{B}_r$ **qui tourne à** $\Omega_r = \dfrac{\omega_r}{p}$ **par rapport à sa source : le rotor.**

$\overrightarrow{B}_r$ tourne par rapport au rotor à :

$\Omega_r = \Omega_S - \Omega$, le rotor tourne par rapport au stator à : Ω.

Donc le champ $\overrightarrow{B}_r$ tourne/stator à : $\Omega_r + \Omega = \Omega_S$.

Les deux champs tournent à la même vitesse, ils sont synchrones :

- il y aura donc un couple moyen non nul ;
- nous pourrons représenter des diagrammes de Fresnel : $\overrightarrow{B}_s + \overrightarrow{B}_r = \overrightarrow{B}_{res}$.

On aboutirait au même résultat pour une vitesse $\Omega > \Omega_S$, la pulsation des courants rotoriques devenant alors $\omega_r = p(\Omega - \Omega_S)$.

b) Notion de glissement

Nous définissons le glissement g du rotor par rapport au champ tournant, comme l'écart relatif de la vitesse de rotation à la vitesse de synchronisme :

$$g = \frac{\Omega_S - \Omega}{\Omega_S} = \frac{n_S - n}{n_S}$$

- au synchronisme $\Omega = \Omega_S$, $g = 0$;
- à l'arrêt et donc en début de démarrage $\Omega = 0$, $g = 1$
- à vide $\Omega \cong \Omega_S$, $g \cong 0$
- à $\Omega > \Omega_S$ $g < 0$ génératrice
- au point nominal $|g| =$ quelques %.

Remarque : Attention, la notion de glissement est à manipuler avec discernement car c'est une notion relative à Ω_S. Lorsque la machine est alimentée par un variateur, le glissement peut être constant alors que la vitesse varie.

c) Récapitulation

	Stator	Rotor
Vitesse du champ statorique $\overrightarrow{B}_S$ par rapport au :	Ω_S	$\Omega_r = \Omega_S - \Omega = \Delta\Omega = g\Omega_S$
Vitesse du champ rotorique $\overrightarrow{B}_r$ par rapport au :	$\Omega_r + \Omega = \Omega_S$	$\Omega_r = \Omega_S - \Omega = \Delta\Omega = g\Omega_S$
Pulsation des courants	$\omega = p\Omega_S$	$\omega_r = p(\Omega_S - \Omega) = g\Delta\Omega$

Remarque : En marche normale, la pulsation des courants rotoriques est faible, on négligera les pertes fer au rotor d'une machine asynchrone.

7.2 ÉTAT MAGNÉTIQUE DE LA MACHINE

Pour pouvoir prédéterminer le comportement de la machine, il est indispensable d'établir un (ou des) modèle(s) équivalent(s). Pour cela l'étape incontournable est le bilan des flux dans l'entrefer. Selon la finesse de l'analyse effectuée, on obtiendra un modèle plus ou moins réaliste (et donc plus ou moins complexe) de la machine.

Plus le modèle est « fin », plus le contrôle des performances du système qu'il permet (y compris en régime transitoire) est précis.

7.2.1 Hypothèses

La machine asynchrone considérée est bipolaire, à rotor bobiné et comporte respectivement n_S et n_r spires par phase au stator et au rotor. Elle n'est pas saturée.

On l'alimente par un système triphasé équilibré direct de tensions sinusoïdales de pulsation ω, son stator est supposé couplé en étoile.

Le rotor tourne à la vitesse constante Ω, la vitesse de synchronisme est $\Omega_S = \dfrac{\omega}{p}$.

$\phi_S(t)$ désigne le flux par spire au stator, $\phi_r(t)$ le flux par spire au rotor.

Les courants positifs engendrent des flux positifs (figure 7.2), les bobinages au stator et au rotor sont orientés en convention récepteur.

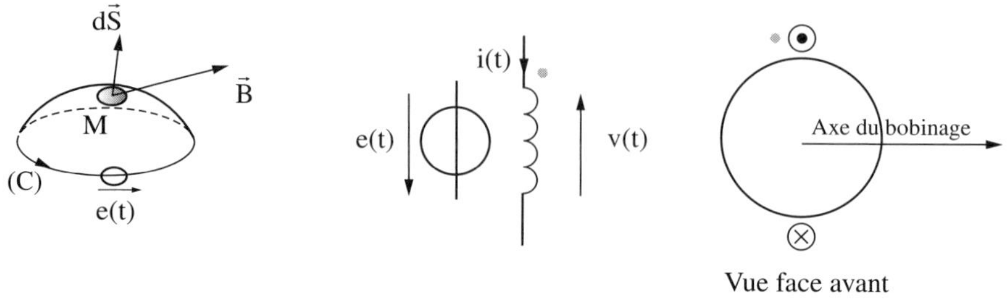

Figure 7.2 Convention de flux.

Le système de courants rotoriques est triphasé équilibré de pulsation ω_r.

L'axe de la bobine 1 du rotor coïncide avec l'axe de la bobine 1 du stator à l'instant $t = 0$.

7.2.2 Bilan des flux à travers la bobine 1 du stator

Le flux total à travers la bobine 1 du stator est :

$$n_S\phi_{S1}(t) = n_S\phi_{S\to S1}(t) + n_S\phi_{r\to S1}(t) \quad (1)$$

$n_S\phi_{S\to S1}(t)$: flux créé par le stator à travers la bobine 1 du stator.

$n_S\phi_{r\to S1}(t)$: flux créé par le rotor à travers la bobine 1 du stator.

a) Influence du stator sur la bobine 1 du stator

Le stator de la MAS est identique à celui d'une machine synchrone (MS), cette partie du flux est donc identique dans les deux cas. Ce flux résulte de la superposition des flux créés par les courants respectifs $i_{S1}(\omega t)$, $i_{S2}(\omega t)$ et $i_{S3}(\omega t)$

$$n_S\phi_{S\to S1}(\omega t) = L_S i_{S1}(\omega t) + M_S i_{S2}(\omega t) + M_S i_{S3}(\omega t)$$

$$n_S\phi_{S\to S1}(\omega t) = (L_S - M_S) i_{S1}(\omega t)$$

$$n_S\phi_{S\to S1}(\omega t) = \mathcal{L}_S i_{S1}(\omega t) \quad (2)$$

$\mathcal{L}_S$ est l'inductance cyclique statorique.

b) Influence du rotor sur la bobine 1 du stator

Il s'agit ici d'un couplage entre des bobines différentes, donc de mutuelles $M_{i1}(t)$:

$$n_S \phi_{r \to S1}(t) = M_{11}(\Omega t) i_{r1}(\omega_r t) + M_{21}(\Omega t) i_{r2}(\omega_r t) + M_{31}(\Omega t) i_{r3}(\omega_r t)$$

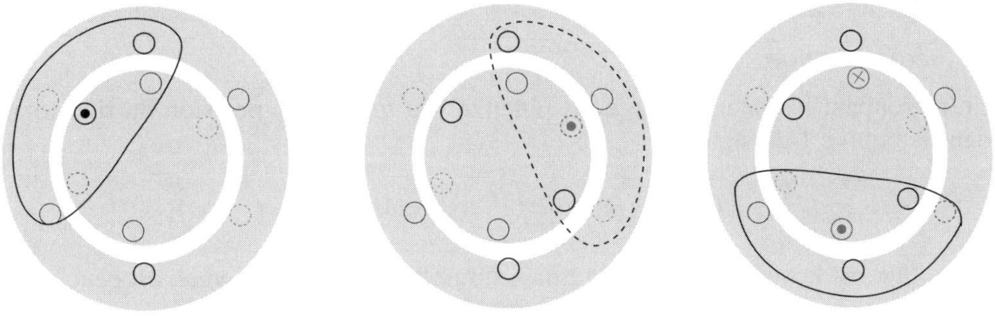

$M_{11}(\Omega t) i_{r1}(\omega_r t)$ $M_{21}(\Omega t) i_{r2}(\omega_r t)$ $M_{31}(\Omega t) i_{r3}(\omega_r t)$

Figure 7.3 Exemples de lignes de champ créées par le rotor à travers la bobine 1 du stator.

Par ailleurs la géométrie du système change puisque le rotor tourne ; donc ces mutuelles ne sont pas constantes :

$$M_{11}(t) = M_{SR} \cos(\Omega t) \quad \longleftrightarrow \quad i_{r1}(\omega_r t) = \hat{I}_R \cos(\omega_r t - \alpha_r)$$

$$M_{21}(t) = M_{SR} \cos\left(\Omega t - \frac{4\pi}{3}\right) \quad \longleftrightarrow \quad i_{r2}(\omega_r t) = \hat{I}_R \cos\left(\omega_r t - \alpha_r - \frac{2\pi}{3}\right)$$

$$M_{31}(t) = M_{SR} \cos\left(\Omega t - \frac{4\pi}{3}\right) \quad \longleftrightarrow \quad i_{r2}(\omega_r t) = \hat{I}_R \cos\left(\omega_r t - \alpha_r - \frac{4\pi}{3}\right)$$

On remplace les courants et les mutuelles par leurs expressions respectives dans l'expression de $\phi_{r \to S1}(t)$, puis on linéarise les produits de cosinus et on obtient :

$$n_S \phi_{r \to S1}(t) = \frac{3}{2} M_{SR} \hat{I}_R \cos[(\Omega + \omega_r)t - \alpha_r]$$

or ici la MAS est bipolaire donc $\omega_r = \Omega_S - \Omega$ d'où $\Omega + \omega_r = \Omega_S = \omega$

$$n_S \phi_{r \to S1}(\omega t) = \frac{3}{2} M_{SR} \hat{I}_R \cos(\omega t - \alpha_r)$$

on pose $M = \frac{3}{2} M_{SR}$

$$n_S \phi_{r \to S1}(\omega t) = M \hat{I}_R \cos(\omega t - \alpha_r) \qquad (3)$$

La pulsation du flux est celle des champs tournants, soit ω.

c) Récapitulation

En regroupant les deux expressions obtenues on trouve l'expression du flux total dans la bobine 1 du stator :

$$n_S \phi_{S1}(\omega t) = \mathcal{L}_S \hat{I}_S \cos(\omega t - \alpha_S) + M \hat{I}_R \cos(\omega t - \alpha_r)$$

Ce flux est la somme de deux termes sinusoïdaux de pulsation ω, on peut donc adopter une notation complexe plus compacte :

$$\boxed{n_S \underline{\Phi_{S1}}(\omega) = \mathcal{L}_S \underline{I}_{S1}(\omega) + M \underline{I_r}(\omega)} \qquad (4)$$

7.2.3 Bilan des flux à travers la bobine 1 du rotor

Le flux total à travers la bobine 1 du rotor est :

$$n_r \phi_{r1}(t) = n_r \phi_{S \to r1}(t) + n_S \phi_{r \to r1}(t) \qquad (1)'$$

$n_r \phi_{S \to r1}(t)$: flux créé par le stator à travers la bobine 1 du rotor.
$n_r \phi_{r \to r1}(t)$: flux créé par le rotor à travers la bobine 1 du rotor.

a) Flux créé par le rotor à travers la bobine 1 du rotor

On obtient des expressions identiques à celles du stator à ceci près qu'il faut remplacer les indices S (stator), par des r (rotor) et ω par ω_r. Si $\mathcal{L}_r$ est l'inductance cyclique rotorique le flux étudié s'écrit :

$$n_r \phi_{r \to r1}(\omega_r t) = (L_r - M_r) i_{r1}(\omega_r t)$$

$$n_S \phi_{r \to r1}(\omega_r t) = \mathcal{L}_r i_{r1}(\omega_r t) \qquad (2)'$$

b) Flux venant du stator

Pour le calcul qui suit, il faut reprendre des relations analogues à celles du paragraphe précédent en tenant compte du fait que vu du référentiel rotor, on voit tourner le stator à $(-\Omega)$.

Par ailleurs : $-\Omega + \omega = \omega_r$

$$n_r \phi_{S \to r1}(t) = M'_{11}(-\Omega t) i_{S1}(\omega t) + M'_{21}(-\Omega t) i_{S2}(\omega t) + M'_{31}(-\Omega t) i_{S3}(\omega t)$$

On retrouve des expressions du même type qu'au 7.2.2b, ce qui conduit à :

$$n_r \phi_{S \to r1}(\omega_r t) = \frac{3}{2} M_{SR} \hat{I}_S \cos(\omega_r t - \alpha_S), \text{ or } M = \frac{3}{2} M_{SR}$$

$$n_r \phi_{S \to r1}(\omega_r t) = M \hat{I}_S \cos(\omega_r t - \alpha_S) \qquad (3)'$$

c) Récapitulation

En regroupant les deux expressions obtenues on trouve l'expression du flux total dans la bobine 1 du rotor :

$$n_r \phi_{r1}(\omega_r t) = \mathcal{L}_r \hat{I}_R \cos(\omega_r t - \alpha_r) + M \hat{I}_s \cos(\omega_r t - \alpha_S)\omega$$

Ce flux est la somme de deux termes sinusoïdaux **de pulsation** ω_r, on peut donc adopter une notation complexe plus compacte :

$$\boxed{n_S \underline{\Phi_{r1}}(\omega_r) = \mathcal{L}_r \underline{I_{r1}}(\omega_r) + M \underline{I_S}(\omega_r)} \qquad (4)'$$

Cette relation est parfaitement symétrique de celle obtenue pour le stator mais elle est de *pulsation différente* : ω_r.

7.3 MODÈLES ÉQUIVALENTS

À partir des différents bilans des flux on peut obtenir des modèles équivalents distincts :

- modèles aux inductances de fuites globalisées au rotor qui rejoint le modèle « classique » ;
- modèle aux inductances de fuites globalisées au stator à partir duquel on peut avoir une approche du contrôle vectoriel.

Ces relations sont représentatives du comportement des trois phases de la machine, on peut donc supprimer l'indice 1 et travailler sur un modèle par phase de la machine.

7.3.1 Modèle équivalent aux mutuelles

Remarque : La relation traduisant le comportement du stator est obtenue à partir de l'observation dans le référentiel statorique (fixe) ; les grandeurs sont sinusoïdales de pulsation ω, celle traduisant le comportement du rotor (gras) est obtenue à partir de l'observation dans le référentiel rotorique (mobile) ; les grandeurs sont sinusoïdales de pulsation ω_r.

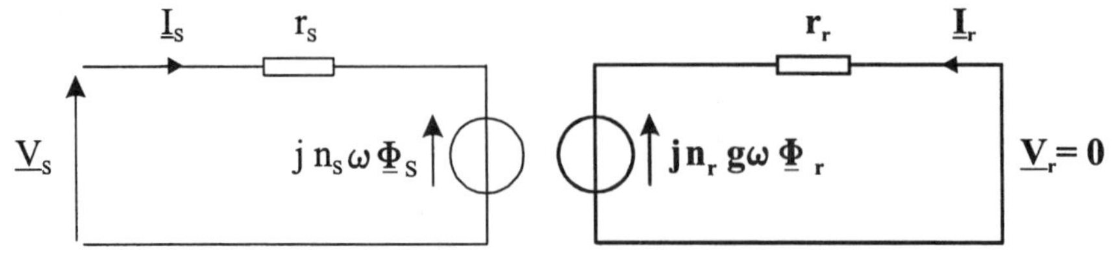

Figure 7.4 Modèle équivalent des bobinages vus de leur propre référentiel.

En tenant compte de la résistance r_S des bobinages statoriques et de r_r, celle des bobinages rotoriques :

$$\begin{cases} v_S(\omega t) = r_S i_S(\omega t) + n_S \dfrac{\mathrm{d}\phi_S(\omega t)}{\mathrm{d}t} \\ \boldsymbol{v_r(\omega_r t) = r_r i_r(\omega_r t) + n_r \dfrac{\mathrm{d}\phi_r(\omega_r t)}{\mathrm{d}t} = 0} \end{cases}$$

car le rotor est en court-circuit.

On en déduit les équations complexes suivantes (attention la pulsation est ω au stator et ω_r au rotor) :

$$\begin{cases} \underline{V_S} = r_S \underline{I_S} + j n_S \omega \underline{\Phi_S} \\ \boldsymbol{0 = r_r \underline{I_r} + j n_r \omega_r \underline{\Phi_r}} \end{cases}$$

En exploitant les expressions des flux établies précédemment et en remarquant que $\omega_r = p(\Omega_S - \Omega) = gp\Omega_S = g\omega$, on obtient :

$$\begin{cases} \underline{V_S} = r_S \underline{I_S} + j\mathcal{L}_S \omega \underline{I_S} + jM\omega \underline{I_r} \\ \boldsymbol{0 = r_r \underline{I_r} + j\mathcal{L}_r g\omega \underline{I_r} + jMg\omega \underline{I_S}} \end{cases}$$

Pour modéliser la machine asynchrone, il est d'usage de ramener rotor et stator dans un même référentiel, généralement au stator. Cela revient à remplacer le rotor réel par un rotor identique mais fixe, parcouru par des courants de même valeur efficace mais de pulsation ω. (Dans le référentiel fixe du stator les champs tournants sont observés à la vitesse Ω_S).

Pour cela on divise l'équation rotorique par g ce qui donne :

$$\begin{cases} \underline{V_S} = r_S \underline{I_S} + j\mathcal{L}_S \omega \underline{I_S} + jM\omega \underline{I_r} \\ \mathbf{0} = \dfrac{\boldsymbol{r_r}}{\boldsymbol{g}} \underline{\boldsymbol{I_r}} + \boldsymbol{j}\mathcal{L}_r \omega \underline{\boldsymbol{I_r}} + \boldsymbol{jM}\omega \underline{\boldsymbol{I_S}} \end{cases}$$

Remarque : La variation de flux s'interprète comme la force électromotrice apparaissant aux bornes des bobinages statorique et rotorique, tous deux en convention récepteur.

$$e_S(\omega t) = n_S \frac{\mathrm{d}\phi_S(\omega t)}{\mathrm{d}t}$$

On pose :

$$\boldsymbol{e_r(\omega_r t) = n_r \frac{\mathrm{d}\phi_r(\omega_r t)}{\mathrm{d}t}}$$

d'où $\underline{E_S} = jn_S\omega\underline{\Phi_S}$, $\underline{\boldsymbol{E_r}} = \boldsymbol{jn_r\omega_r}\underline{\boldsymbol{\Phi_r}}$ ou encore $\underline{E_S} = j\mathcal{L}_S\omega\underline{I_S} + jM\omega\underline{I_r}$, $\underline{E_r} = j\mathcal{L}_r\omega\underline{I_r} + jM\omega\underline{I_S}$

On déduit de ces équations le schéma équivalent aux inductances mutuelles de la figure 7.5.

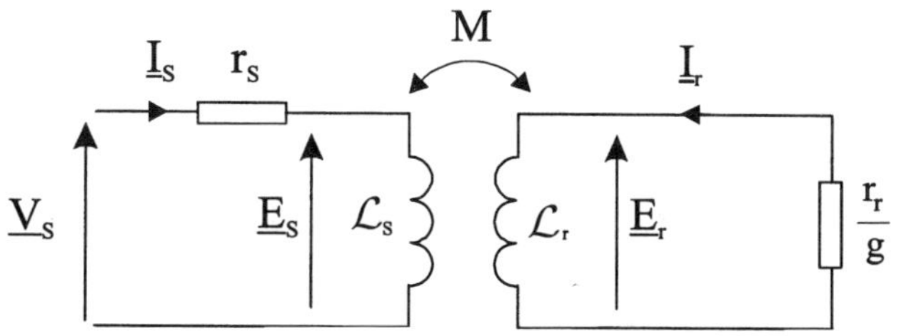

Figure 7.5 Schéma équivalent monophasé aux inductances mutuelles.

7.3.2 Modèle équivalent aux inductances de fuites globalisées au rotor

a) *Modèle sans pertes fer*

Hypothèse : On néglige les pertes fer au rotor *et au stator.*

➤ Au stator

Reprenons l'expression de la f.é.m. statorique : $\underline{E_S} = j\mathcal{L}_S\omega\underline{I_S} + jM\omega\underline{I_r}$.

On peut en déduire l'expression du courant absorbé au stator :

$$\underline{I_S} = \frac{\underline{E_S}}{j\mathcal{L}_S\omega} - \left(\frac{M}{\mathcal{L}_S}\right)\underline{I_r} \qquad (5)$$

La relation (5) est une loi des nœuds qui permet de distinguer deux composantes (respectivement notées $\underline{I_0}$ et $\underline{I_{\text{tr}}}$) dans le courant statorique :

– Lorsque la machine est entraînée à la vitesse de synchronisme, le courant rotorique est nul. Le courant absorbé au stator est $\underline{I_S} = \underline{I_0} = \dfrac{\underline{E_S}}{j\mathcal{L}_S\omega}$, c'est le courant magnétisant, L_S est donc l'inductance magnétisante, elle sera notée L_0.

– Lorsque la machine tourne à une vitesse quelconque, la relation (5) met en évidence un courant absorbé supplémentaire, proportionnel au courant rotorique : $\underline{I_{\text{tr}}} = \left(\dfrac{M}{\mathcal{L}_S}\right)\underline{I_r}$.

Si l'on pose $m = \dfrac{M}{\mathcal{L}_S}$ l'expression du courant absorbé au stator devient :

$$\underline{I_S} = \frac{\underline{E_S}}{j\mathcal{L}_S\omega} - m\underline{I_r} = \underline{I_0} - \underline{I_{\text{tr}}}.$$

➤ Au rotor

Reprenons l'expression de la f.é.m. rotorique : $\underline{E_r} = jL_r\omega\underline{I_r} + jM\omega\underline{I_S}$

En reportant l'expression précédente de $\underline{I_S}$ dans la relation au rotor on obtient :

$$\underline{E_r} = \left(\frac{M}{\mathcal{L}_S}\right)\underline{E_S} + j\mathcal{L}_r\omega\left(1 - \frac{M^2}{\mathcal{L}_S\mathcal{L}_r}\right)\underline{I_r}.$$

où l'on reconnaît :

– l'expression du coefficient de dispersion de Blondel $\sigma = 1 - \dfrac{M^2}{\mathcal{L}_S\mathcal{L}_r}$ qui permet d'estimer les fuites de flux de deux bobines couplées ; $\mathcal{L}_f = \sigma\mathcal{L}_r$ est donc l'inductance de fuites globalisées au rotor ;

– une f.é.m. $\underline{E'_r} = m\underline{E_S}$ où $m = \dfrac{M}{\mathcal{L}_S}$ est le facteur de proportionnalité rencontré au paragraphe précédent.

On a donc au rotor :

$$\underline{E_r} = m\underline{E_S} + j\sigma\mathcal{L}_r\omega\underline{I_r} \qquad (5)'$$

Cette relation est une loi des mailles qui permet d'interpréter la f.é.m. rotorique comme la mise en série d'une f.é.m. (proportionnelle à la f.é.m. statorique) avec une inductance σL_r parcourue par le courant rotorique.

Les équations traduisant le fonctionnement de la machine sont donc :

$$\begin{aligned} \underline{V_S} &= r_s\underline{I_S} + j\mathcal{L}_S\omega\underline{I_0} \\ \underline{I_0} &= \underline{I_S} + \underline{I_{\text{tr}}} \\ 0 &= \underline{E'_r} + j\mathcal{L}_f\omega\underline{I_r} + \frac{r_r}{g}\underline{I_r} \end{aligned}$$

Elles permettent d'établir le schéma équivalent de la figure 7.6.a.

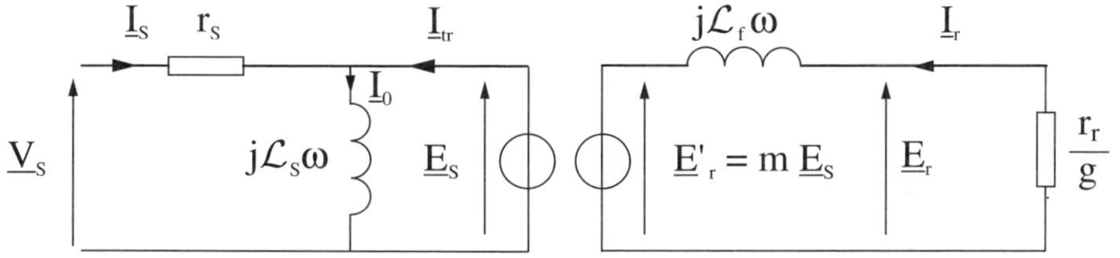

Figure 7.6a Modèle équivalent vu du référentiel statorique.

De plus on peut remarquer que $\underline{I_{\text{tr}}} = m\underline{I_r}$ et $\underline{E'_r} = m\underline{E_S}$ sont des expressions analogues à celles que l'on obtient aux bornes d'un transformateur parfait de rapport de transformation $m = \dfrac{M}{\mathcal{L}_S}$.

Les équations traduisant le fonctionnement de la machine s'écrivent alors :

$$\begin{aligned} \underline{V_S} &= r_S + \underline{E_S} \\ \underline{I_S} &= \underline{I_0} - m\underline{I_r} \\ 0 &= \frac{r_r}{g}\underline{I_r} + j\mathcal{L}_f\omega\underline{I_r} + m\underline{E_S} \end{aligned}$$

On en déduit le modèle équivalent de la figure 7.6b.

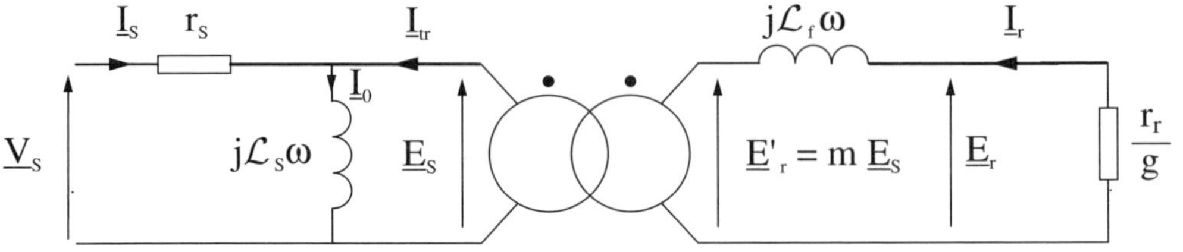

Figure 7.6b Modèle équivalent du type transformateur.

Remarque : Si on néglige la résistance du bobinage stator r_s, on obtient $\underline{V_S}(\omega) \sim \underline{E_S}(\omega) = jn_S\omega\underline{\Phi_S}(\omega)$ soit $\underline{\Phi_S}(\omega) \cong \dfrac{\underline{V_S}(\omega)}{jn_S\omega}$, le flux est forcé par la tension statorique.

b) Modèle avec pertes fer au stator

Les pertes ferromagnétiques sont de deux types :

– pertes par hystérésis proportionnelles à $\omega\Phi_S^2$, c'est-à-dire à $\dfrac{E_S^2}{\omega}$ et

– pertes par courant de Foucault proportionnelles à $\omega^2\Phi_S^2$ c'est-à-dire à E_S^2.

On peut donc en rendre compte par une résistance R_0 connectée en parallèle sur l'inductance magnétisante L_0 d'où le modèle de la figure 7. 7.

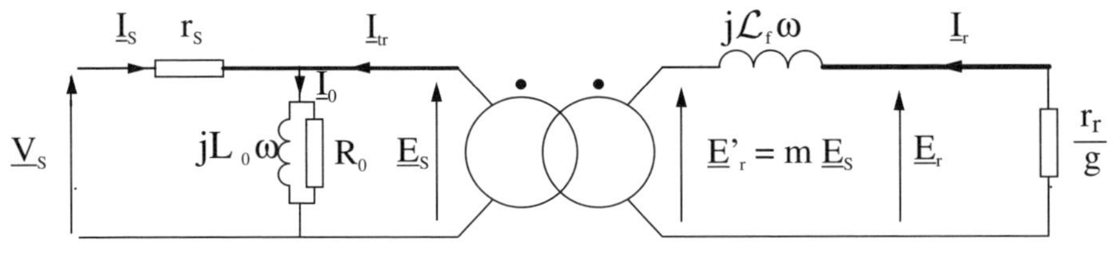

Figure 7.7 Modèle équivalent du type transformateur avec pertes fer et fuites globalisées au rotor.

c) Schéma équivalent ramené au stator

Si l'on souhaite ramener le rotor au stator, on procède comme pour les transformateurs en divisant l'impédance par m^2 :

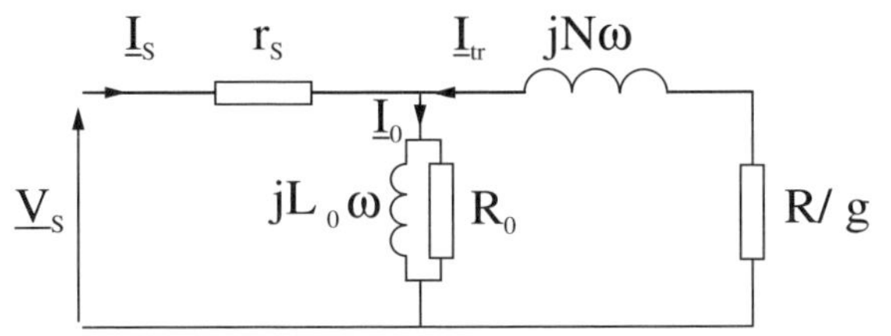

Figure 7.8 Modèle équivalent vu du stator, fuites globalisées au rotor, ramené au stator.

$R = \dfrac{r_r}{m^2}$ est la résistance rotorique ramenée au stator.

$N = \dfrac{\mathcal{L}_f}{m^2} = \dfrac{\sigma \mathcal{L}_{fr}}{m^2}$ est l'inductance de fuites globalisées ramenées au stator

Remarque 1 : $\dfrac{R}{g}$ appelée « résistance motionnelle » rend compte de l'ensemble de la puissance consommée au rotor : pertes joule *et* puissance mécanique.

Remarque 2 : Pour les moteurs de plus de 15 kW on peut, en plus, ramener r_s au rotor. Cela n'est pas le cas pour les moteurs de puissance plus faible. Cette approximation est plus ou moins justifiée selon le « poids » du courant magnétisant vis-à-vis de I_n.

Pour les petits moteurs, ils sont du même ordre de grandeur : on ne peut pas négliger la chute de tension dans r_s.

7.3.3 Modèle équivalent aux inductances de fuites globalisées au stator

En reprenant un raisonnement analogue à celui du 7.3.2, on peut établir le schéma équivalent de la figure 7.9 (il suffit pour cela d'exprimer $\underline{I_r}$ en fonction de $\underline{I_S}$).

Dans ce modèle le rotor est représenté par deux éléments $\mathcal{L}_r$ et $\dfrac{r_r}{g}$ qui sont parcourus par des courants en quadrature. Celui qui circule dans $\mathcal{L}_r$ est générateur de flux, celui qui circule dans $\dfrac{r_r}{g}$ produit le couple.

Remarque : On retrouve la quadrature (en régime permanent) entre le champ magnétique d'excitation et le courant induit de la machine à courant continu. On entrevoit donc ici la possibilité de contrôler ces courants de manière indépendante : c'est ce qui est réalisé dans le cas de la commande vectorielle.

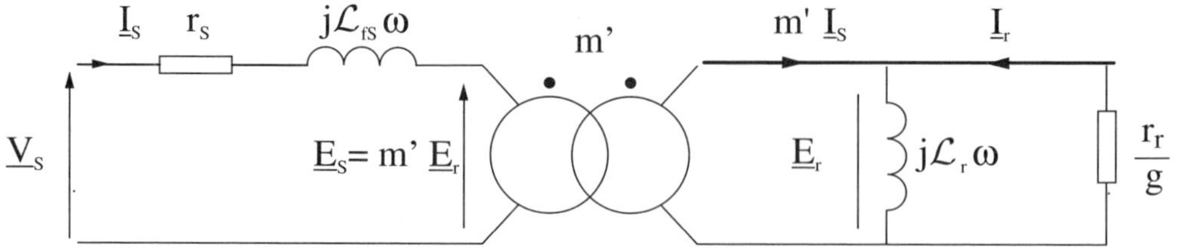

Figure 7.9 Modèle équivalent avec inductances de fuites globalisées au stator, sans pertes fer.

$\mathcal{L}_r$ est l'inductance magnétisante et elle est placée au rotor : le rapport de transformation est exprimé dans le sens rotor vers stator : $m' = m_{r\to S} = \dfrac{\mathcal{L}_r}{M}$.
$\mathcal{L}_{fS} = \sigma\mathcal{L}_S$ est l'inductance de fuites globalisées au stator.

Remarque : Dans le cas où la machine est sans fuites $\sigma = 0$, ce qui conduit à $m' = m_{r\to S} = \dfrac{\mathcal{L}_r}{M} = \dfrac{M}{\mathcal{L}_S} = m_{S\to r} = m$. Les rapports de transformation des deux modèles avec fuites globalisées sont inverses l'un de l'autre : dans un transformateur classique ils représentent le rapport des nombres de spires. Les valeurs typiques de σ se situent au dessous de 10 %.

7.3.4 Puissances et schéma équivalent

Les puissances absorbées par la machine sont consommées par les éléments du schéma équivalent de la figure 7.7. On peut donc s'appuyer sur ses éléments pour décrire l'arbre des puissances.

Remarque : Les modèles équivalents précédents ont été établis dans le cas d'une machine dont le stator est couplé en étoile : ils restent identiques dans le cas d'un couplage en triangle. Cependant dans ce cas, les diverses résistances ne sont pas les résistances « physiques » des bobinages de la machine mais celles issues d'une transformation « triangle-étoile ».

a) Interprétation

r_s rend compte des pertes joule statoriques,

R_0 des pertes fer, sa valeur doit être telle que la puissance active qu'elle dissipe corresponde à la valeur des pertes fer mesurées (pertes par hystérésis et par courants de Foucault),

L_0 représente l'inductance magnétisante ; la puissance réactive qu'elle absorbe est nécessaire pour établir le champ magnétique dans la machine. Dans l'hypothèse du flux forcé cette puissance réactive est la même au synchronisme et en charge : on la mesure par l'essai à vide.

$\frac{r_r}{g}$ dissipe la totalité de la puissance active transmise au rotor : pertes joule et puissance mécanique,

$\mathcal{L}_f$ inductance de fuites globalisées, consomme la puissance réactive transmise au rotor.

b) Bilan des puissances

Pour établir ce bilan, on peut s'appuyer sur le modèle équivalent de la figure 7.7.

Le moteur absorbe au stator $P_S = 3V_S I_S \cos\varphi_S$, on doit déduire les pertes joule statoriques $p_{jS} = 3r_S I_S^2$ et les pertes fer statoriques p_{fS} avant d'aboutir à la puissance électromagnétique P_{em} qui se situe au niveau de l'entrefer.

Au niveau de l'entrefer il reste P_{em} qui est transmise au rotor : $P_{\text{em}} = P_{\text{tr}}$.

Les pertes fer rotoriques sont négligées donc il faut déduire les pertes joule rotoriques pour aboutir à la puissance mécanique p_m.

Si l'on tient compte des pertes mécaniques $p_{\text{méca}}$, on les déduit pour obtenir la puissance utile P_u : $P_u = P_m - p_{\text{méca}}$

Tout cela peut se résumer par « l'arbre des puissances » de la figure 7.10.

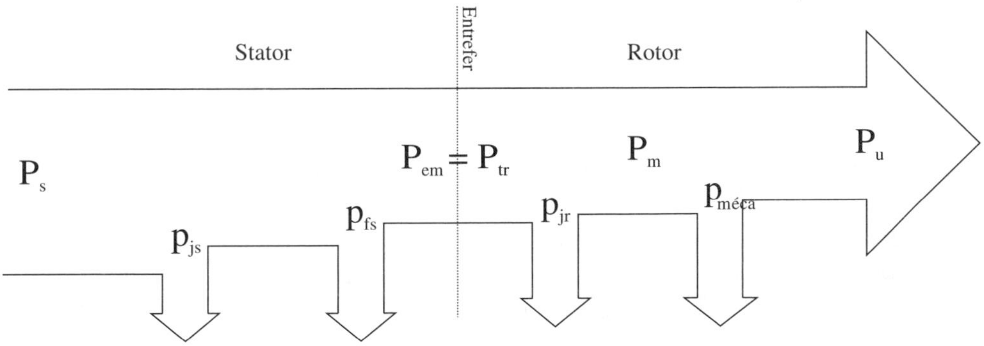

Figure 7.10 Bilan des puissances d'un moteur asynchrone.

On peut alors calculer le rendement :

$$\eta = \frac{P_u}{P_S} = \frac{P_u}{P_u + 3r_S I_S^2 + p_{fS} + p_{\text{méca}} + p_{jr}}.$$

Remarque : La puissance réactive appelée par le stator est la somme des puissances réactives appelées les inductances L_0 et N : $Q_S = Q_0 + Q_N$.

c) Relation entre les puissances

La puissance active absorbée P_S est consommée par les éléments résistifs situés au stator et transformée en puissance électromagnétique P_{em}.

Au rotor, la puissance est consommée dans $\frac{r_r}{g}$ soit : $P_{\text{em}} = P_{\text{tr}} = 3\frac{r_r}{g}I_r^2$

Les pertes joule rotoriques sont $p_{\text{jr}} = 3r_r I_r^2$.

Elles sont heureusement plus petites que P_{jr} : la différence est P_m, la puissance mécanique.

On peut exprimer p_{jr} et P_m simplement en fonction de P_{em} :

$$p_{jr} = g P_{\text{em}}$$

$$P_m = (1 - g) P_{\text{em}}$$

Remarque : Quelquefois on représente la résistance $\frac{r_r}{g}$ en deux fractions :

– r_r qui rend compte des pertes joule au rotor ;

– $r_r \frac{(1 - g)}{g}$ qui rend compte de la puissance mécanique.

7.3.5 Détermination des éléments du schéma équivalent

La mesure de la résistance statorique est identique à celle de la machine synchrone, les autres éléments sont obtenus classiquement par des essais à puissance réduite. Il arrive que l'essai rotor calé soit remplacé par un essai en charge.

Pour déterminer les valeurs des éléments du modèle équivalent, on s'appuie sur les expressions des puissances consommées par les éléments qui en rendent compte. La première étape consiste donc à obtenir les valeurs de ces puissances, soit par une mesure directe dans les conditions adéquates (essai à vide ou au synchronisme, essai rotor calé), soit par un bilan de puissances (essai en charge).

Ensuite, il suffit d'appliquer les formules donnant la puissance (active ou réactive selon le cas) en fonction :

– de la tension pour le stator qui est représentée par un modèle parallèle ;

– du courant pour le rotor qui est représenté par un modèle série.

a) Mesure de r_s

La mesure s'effectue par la méthode volt-ampèremétrique en continu. Elle donne la résistance entre phases R_a :

– si le stator est couplé en étoile $\frac{U}{I} = R_a = 2r_S$ d'où $r_S = \frac{R_a}{2}$;

– si le stator est couplé en triangle $\frac{U}{I} = R_a = \frac{2}{3} r_{S\,\text{réelle}}$ avec $r_S = \frac{r_{S\,\text{réelle}}}{3}$ d'où $r_S = \frac{R_a}{2}$.

b) Essai à vide ou au synchronisme : $g = 0$

Il s'effectue sous tension nominale de sorte que l'état magnétique (donc les pertes) de la machine soit le plus proche possible des conditions de fonctionnement en charge. La machine est entraînée à la vitesse de synchronisme ou, à défaut, fonctionne à vide de sorte que l'on puisse considérer que $g = 0$.

> ***Remarque :*** La machine est à vide, elle ne fournit donc aucune puissance utile ; $P_{\text{tr}} = 0$, la puissance absorbée au stator représente ses seules pertes.
>
> Sur le schéma équivalent, cela se traduit par le fait que $\frac{R}{g}$ tend vers l'infini : aucun courant ne circule au rotor, la maille représentant le rotor peut être supprimée.

Le modèle équivalent se simplifie selon le schéma de la figure 7.11.

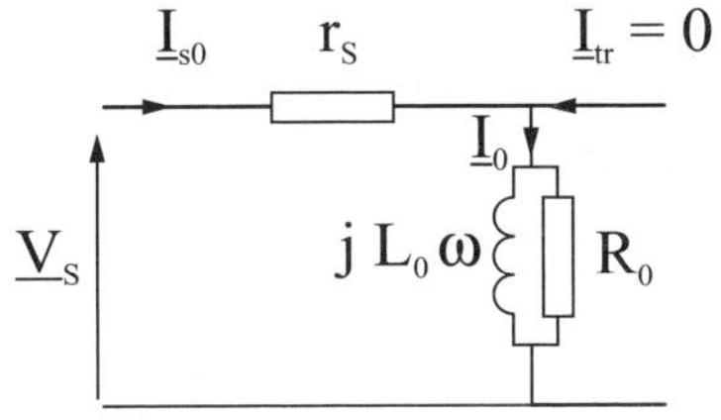

Figure 7.11 Schéma équivalent de la machine à vide ou au synchronisme.

On mesure $U_{S0} = \sqrt{3} V_{S0}$, I_{S0}, P_{S0} et éventuellement Q_{S0}.

$$P_{S0} = p_{js} + p_{fs} + p_{\text{méca}}$$

Les pertes Joule statoriques, si elles ne sont pas négligées, s'expriment par : $p_{js} = 3 r_S I_{S0}^2$, d'où la valeur des pertes fer :

$$p_{fs} = P_{S0} - p_{js}.$$

Or $p_{fs} = 3\dfrac{V_S^2}{R_0}$ d'où :

$$\boxed{R_0 = 3\frac{V_S^2}{p_{fs}}}$$

Il ne reste plus alors qu'à procéder comme pour les pertes fer en attribuant toute la puissance réactive consommée à L_0 : $Q_{S0} = 3\dfrac{V_S^2}{L_0\omega}$ d'où

$$\boxed{L_0 = 3\frac{V_S^2}{Q_0\omega}}$$

Remarque : Si l'on ne dispose pas de la mesure de Q_{S0}, on obtient sa valeur à partir du facteur de puissance à vide $\cos\varphi_0 = \dfrac{P_{S0}}{3V_{S0}I_{S0}}$ d'où

$Q_{S0} = P_{S0}tg\varphi_0$ ou bien à partir de la puissance apparente à vide : $S_0 = 3V_{S0}I_{S0}$ d'où $Q_{S0} = \sqrt{S_0^2 - P_{S0}^2}$.

c) *Essai rotor calé*

La vitesse de la machine est nulle donc $g = 1$.

Il se fait sous tension très réduite (moins cependant que pour un transformateur à cause de la présence de l'entrefer) au voisinage du courant nominal, *on considère donc en général que les pertes fer sont négligeables*. Le schéma équivalent se réduit donc à celui de la figure 7.12.

$$Z_r = \sqrt{R^2 + (N\omega)^2}$$

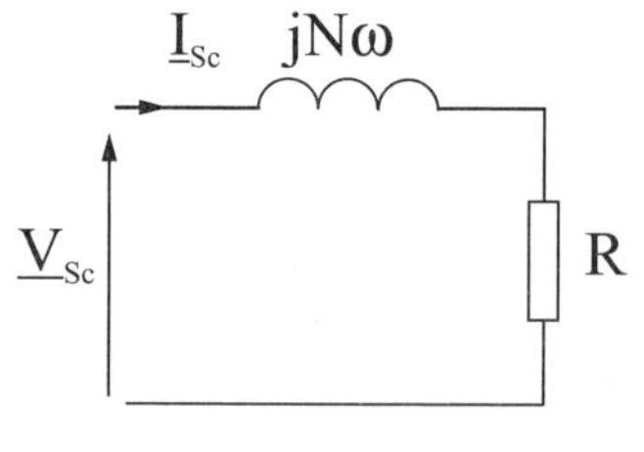

Figure 7.12 Schéma équivalent simplifié pour l'essai rotor calé.

On mesure $U_{Sc} = \sqrt{3}V_{Sc}$, I_{Sc}, P_{Sc} et éventuellement Q_{Sc}. Les puissances mesurées sont entièrement consommées au rotor : $P_{Sc} = P_{\text{tr}}$ et $Q_{Sc} = Q_{\text{tr}}$. De même, $I_{\text{tr}} = I_{Sc}$.

$P_{Sc} = 3RI_{Sc}^2$ d'où :

$$R = \frac{P_{Sc}}{3I_{Sc}^2}$$

Il ne reste plus alors qu'à procéder comme précédemment en attribuant toute la puissance réactive consommée à N : $Q_{Sc} = 3N\omega I_{Sc}^2$ d'où :

$$N\omega = \frac{Q_{Sc}}{3I_{Sc}^2}$$

Remarque : Si l'on ne dispose pas de la mesure de Q_{Sc}, on obtient sa valeur à partir du facteur de puissance $\cos\phi_c = \dfrac{P_{Sc}}{3V_{Sc}I_{Sc}}$ d'où $Q_{Sc} = P_{Sc}tg\phi_c$ ou bien à partir de la puissance apparente à vide : $S_c = 3V_{Sc}I_{Sc}$ d'où $Q_{Sc} = \sqrt{S_c^2 - P_{Sc}^2}$.

d) Essai en charge

Si l'on ne peut pas caler le rotor, par exemple parce qu'on ne dispose pas de tension réduite à la pulsation ω, on peut procéder à un essai en charge.

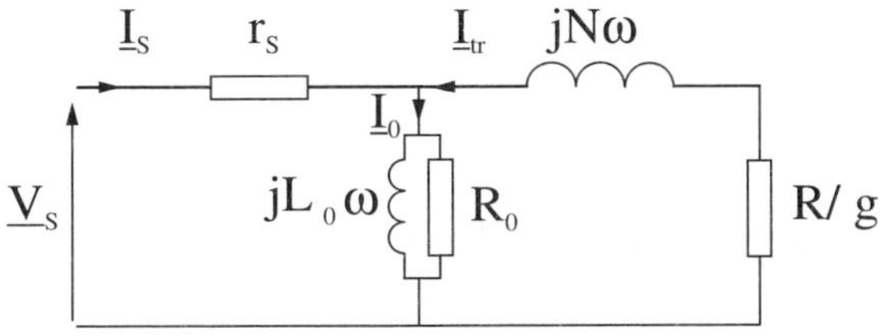

Figure 7.8 Modèle équivalent vu du stator.

Dans ce cas, l'objectif reste le même, à savoir déterminer les puissances active et réactive consommées au rotor pour pouvoir appliquer les relations $P_{\text{tr}} = 3\dfrac{R}{g}I_{\text{tr}}^2$ et $Q_{\text{tr}} = 3N\omega I_{\text{tr}}^2$.

Le schéma équivalent de la figure 7.8 ne peut pas se simplifier : pour les obtenir il faudra faire un bilan des puissances :

$$P_S = p_{js} + p_{fs} + p_{\text{méca}} + P_{\text{tr}} \text{ donc } P_{\text{tr}} = P_S - 3r_S I_S^2 - (p_{fs} + p_{\text{méca}}).$$

> ***Remarque :*** Si les pertes Joule statoriques ont été négligées lors de l'essai à vide cette relation devient $P_{\text{tr}} = P_S - 3r_S I_S^2 - P_{S0}$.

De même $Q_{\text{tr}} = Q_S - Q_0$. Si Q_S n'a pas été mesurée il convient de la calculer à partir du facteur de puissance ou de la puissance apparente absorbée au stator.

Il faut encore noter que I_{tr} n'est pas mesurable : il faudra le déterminer par le biais de la puissance apparente transmise : $S_{\text{tr}} = \sqrt{P_{\text{tr}}^2 + Q_{\text{tr}}^2} = 3V_S I_{\text{tr}}$.

Lorsque l'on a calculé P_{tr}, Q_{tr} et I_{tr} on peut appliquer les relations suivantes :

$$R = g\frac{P_{\text{tr}}}{3I_{\text{tr}}^2} \quad \text{et} \quad N\omega = \frac{Q_{\text{tr}}}{3I_{\text{tr}}^2}$$

7.4 CARACTERISTIQUES MECANIQUES

La machine asynchrone est un convertisseur électromécanique : pour analyser les différentes expressions des couples on exprime la conversion de puissance électrique en puissance mécanique.

7.4.1 Couples et puissances

a) Couple électromagnétique

Il est parfois appelé couple synchrone : il est lié au phénomène électromagnétique donc la vitesse associée est celle des champs.

$$P_{\text{em}} = C_{\text{em}}\Omega_S \text{ d'où l'on tire } C_{\text{em}} = \frac{P_{\text{em}}}{\Omega_S}.$$

b) Couple mécanique

Il s'agit là d'une grandeur mécanique, la vitesse associée est la vitesse du rotor :

$$P_m = C_m\Omega \qquad C_m = \frac{P_m}{\Omega}$$

Or $P_m = (1-g)P_{\text{em}}$ et $\Omega = \Omega_s(1-g)$ donc $C_m = \dfrac{(1-g)P_{\text{em}}}{(1-g)\Omega_S} = C_{\text{em}} = C$

On en déduit l'égalité entre les couples électromagnétique et mécanique.

La machine asynchrone transmet intégralement le couple mais pas la vitesse.

> ***Remarque :*** Le rotor d'une machine asynchrone peut être comparé à un visco-coupleur (coupleurs de ventilateurs de camions) dans lequel les pertes sont égales au produit du couple par la différence de vitesses entre les disques. Cependant pour une machine asynchrone le couple s'annule avec le glissement ce qui n'est pas le cas avec un embrayage où le couple est régla-

ble par la pression entre les disques mais ne s'annule pas quand ils tournent à la même vitesse.

On réalise des embrayages de très grandes puissances (quelques centaines de kilowatts à l'aide de machines asynchrones).

c) Couple utile

Si l'on tient compte des pertes mécaniques, on doit les déduire de la puissance mécanique pour obtenir la puissance utile. On obtient alors le couple utile en la divisant par la vitesse de rotation du rotor : $C_u = \frac{P_u}{\Omega}$

7.4.2 Expression du couple en fonction du glissement

On raisonne à partir du schéma équivalent ramené au stator.

La résistance r_s est négligée ce qui permet d'utiliser le schéma simplifié de la figure 7.13.

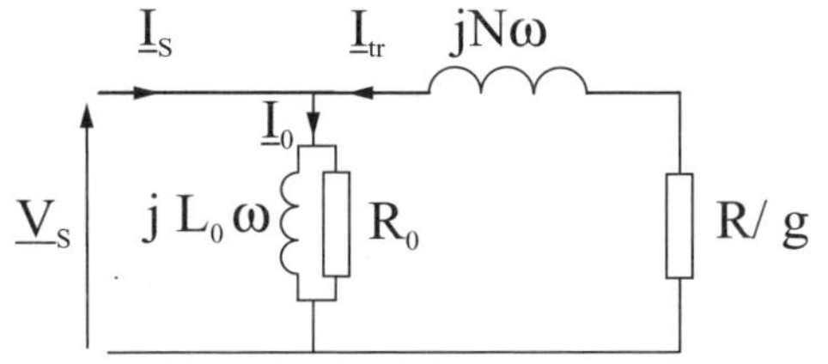

Figure 7.13 Schéma équivalent simplifié.

Pour obtenir l'expression du couple, on exprime la puissance transmise au rotor sous sa forme électrique à partir du schéma équivalent puis sous sa forme mécanique et on identifie les deux expressions.

$$P_{tr} = 3\frac{R}{g}I_{tr}^2 = C\Omega_S \text{ d'où } C = 3\frac{R}{g}\frac{I_{tr}^2}{\Omega_S}$$

$$\text{or } \Omega_S = \frac{\omega}{p} \text{ et } I_{tr}^2 = \frac{V_S^2}{Z^2} = \frac{V_S^2}{\left(\frac{R}{g}\right)^2 + (N\omega)^2}$$

$$C = 3p\frac{V_S^2}{\omega}\frac{\frac{R}{g}}{\left(\frac{R}{g}\right)^2 + (N\omega)^2}$$

$$C = 3p\frac{V_S^2}{\omega}\frac{1}{\dfrac{R}{g} + \dfrac{g}{R}(N\omega)^2}$$

$$C = 3p\left(\frac{V_S}{\omega}\right)^2 \frac{1}{\dfrac{R}{g\omega} + N^2\dfrac{g\omega}{R}}$$

Remarque 1 : Le terme $\dfrac{V_S}{\omega}$ qui intervient dans l'expression du couple correspond à la valeur efficace du flux dans la machine. La plupart des variateurs de vitesse travaillant en $\dfrac{V_S}{\omega} = \text{cte}$ maintiennent le flux constant lors de la variation de vitesse.

Remarque 2 : Cette expression est très utile lorsqu'on étudie la machine alimentée à fréquence fixe. Par contre, si l'on travaille à fréquence variable, le glissement $g = \dfrac{\Omega_S - \Omega}{\Omega_S} = \dfrac{\omega_r}{\omega}$ n'est plus l'image de la vitesse. Dans ce cas, il sera préférable d'utiliser la pulsation rotorique ω_r comme variable. L'expression de C se transforme ainsi :

$$C = 3p\left(\frac{V_S}{\omega}\right)^2 \frac{1}{\dfrac{R}{g\omega} + N^2\dfrac{g\omega}{R}} = 3p\left(\frac{V_S}{\omega}\right)^2 \frac{1}{\dfrac{R}{\omega_r} + N^2\dfrac{\omega_r}{R}}$$

Les grandeurs $\dfrac{V_S}{\omega}$ et ω_r sont les variables « naturelles » de contrôle du couple. Elles sont utilisées dans de nombreux variateurs.

7.4.3 Tracé des caractéristiques mécaniques

On cherche à représenter le couple en fonction de la vitesse ou du glissement. L'expression est compliquée, il faut étudier les variations de cette fonction particulière. Il est plus simple de commencer par l'étude de $C(g)$.

a) Couple en fonction du glissement

L'expression à étudier est : $C = 3p\left(\dfrac{V_S}{\omega}\right)^2 \dfrac{1}{\dfrac{R}{g\omega} + N^2\dfrac{g\omega}{R}}$. C'est une fonction impaire que nous n'étudierons donc que pour les glissements positifs.

Seul le dénominateur dépend de g : $f(g) = \dfrac{R}{g\omega} + N^2\dfrac{g\omega}{R}$. Il est la somme de deux termes dont le produit est constant ; on peut montrer qu'il est minimum quand les deux termes sont égaux. Le couple est donc maximum pour $g_M = \dfrac{R}{N\omega}$.

Sa valeur maximale est $C_M = \dfrac{3}{2}\dfrac{p}{N}\left(\dfrac{V_S}{\omega}\right)^2$

Remarque : Pour cela on étudie les variations de $f(g) = \dfrac{R}{g\omega} + N^2\dfrac{g\omega}{R}$.

$$f'(g) = -\frac{R}{g^2\omega} + \frac{N^2\omega}{R}.$$

Cette dérivée s'annule pour $g = \dfrac{R}{N\omega}$. Elle est positive pour $g \geqslant \dfrac{R}{N\omega}$ et négative dans le cas contraire. La valeur $\dfrac{R}{N\omega}$ constitue donc un minimum.

Pour tracer la courbe, on considère deux domaines pour g :

– $g \ll g_M$ dans ce cas $C \simeq 3p\left(\dfrac{V_S}{\omega}\right)^2\dfrac{g\omega}{R}$, la courbe est une droite croissante passant par l'origine ;

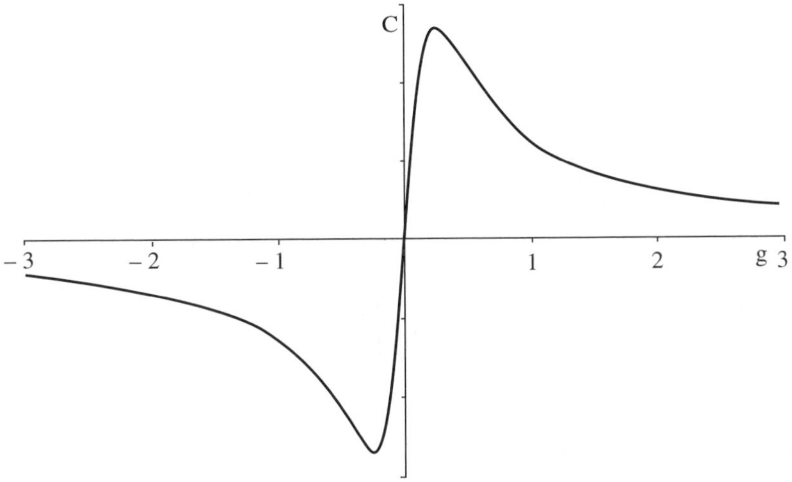

Figure 7.14 Allure du couple en fonction du glissement.

– $g \gg g_M$ alors $C \simeq 3p\left(\frac{V_S}{\omega}\right)^2 \frac{R}{N^2}\frac{1}{g\omega}$ la courbe est une hyperbole.

On en déduit l'allure de la courbe de la figure 7.14.

b) Couple en fonction de la vitesse

D'après la définition du glissement on sait que $\Omega = \Omega_S(1-g)$.

La courbe recherchée se déduit de la précédente, il faut :

– effectuer une symétrie par rapport à l'axe des couples (signe –) ;

– décaler la courbe vers la droite de Ω_S.

Ce qui donne la courbe de la figure 7.15.

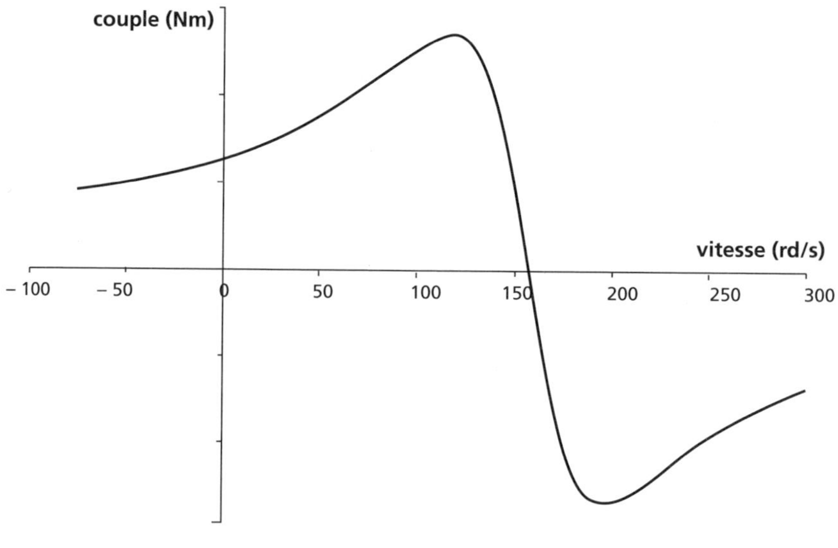

Figure 7.15 Couple en fonction de la vitesse (machine tétrapolaire alimentée à 50 Hz).

7.4.4 Analyse de la caractéristique couple/vitesse

Sur la caractéristique obtenue précédemment, on peut distinguer plusieurs zones de fonctionnement différentes. Le signe du produit couple-vitesse renseigne sur le comportement de la machine.

– *Zone I*, vitesses comprises entre 0 et Ω_S : le couple est de même signe que la vitesse, la machine fonctionne en moteur.

– *Zone II*, vitesses positives supérieures à Ω_S : le fonctionnement est dit hypersynchrone, le couple a tendance à ralentir le rotor. Il est du signe opposé à la vitesse, la machine fonctionne en génératrice.

– *Zone III*, vitesses négatives : le signe négatif de la vitesse signifie que le rotor tourne en sens inverse du champ tournant du stator ; le couple est positif, c'est-à-dire dans le sens du champ statorique (la machine tente d'inverser sa vitesse) : c'est un freinage à contre-courant.

> ***Remarques :*** Le démarrage correspond à une vitesse initiale nulle, le couple de démarrage se lit donc sur la courbe pour $\Omega = 0$.
>
> L'inversion du sens de rotation est réalisée par un freinage à contre-courant suivi d'un démarrage.

a) Zones de fonctionnement stable

On raisonne par comparaison de la caractéristique mécanique de la machine et de celle de la charge entraînée qui développe le couple C'.

Le principe fondamental de la dynamique donne : $C + C' = J\dfrac{\mathrm{d}\Omega}{\mathrm{d}t}$.

L'existence d'un point de fonctionnement en régime permanent (vitesse constante : $\dfrac{\mathrm{d}\Omega}{\mathrm{d}t} = 0$) se traduit graphiquement par l'intersection de la caractéristique de la machine et de la courbe représentant $(-C')$ en fonction de la vitesse.

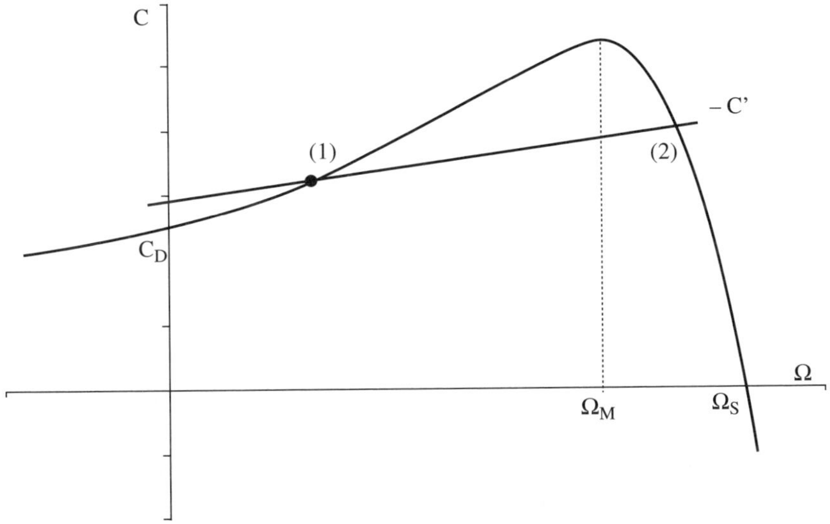

Figure 7.16 Stabilité des points de fonctionnement.

➤ Fonctionnement en moteur

La machine démarre si $C + C' > 0$ pour $\Omega = 0$.

Dans la plupart des cas il y a deux points d'intersection, donc deux points de fonctionnement possible. Analysons le cas représenté sur la figure 7.16.

– Point 1, $\Omega < \Omega_M$: si pour une raison quelconque, la vitesse Ω de la machine augmente, le couple de la machine devient supérieur à $(-C')$, le couple d'accélération est donc positif, la vitesse augmente ce qui a pour effet d'augmenter le couple de la machine et par là même l'accélération se poursuit... Le point de fonctionnement 1 est instable.

– Point 2, $\Omega > \Omega_M$: reprenons le raisonnement précédent. Si pour une raison quelconque, la vitesse Ω de la machine augmente, le couple de la machine devient *inférieur* à $(-C')$, le couple d'accélération est donc maintenant *négatif*, la vitesse *diminue* ce qui tend à ramener le point de fonctionnement vers le point initial : le fonctionnement 2 est *stable*.

La plage utile de la caractéristique est la zone linéaire $\dfrac{R}{g} \gg N\omega$, c'est-à-dire la zone dite des faibles glissements dans laquelle $C \simeq 3p\left(\dfrac{V_S}{\omega}\right)^2 \dfrac{g\omega}{R}$ ou encore $C \simeq 3p^2\left(\dfrac{V_S}{\omega}\right)^2 \dfrac{\Omega_S - \Omega}{R}$.

➢ Fonctionnement en génératrice

Compte tenu de la symétrie par rapport au point $\Omega = \Omega_S (g = 0)$, la caractéristique peut être considérée comme identique pour le fonctionnement en génératrice. La partie utile sera celle des faibles glissements négatifs ; le couple y est bien sûr négatif et d'expression approchée : $C \simeq -3p\left(\dfrac{V_S}{\omega}\right)^2 \dfrac{g\omega}{R}$.

Remarque : Toutefois, les valeurs des couples maximums sont légèrement différentes à cause de la résistance statorique. En effet, en fonctionnement moteur la puissance transmise est diminuée des pertes joule statoriques alors qu'en génératrice la puissance absorbée sur l'arbre est augmentée de ces pertes par rapport à la puissance délivrée au réseau.

Pour la même valeur absolue de glissement, le couple est généralement plus élevé en fonctionnement en génératrice qu'en moteur.

b) Représentation des puissances

Les puissances transmises au rotor peuvent s'exprimer sous forme de produit couple-vitesse. Dans le plan couple-vitesse elle peuvent donc être représentées par des rectangles (figure 7.17).

L'expression de la puissance électromagnétique est la suivante : $P_{\text{em}} = C\Omega_S$.

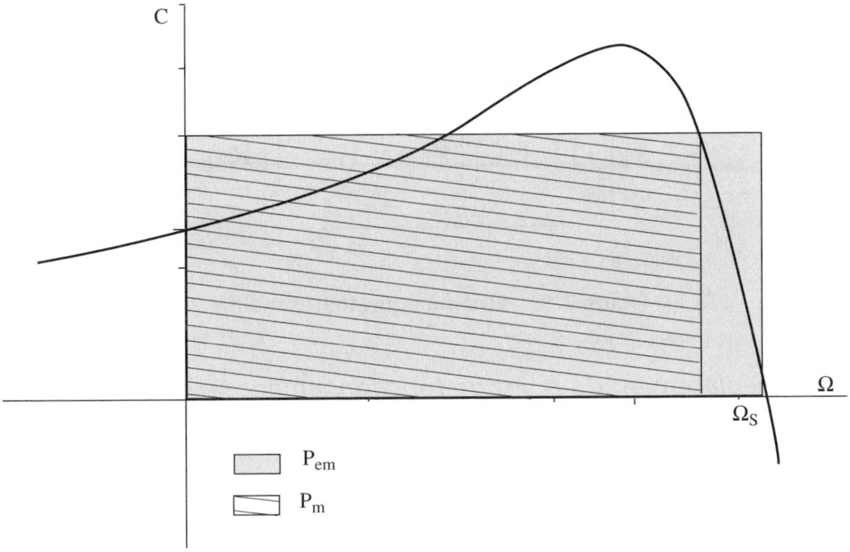

Figure 7.17 Représentation des puissances dans le plan couple-vitesse.

En ce qui concerne la puissance mécanique, son expression est $P_m = C\Omega$.
Par différence des deux surfaces on obtient les pertes joule rotoriques.

Remarque : On peut facilement constater que la pente de la partie utile de la caractéristique mécanique influence fortement les pertes joules rotoriques donc le rendement de la machine. Cette pente est inversement proportionnelle à la résistance rotorique : plus la pente est grande, (plus r_r est petite) plus les pertes sont faibles.

7.5 DIAGRAMME CIRCULAIRE DE LA MACHINE ASYNCHRONE

Le diagramme du cercle est une construction géométrique qui permet d'obtenir la vitesse de rotation et les puissances sans résoudre d'équation. Il se construit à partir du schéma équivalent simplifié, c'est-à-dire dans l'hypothèse de Kapp du transformateur statique.

7.5.1 Principe du diagramme simplifié

Hypothèses :

– on néglige les pertes mécaniques et les pertes Joule au stator ;

– on travaille avec une fréquence et une tension d'alimentation constantes.

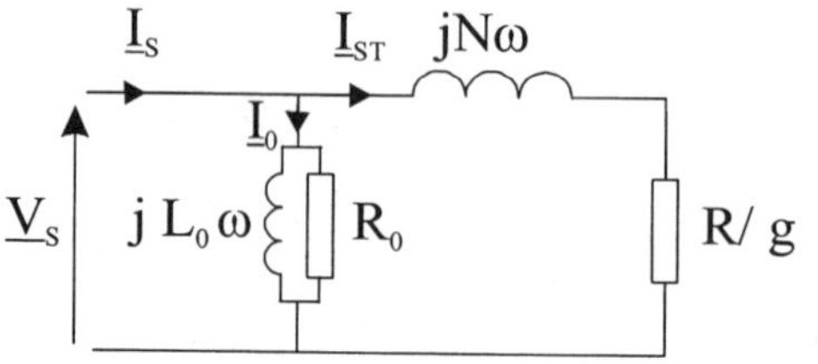

Figure 7.18 Schéma équivalent simplifié.

a) Lieu de déplacement du point de fonctionnement M

Le schéma équivalent électrique du stator permet d'écrire :

$$\underline{I_S} = \underline{I_0} + \underline{I_{ST}}$$

$$\underline{V_S} = \frac{R}{g}\underline{I_{ST}} + jN\omega\underline{I_{ST}}.$$

Ces équations sont traduites par le diagramme de Fresnel représenté figure 7.19. Le triangle OM_0M traduit la composition des courants : $\underline{I_S} = \underline{I_0} + \underline{I_{ST}}$.

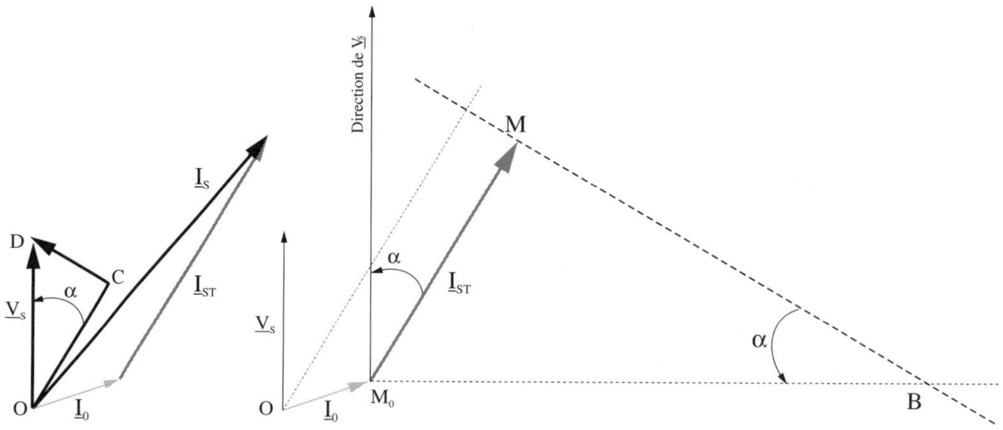

Figure 7.19 Diagramme de Fresnel.

Par ailleurs sur ce diagramme :

– le vecteur $\overrightarrow{OC}$ représente $\frac{R}{g}\underline{I_{ST}}$,

– le vecteur $\overrightarrow{CD}$ représente $jN\omega\underline{I_{ST}}$.

Le triangle OCD traduit donc la composition des tensions :

$$\underline{V_S} = \frac{R}{g}\underline{I_{ST}} + jN\omega\underline{I_{ST}}.$$

Quelques considérations géométriques vont nous permettre de connaître le déplacement du vecteur $\overrightarrow{OM}$ représentant le courant $\underline{I_S}$ lorsque le glissement g varie.

Le point B est obtenu par l'intersection de deux droites :

– l'une passant par M et perpendiculaire à M_0M, donc à la direction de $\underline{I_{ST}}$;

– l'autre passant par M_0 et perpendiculaire à OD, donc à la direction du vecteur représentant $\underline{V_S}$.

De ce fait, l'angle $M_0\,BM$ est égal à α (angles à côtés perpendiculaires).

> ***Remarque :*** Cet angle représente le retard de $\underline{I_{ST}}$ sur $\underline{V_S}$, on a donc $\text{tg}\,\alpha = \frac{gN\omega}{R}$.

Dans le triangle OCD, $\sin\alpha$ est donné par : $\sin\alpha = \frac{CD}{OD} = \frac{N\omega I_{ST}}{V_S}$, dans le triangle M_0MB, son expression devient : $\sin\alpha = \frac{M_0M}{M_0B} = \frac{I_{ST}}{M_0B}$. Nous pouvons en déduire que :

$$\frac{I_{ST}}{M_0B} = \frac{N\omega I_{ST}}{V_S}, \text{ soit } M_0B = \frac{V_S}{N\omega}.$$

Cette dernière relation montre qu'à V_S et ω données, la longueur M_0B est indépendante du glissement. Nous pouvons en conclure que le point M appartient à l'ensemble des points sous lequel le segment M_0B est vu sous un angle droit.

Le point M se déplace donc sur un cercle de diamètre M_0B représenté figure 7.20.

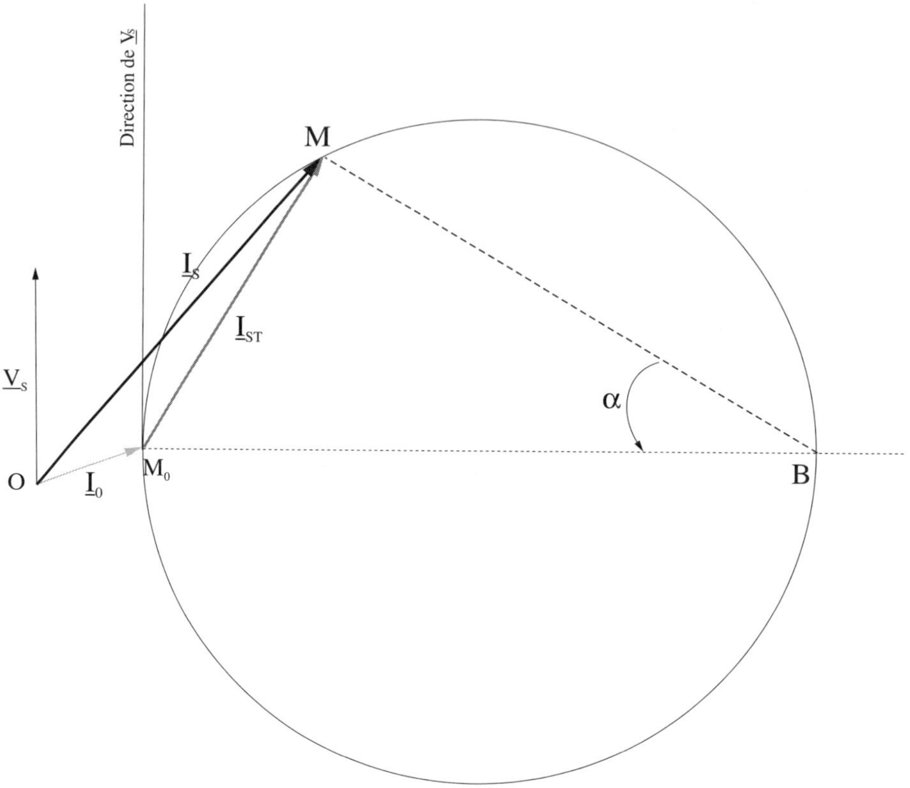

Figure 7.20 Lieu de déplacement du point de fonctionnement M.

b) Construction du diagramme du cercle

Lorsque le moteur fonctionne au synchronisme : $g = 0, \frac{R}{g} \longrightarrow \infty$, $I_{ST} = 0$, donc M_0 représente le point au synchronisme.

➤ Construction du point $M_0(g = 0)$

On effectue un essai au synchronisme et on mesure P_{S0}, I_{S0} et V_S ce qui donne $\cos \varphi_0 = \dfrac{P_{S0}}{3V_S I_{S0}}$. On choisit une échelle et on place le point M_0.

Pour construire le cercle, il faut connaître un autre point : on l'obtient à partir d'un essai rotor calé.

➤ Construction de $M_1(g = 1)$

On effectue un essai rotor calé sous tension réduite ($V_{Sc} < V_{Sn}$) avec un courant statorique inférieur ou égal au courant nominal ($I_{Sc} < I_{Sn}$).

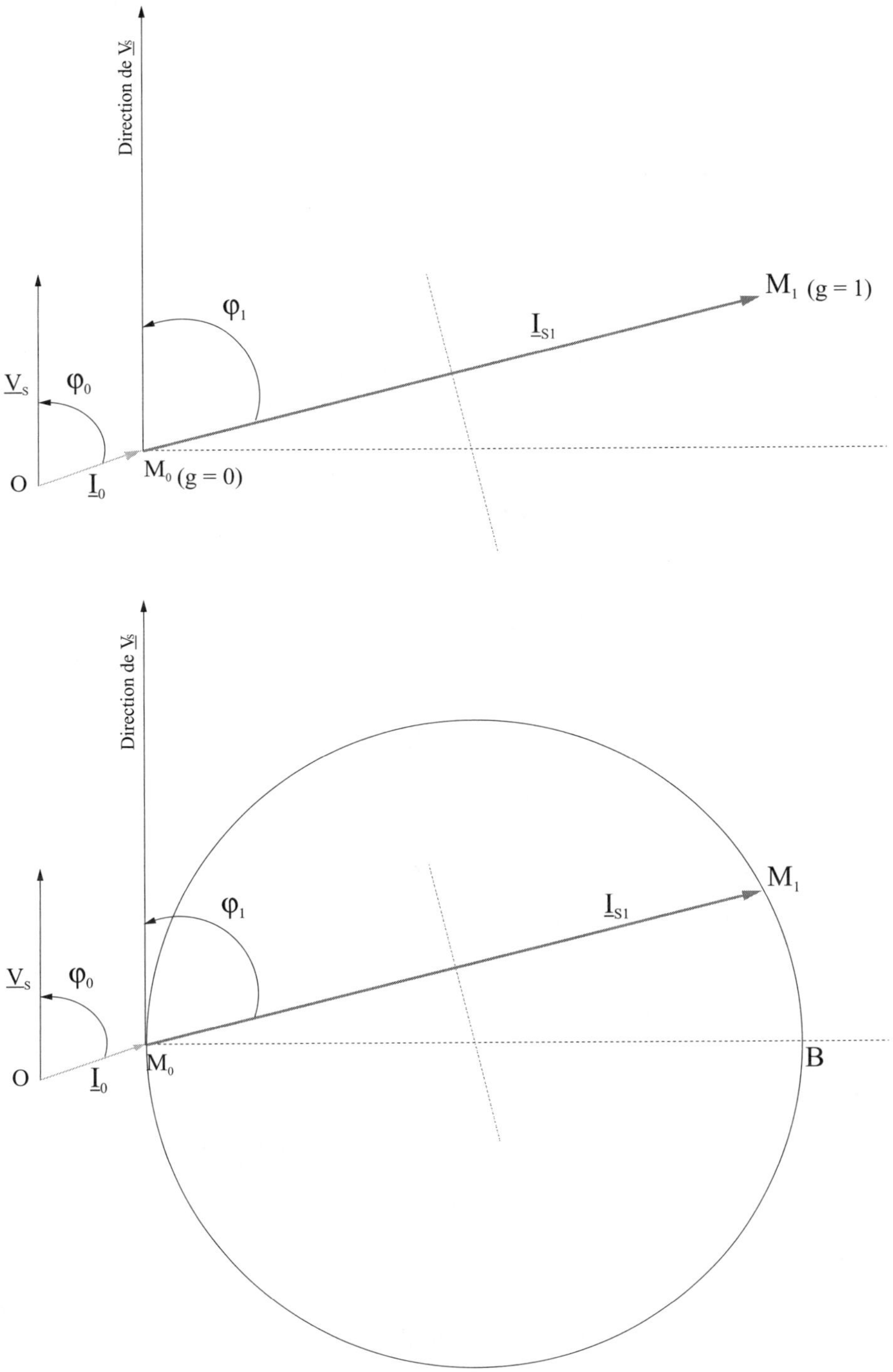

Figure 7.21 Construction du diagramme du cercle simplifié.

La tension statorique étant réduite, le courant I_{Sc} mesuré est inférieur à ce qu'il serait sous tension nominale.

Sachant que $V_{Sc} = kV_{Sn}$, des mesures de P_{Sc}, I_{Sc} et V_{Sc} on déduit :

– $I_{S1} = kI_{Sc}$

– $\cos\varphi_1 = \dfrac{P_{Sc}}{3V_{Sc}I_{Sc}} = \dfrac{P_{S1}}{3V_{Sn}I_{S1}}$

Connaissant I_{S1} et φ_1 on place le point M_1.

➤ Construction du cercle

On construit la médiatrice de M_0M_1, la perpendiculaire à la direction de V_S passant par M_0 et à l'intersection des deux, on trouve le centre du cercle. On peut donc tracer le cercle entier.

7.5.2 Utilisation du diagramme

a) Lecture des puissances

Pour un point de fonctionnement M quelconque ($g \neq 0$), la puissance appelée au stator s'écrit : $P_S = 3V_SI_S\cos\varphi$, elle est donc représentée par la longueur JM (au coefficient $3V_S$ près).

Pour $g = 0$, le point M est en M_0, la puissance absorbée est $P_{S0} = 3V_SI_{S0}$, la longueur HJ représente les pertes fer au stator.

Or $P_s = P_{\text{em}} + P_{fs}$, la longueur HM représente P_{em}, la puissance transmise au rotor.

> ***Remarques :*** $P_{\text{em}} = C\Omega_S$ donc HM représente aussi le couple (à $3p\dfrac{V_S}{\omega}$ prés), puisqu'on travaille à fréquence statorique constante.
>
> Le couple est maximal quand HM est maximal, c'est-à-dire lorsqu'il est égal (à $3p\dfrac{V_S}{\omega}$ prés) au rayon du cercle.

b) Lecture du glissement

Si on trace un axe Γ parallèle à la direction de V_S, il coupe la droite MB au point G et la droite M_0B au point G_0.

On en déduit donc $\text{tg}\,\alpha = \dfrac{G_0G}{G_0B} = g\dfrac{N\omega}{R}$ d'où $g = \left(\dfrac{R}{N\omega}\dfrac{1}{G_0B}\right)G_0G$.

À G_0B et ω constants, le glissement g est proportionnel à la longueur G_0G. L'axe Γ peut être gradué (de manière linéaire) en glissement.

Le point G_0 correspond au point de fonctionnement M_0, donc à $g = 0$. On obtient le point de glissement 1 à l'intersection des droites BM_1 et Γ.

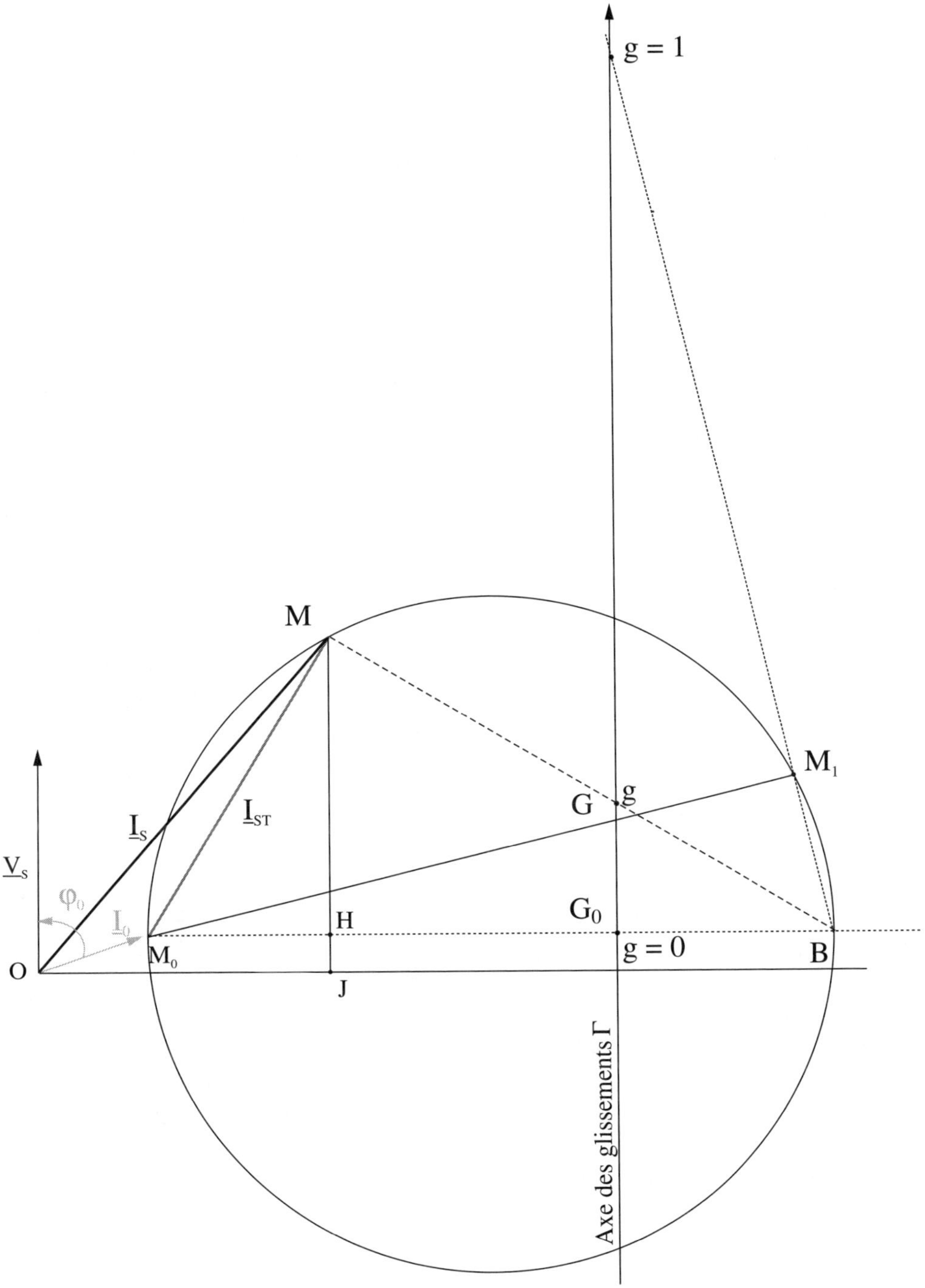

Figure 7.22 Utilisation du diagramme du cercle simplifié.

Remarque 1 : Le demi-cercle supérieur correspond à des glissements positifs, donc à un fonctionnement en moteur jusqu'à $g = 1$.

Le demi-cercle inférieur correspond à des glissements négatifs, donc à un fonctionnement en génératrice hypersynchrone.

Remarque 2 : Si on travaille à $\dfrac{V_S}{\omega} = \text{cte}$, le diagramme est conservé, seule change la graduation de l'axe de glissement puisque $tg\,\alpha = g\dfrac{N\omega}{R}$.

Actuellement, ce diagramme n'est plus utilisé pour des prédéterminations précises qui seront faites à l'aide de logiciels de simulation. Il permet cependant de suivre facilement l'évolution du point de fonctionnement de la machine et des différentes grandeurs qui s'y rattachent.

7.6 PROCÉDÉS DE RÉGLAGE DE LA VITESSE

Dans certaines applications comme la traction, la variation de vitesse fait partie intégrante du cahier des charges.

Dans d'autres cas, sans qu'elle soit indispensable en toute rigueur, elle permet d'obtenir un réglage plus performant du système. Dans le cas d'un compresseur par exemple, le réglage de débit du fluide peut s'effectuer par action sur des vannes ou par variation de la vitesse du moteur d'entraînement. Cette dernière solution permet de satisfaire le cahier des charges tout en améliorant nettement le rendement par rapport à la première solution.

Le but est d'obtenir une variation de la vitesse de la machine asynchrone sans la déclasser (c'est-à-dire en conservant la possibilité d'obtenir son couple maximum). Le raisonnement doit s'effectuer à partir de la caractéristique couple-vitesse. Il est donc nécessaire d'examiner l'expression du couple.

Remarque : Les méthodes de variation de vitesse exposées dans les paragraphes suivants reposent toutes sur le modèle équivalent de la machine établi *en régime permanent hors saturation*. Les résultats obtenus ne seront donc exploitables *qu'en régime permanent*. Pour contrôler la machine en régime transitoire, il faut faire une étude plus fine de son comportement, ce qui se traduit par un modèle équivalent plus précis mais plus complexe qui aboutit à la conception de variateurs qualifiés de « vectoriels ».

7.6.1 Principe

L'expression du couple développé par une machine asynchrone est la suivante :

$$C = 3p\frac{V_S^2}{\omega}\frac{1}{\dfrac{R}{g} + g\dfrac{(N\omega)^2}{R}}$$

Il est maximal pour $g_M = \dfrac{R}{N\omega}$ et vaut alors : $C_M = \dfrac{3p}{2}\left(\dfrac{V_S}{\omega}\right)^2 \dfrac{1}{N}$.

Les différents paramètres qui interviennent peuvent être séparés en deux catégories :

– les paramètres électriques externes : la tension statorique V_S la fréquence stator f (ou la pulsation ω) ;

– les paramètres de la machine : la résistance rotor r_r, l'inductance de fuite globalisée N, le nombre de paire de pôles p.

Parmi ces derniers, seule N ne peut en aucun cas être modifiée une fois que la machine est construite.

r_r peut être augmentée par un rhéostat triphasé si le rotor est bobiné, V_S et f peuvent être modifiés par l'électronique de puissance.

On peut donc distinguer deux grands modes de réglage :

– à fréquence statorique fixe ;

– à fréquence statorique variable.

7.6.2 Fréquence statorique fixe

Il ne reste alors que deux possibilités d'action : V_S et R.

> ***Remarque :*** La fréquence statorique étant fixe, le glissement est une image de la vitesse.

a) Action sur V_s

Comme la fréquence est constante, g_M est constant, le couple maximal est donc proportionnel à V_S^2 soit $C = aV_S^2$.

➤ Allure des caractéristiques

Pour une vitesse donnée (soit à glissement donné), le couple C varie comme V_S^2, d'où les caractéristiques de la figure 7.23.

On peut constater que la plage de réglage est faible et dépend fortement de la caractéristique de la charge entraînée ; le couple au démarrage s'effondre.

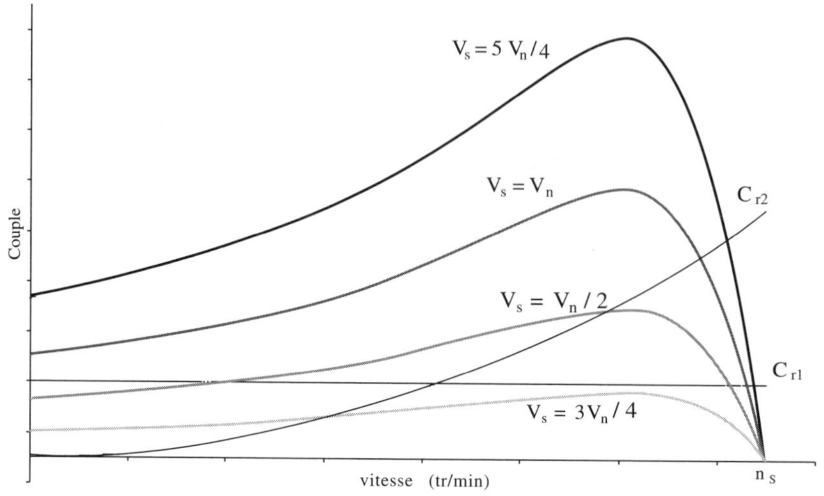

Figure 7.23 Allure des caractéristiques du couple en fonction de la vitesse quand V_S varie.

Si le couple résistant est constant, la variation de vitesse possible est très faible, et sur notre exemple dès que $V_S = \frac{V_{Sn}}{2}$, le moteur ne démarre plus en charge.

Aux faibles tensions le moteur décroche car $C < C_r$. Ce phénomène est d'autant plus marqué que les chutes de tension au stator ne sont plus négligeables devant V_S.

Par contre pour $C_r = kn^2$, (pompe ou ventilateur), la variation de vitesse est plus grande et le moteur démarre en charge.

Cette méthode est réservée aux petites variations de vitesse au dessous de la valeur nominale de fonctionnement et aux démarreurs afin de limiter le courant d'appel qui peut être de 6 à 7 fois le courant nominal.

➤ Méthodes de réglage de V_S

La réduction de V_s peut se faire par un alternostat ou, plus souvent, par gradateur à thyristors.

L'allure des signaux de la phase 1 est représentée sur la figure 7.25. Les amorçages des thyristors des deux autres phases sont déphasés de $\frac{2\pi}{3}$ de manière à reconstituer un système triphasé équilibré.

Remarque : Si l'on règle le retard à l'amorçage à une valeur comprise entre $\frac{\pi}{2}$ et π, le fondamental de l'onde de courant est en retard d'une valeur supérieure à $\frac{\pi}{2}$ et on obtient un fonctionnement en génératrice asynchrone.

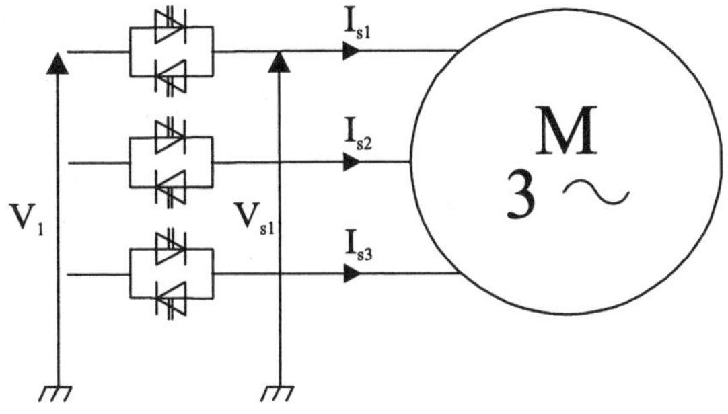

Figure 7.24 Association machine asynchrone-gradateurs.

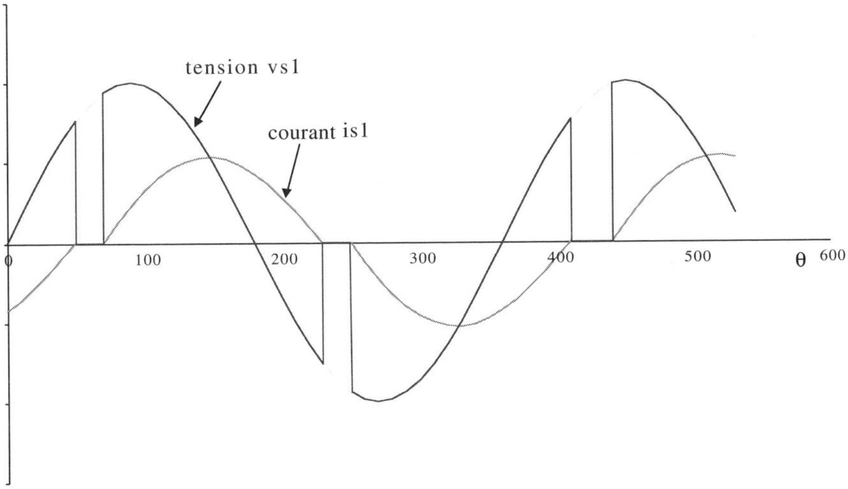

Figure 7.25 Allure des courant et tension statorique lors d'une alimentation par gradateur.

L'association machine asynchrone-gradateur est simple et permet d'utiliser des moteurs à cage dans les quatre quadrants du plan couple-vitesse à l'aide de composants robustes fonctionnant en commutation naturelle. Cependant la variation de vitesse obtenue est faible et se fait au prix d'une sévère dégradation du rendement. Son utilisation est maintenant restreinte aux moteurs à cage résistante de faible puissance (quelques kW maximum), demandant un réglage de vitesse limité (5 à 10 %) ou des démarrages fréquents.

b) Variation de l'impédance rotorique

Si la machine est à rotor bobiné et dispose de bagues, on peut faire varier $R = \dfrac{r_r}{m^2}$.
La vitesse de synchronisme reste constante ainsi que le couple maximal. Par contre $g_M = \dfrac{R}{N\omega}$: le glissement permettant d'obtenir le couple maximal se modifie avec R.

Les caractéristiques obtenues sont représentées figure 7.26.

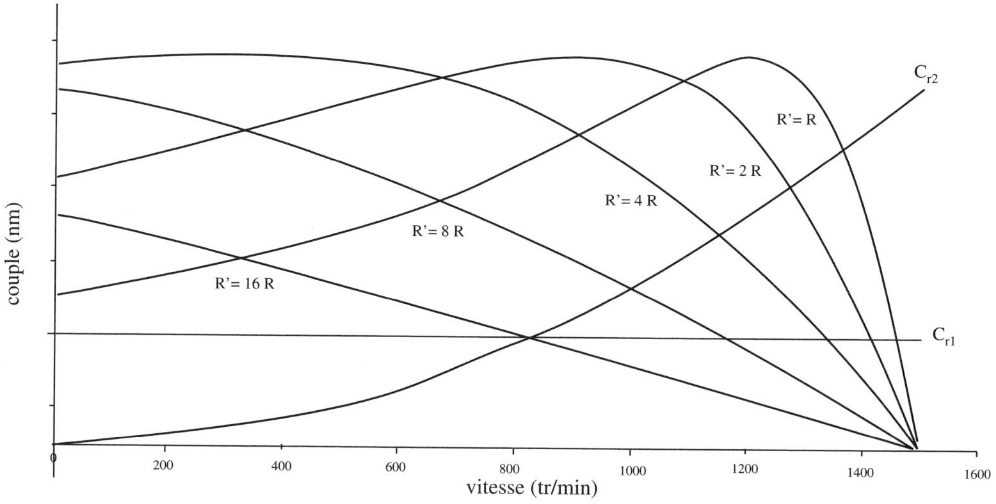

Figure 7.26 Allure des caractéristiques lors d'une variation de l'impédance rotorique.

➤ Analyse

Pour $R = \dfrac{r_r}{m^2}$ $n = 1\,430$ tr/min, $C = 13$ Nm, $P_{\text{em}} = C\Omega_S = 20$ kW,

$$g = 4{,}76\,\% \qquad p_{jr} = gP_{\text{em}} = 95{,}3\ \text{W} \qquad \eta \approx 95\,\%$$

Pour $R = \dfrac{16r_r}{m^2}$ $n = 963$ tr/min, $C = 5{,}9$ Nm, $P_{\text{em}} = 927$ kW,

$$g = 55{,}8\,\% \qquad p_{\text{jr}} = gP_{\text{em}} = 517\ \text{W} \qquad \eta < 44\,\%$$

Les pertes Joule au rotor sont très importantes. Elles se répartissent entre rotor proprement dit et rhéostat additionnel proportionnellement à leurs résistances respectives.

Le rendement se détériore fortement et le rhéostat « de glissement » doit dissiper une forte puissance.

Ce procédé est utilisé pour réduire faiblement la vitesse (ventilateur de tirage des centrales thermiques) ou pour les démarrages difficiles (fortes inerties : coupeuses à bois dans les usines de pâte à papier par exemple). Dans certains cas, il est indispensable : les pertes Joule du rotor seraient telles qu'elles détérioreraient la cage. L'énergie est donc dissipée dans le rhéostat additionnel qui est dimensionné en conséquence.

➤ Mise en œuvre

Cette méthode est aussi employée en levage où l'on utilise des contacteurs mécaniques pour ajouter (ou enlever) les différentes portions du rhéostat.

L'électronique de puissance permet d'affiner le procédé

- par la mise en place d'un gradateur triphasé utilisé aux basses vitesses ou pour des positionnements précis ;
- par l'utilisation d'un redresseur à diodes suivi d'un hacheur (qui reprend le principe du freinage rhéostatique). $R_{\text{apparente}} = \dfrac{R_h}{1-\alpha}$ où αT est le temps de fermeture de K. (figure 7.27).

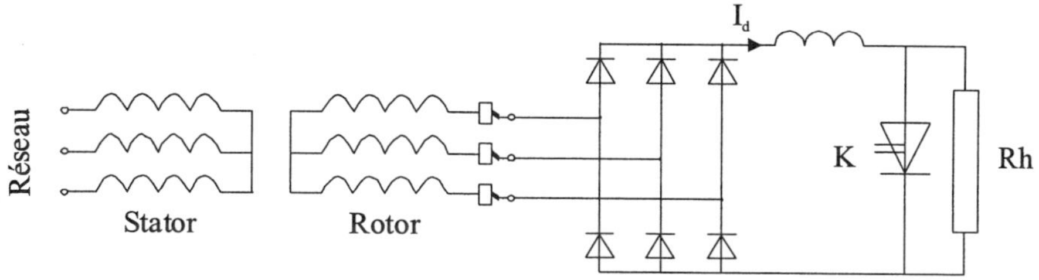

Figure 7.27 Variation de l'impédance rotorique : redresseur à diodes suivi d'un hacheur.

c) *Principe de la récupération électrique : cascade hyposynchrone*

Pour éviter la perte importante de puissance électrique dans le rhéostat rotorique, on peut envisager de récupérer cette énergie.

➤ Structure et caractéristiques

Il est nécessaire d'introduire un intermédiaire continu avant de revenir au réseau car la fréquence des courants rotoriques est $gf \neq f$ (et elle varie avec g).

Le transformateur sert à adapter le niveau des tensions.

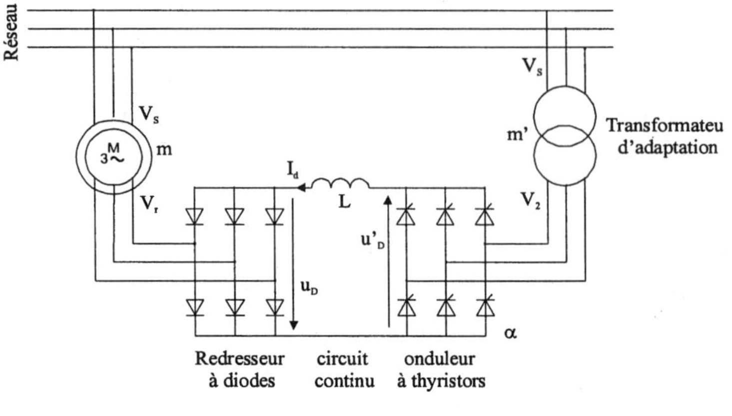

Figure 7.28 Schéma de principe d'une cascade hyposynchrone.

Ainsi que cela a été démontré précédemment, les tensions statoriques et rotoriques sont liées par la relation suivante : $V_r = gmV_S$.

La tension redressée en sortie du pont de diodes a pour expression :

$$\overline{u}_D = \frac{3\sqrt{6}}{\pi}V_r = \frac{3\sqrt{6}}{\pi}gmV_S$$

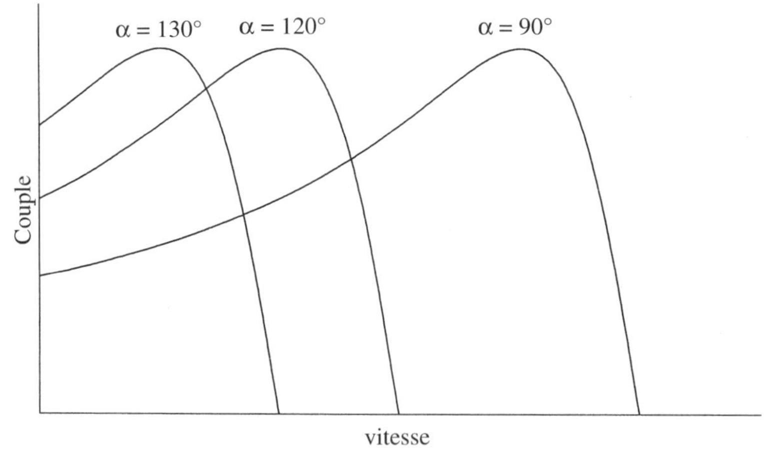

Figure 7.29 Allure des caractéristiques couple-vitesse.

Aux bornes du pont à thyristors, on obtient la valeur moyenne suivante (α est l'angle de retard à l'amorçage des thyristors et m' le rapport de transformation du transformateur) : $\overline{u}'_D = \dfrac{3\sqrt{6}}{\pi} \cos \alpha V_2 = \dfrac{3\sqrt{6}}{\pi} \cos \alpha m' V_S$.

Le système fonctionne en régime périodique donc : $\overline{u}_D = -\overline{u}'_D$

➤ Analyse critique

Ce montage utilise des technologies anciennes et est pénalisé par l'utilisation de machine à bagues. Il était intéressant pour les équipements ne nécessitant qu'une plage de vitesse limitée. Il ne permet que d'abaisser la vitesse (d'où son nom).

La présence de l'inductance de lissage L, du transformateur et des convertisseurs détériore fortement le facteur de puissance ce qui conduit à limiter le glissement.

Pour la puissance active nominale, la puissance récupérée au rotor est très faible mais le transformateur et l'onduleur consomment de la puissance réactive.

7.6.3 Action sur la fréquence seule

Il faut éviter de raisonner avec le glissement.
On raisonnera donc à partir de l'expression du couple en fonction de ω_r, pulsation rotorique :

$$C = 3p\left(\frac{V_S}{\omega}\right)^2 \frac{1}{\dfrac{R}{\omega_r} + N^2\dfrac{\omega_r}{R}}$$

L'action sur la fréquence (ou la pulsation) d'alimentation modifie :

– la vitesse de synchronisme $\Omega_S = \dfrac{2\pi}{p} f$;

– le couple maximal qui lui est inversement proportionnel $C_M = \dfrac{a}{f}$;

– le glissement « maximal » qui lui est aussi inversement proportionnel $g_M = \dfrac{d}{f}$.

La fréquence peut être réglée par un onduleur autonome.

a) Caractéristiques

Elles sont représentées sur la figure 7.30 ci-dessous.

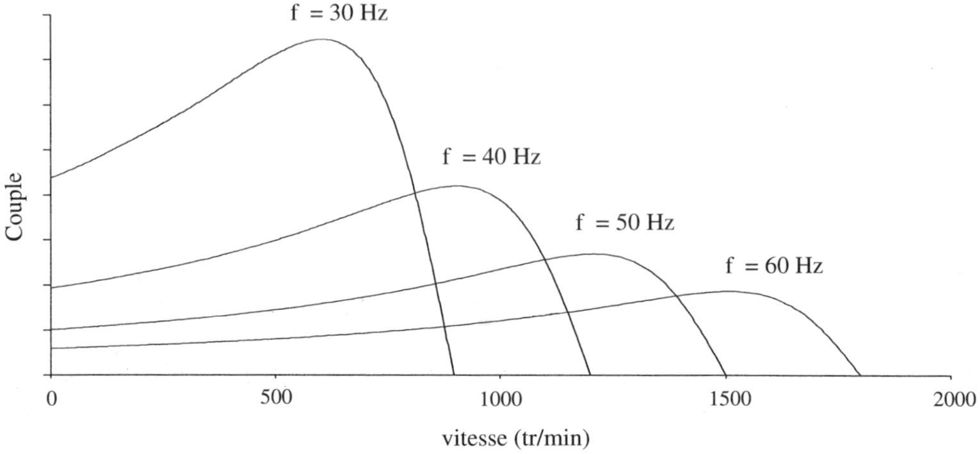

Figure 7.30 Caractéristiques couple-vitesse d'une machine tétrapolaire lorsque la fréquence seule varie.

b) Analyse critique

La variation est possible dans une large gamme de vitesse. L'inclinaison des courbes varie peu, la variation de vitesse est due principalement à Ω_S. On travaille à glissement pratiquement constant.

Toutefois,

– un risque de décrochage apparaît aux fréquences élevées ;

– la machine risque d'être fortement saturée aux faibles fréquences : en effet $\Phi_S = \dfrac{V_S}{4{,}44 k_S N_S f}$, donc si f diminue, le flux statorique augmente et l'intensité statorique croît très rapidement.

On voit donc que cette solution seule n'est pas très satisfaisante, elle est abandonnée au profit d'une action simultanée sur V_S et f. Cependant, lorsque la machine est alimentée à sa tension nominale, il est encore possible d'augmenter sa vitesse en l'alimentant à une fréquence supérieure à celle du réseau quitte à la déclasser en couple.

7.6.4 Action simultanée sur V_S et f

On a montré que l'expression du couple *en régime permanent* est donnée par :

$$C = 3p\left(\frac{V_S}{\omega}\right)^2 \frac{1}{\dfrac{R}{\omega_r} + N^2\dfrac{\omega_r}{R}}$$

Le couple dépend du terme $\frac{V_S}{\omega}$ image du flux, et de ω_r. Son contrôle et celui de la vitesse passent donc obligatoirement par ceux de ces deux grandeurs.

On s'efforce de travailler le plus possible au flux nominal pour éviter la saturation et minimiser les pertes.

a) Allure des caractéristiques

Pour les vitesses inférieures à la vitesse nominale on travaille à flux constant, pour cela il faut maintenir $\frac{V_S}{\omega} = \text{cte}$. Le couple et le courant statorique ne dépendent alors que de ω_r ; le fonctionnement à couple constant est possible en maintenant ω_r constante.

Les caractéristiques se translatent suivant l'axe des vitesses : on a accès à une large gamme de vitesses tout en conservant de faibles glissements (assurance d'un rendement correct).

En particulier on maintient $C_M = \frac{3p}{2}\left(\frac{V_S}{\omega}\right)^2 \frac{1}{N}$ pour $\omega_{rM} = \frac{R}{N}$ alors que $\Omega_S = \frac{2\pi}{p} f$.

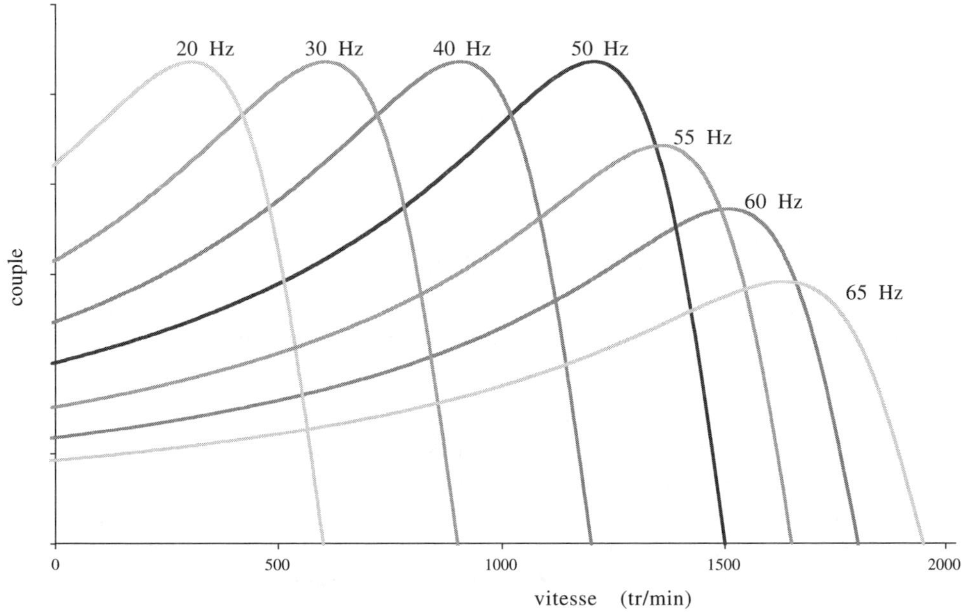

Figure 7.31 Caractéristiques couple-vitesse lors d'une variation de vitesse à flux constant.

Pour atteindre des vitesses supérieures à la vitesse nominale, on travaille à tension V_S constante (claquage des isolants) tout en augmentant la fréquence d'alimentation. On retrouve le fonctionnement décrit au 7.6.3. : le flux diminue ainsi que le couple maximum, la machine a un comportement proche de celui d'une machine à courant continu à excitation série, elle fonctionne à puissance constante. La vitesse maximale est fixée par la limite mécanique liée au rotor et la réserve de couple disponible (risque de décrochage).

Remarque : Dans ce raisonnement on a négligé r_S (la résistance statorique) ce qui n'est pas réaliste aux faibles fréquences.

Dans ces conditions V_S est très réduite alors que la chute de tension dans la résistance statorique $r_S I_S$ est constante et devient donc prépondérante. Le flux n'est plus forcé mais diminue, la courbe de couple est déformée.

C'est pourquoi le couple en régime permanent n'est pas bien maîtrisé à basse vitesse avec ce type de variateur.

Les constructeurs proposent des profils de lois de commande $\frac{V_S}{\omega}$ non constants pour s'adapter aux différents types de charges rencontrées dans l'industrie (pompes, ventilateurs, etc.), de la compensation de « rI » pour essayer de tenir compte de la chute de tension statorique.

b) Moyens de réalisation

La variation de la pulsation statorique exige dans tous les cas la présence d'un onduleur autonome : il peut être de tension ou de courant. La commande étant toujours complexe, elle est organisée autour d'un microprocesseur.

➤ Onduleur de tension

La solution la plus courante est l'alimentation par un *onduleur de tension*, c'est-à-dire qu'il impose les tensions aux bornes de la machine.

Plusieurs solutions sont possibles en ce qui concerne la commande. Elle peut être directe (par la pulsation statorique) ou autopilotée (par la pulsation rotorique et la vitesse, mesurée ou estimée, de la machine).

Les tensions statoriques sont obtenues par découpage d'une tension continue : les courants dans les phases de la machine sont donc forcément non sinusoïdaux et par conséquent le couple présente une ondulation. Vis-à-vis des harmoniques, le comportement de la machine est dicté par ses inductances de fuites totales : elles ont tendance à lisser le courant. Les ondulations de courant et de couple seront donc d'autant plus grandes que les inductances de fuite sont faibles.

Les variateurs à onduleur de tension sont particulièrement adaptés à la commande de machine asynchrone à fortes inductances de fuite.

Remarque : Dans le cas d'une commande « pleine onde » de l'onduleur, les harmoniques sont de rang faible. Les couples harmoniques se traduisent alors à basses fréquences statoriques par des oscillations de vitesse, très gênantes pour des applications de type robotique exigeant une grande précision et une bonne stabilité à faible vitesse. L'utilisation de la MLI qui repousse les harmoniques vers les rangs élevés permet d'éliminer ce problème.

Cette amélioration se fait au prix d'une augmentation des pertes Joule et pertes fer qui entraîne une diminution du rendement (par rapport à un fonctionnement en régime sinusoïdal) généralement comprise entre 2 et 8 %. En effet, la circulation de courants harmoniques de quelques kilohertz dans la cage se traduit par l'augmentation de la résistance rotorique liée à l'apparition de l'effet de peau.

Onduleur de tension, commande directe

L'opérateur fixe la vitesse par la valeur de la fréquence statorique ω_{cons}, la commande calcule la valeur efficace de la tension statorique V_S nécessaire en tenant compte de la relation $V_S = f(\omega)$ et pilote l'onduleur en conséquence. Ce type de commande est qualifiée de directe.

Le schéma de la figure 7.32 décrit le principe d'une commande MLI directe. Les tensions de référence $v_{1\,\text{ref}}$, $v_{2\,\text{ref}}$, $v_{3\,\text{ref}}$ sont générées par un oscillateur commandé en tension dont la pulsation est fixée par la consigne. Leurs amplitudes sont fixées par des multiplieurs à partir de la loi $V_S = f(\omega)$ et de la valeur de la consigne ω_{cons}.

Remarque 1 : Les grandeurs de références qui permettent de générer la commande MLI des interrupteurs peuvent aussi être les trois courants statoriques. Dans ce cas, les courants mesurés sont comparés à une référence sinusoïdale définie par la commande. Les semi-conducteurs sont commandés à partir de cette comparaison comme dans un hacheur avec régulation par fourchette de courant. *L'onduleur de tension est commandé en courant.*

Remarque 2 : La tension V_S prise en compte pour le réglage du flux est la valeur efficace du fondamental de la tension statorique.

Si l'onduleur est en commande « pleine onde » son réglage est réalisé par l'intermédiaire de la tension d'alimentation E rendue variable par l'association d'un pont redresseur à diodes suivi d'un hacheur ou d'un pont redresseur à thyristors.

Si l'onduleur est à commande MLI, il est possible de recalculer les angles de commutation pour chaque valeur de la tension mais la solution la plus souvent retenue est l'utilisation d'un hacheur à haute fréquence (plusieurs kilohertz) pour régler la tension d'alimentation de l'onduleur.

Il faut noter que cette structure ne permet pas de fixer avec précision la vitesse de rotation de la machine. En effet, selon la charge entraînée le glissement sera plus ou

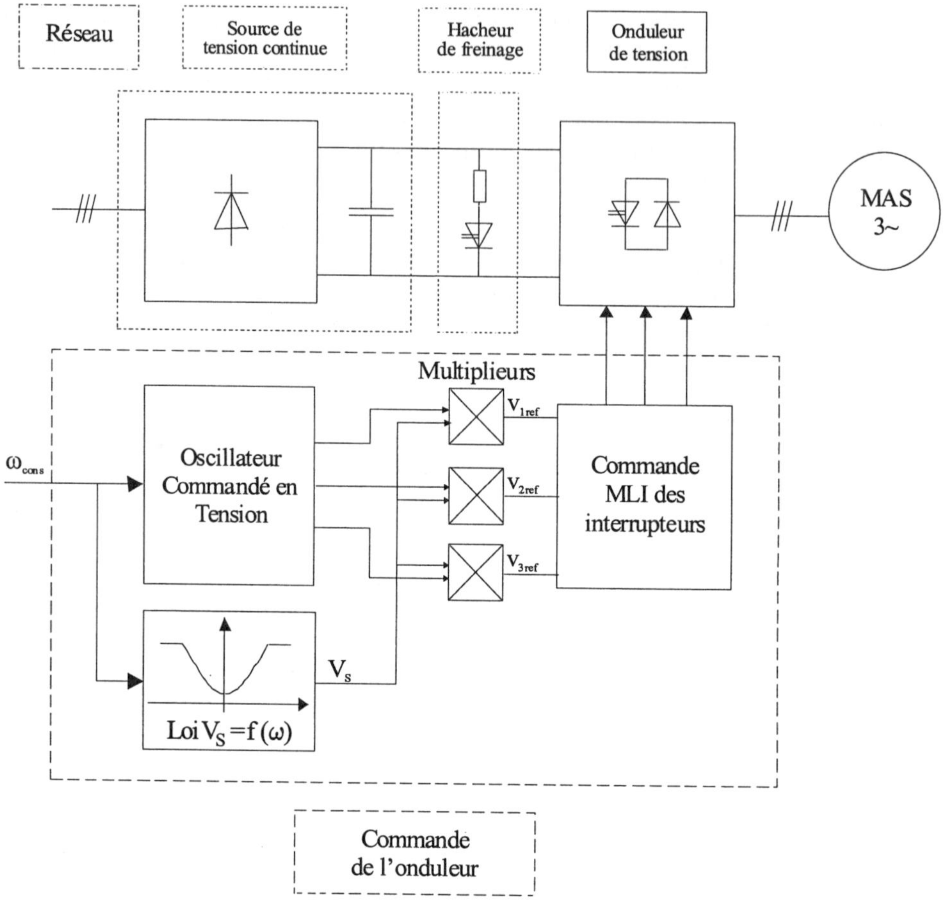

Figure 7.32 Schéma structurel de la chaîne de variation de vitesse d'une machine asynchrone alimentée par un onduleur de tension en commande directe.

moins important. Si le cahier des charges exige un réglage précis de la vitesse en régime permanent, il sera nécessaire d'adopter un système de commande avec « autopilotage fréquentiel ».

Onduleur de tension, commande autopilotée

Dans la commande autopilotée, les variables d'entrée sont ω_r et V_S ; ω est alors calculée à partir de $\omega = p\Omega \pm \omega_r$ (p est le nombre de paires de pôles de la machine, le signe + correspond à un fonctionnement en moteur, le signe − à un fonctionnement en génératrice).

Ce type de commande correspond a un fonctionnement autopiloté au sens où la fréquence qui est générée par l'onduleur est fonction de la vitesse réelle de la machine.

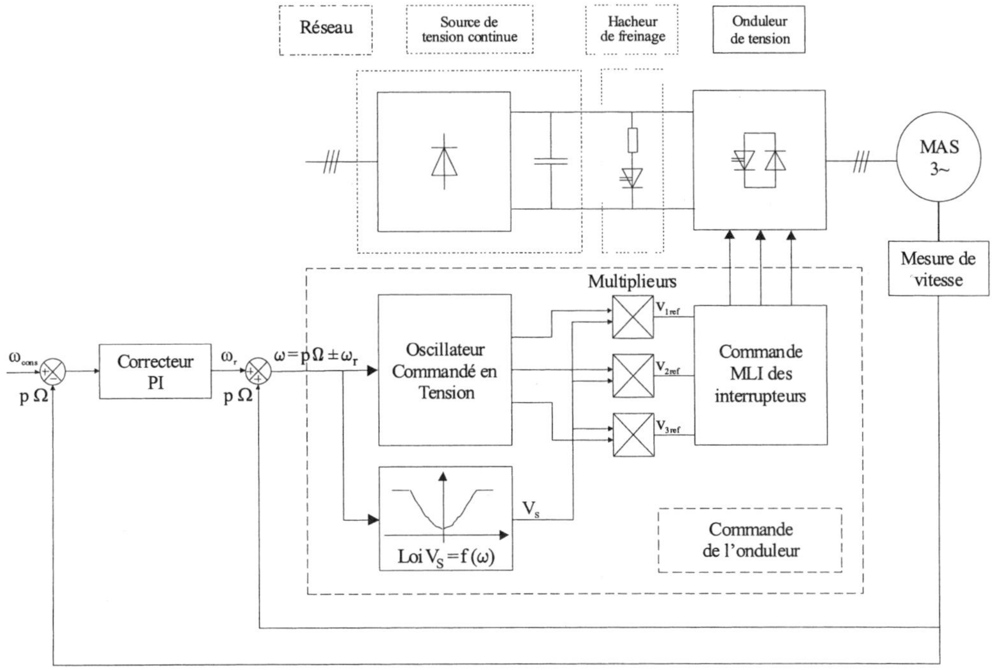

Figure 7.33 Schéma structurel de la chaîne de variation de vitesse d'une machine asynchrone alimentée par un onduleur de tension commandé par un autopilotage fréquentiel.

Le schéma de la figure 7.33 propose une structure de principe permettant une régulation de vitesse.

> ***Remarque :*** On peut modifier cette structure pour réaliser le contrôle du couple en régime établi : ω_r est alors choisie en fonction de la valeur du couple souhaitée.

Quel que soit le type de commande choisie, lorsque la tension continue est obtenue à partir d'un redresseur non commandé suivi d'un condensateur de filtrage, le système n'est pas réversible : il faut prévoir un hacheur de freinage qui permettra de dissiper l'énergie renvoyée par la machine.

De plus, même si certains constructeurs prévoient une inductance de lissage en série sur le bus continu, l'étage redresseur génère beaucoup d'harmoniques. Ceux-ci peuvent entraîner des problèmes de pollution significatifs sur le réseau s'il n'est pas infiniment puissant (cas des sites de forages pétroliers par exemple).

On remplace alors le redresseur à diodes par une structure MLI. Tout en assurant la régulation de tension continue E cet étage d'entrée :

– fonctionne en redresseur lorsque la machine fonctionne en moteur et en onduleur lorsqu'elle fonctionne en génératrice. Il permet ainsi de récupérer l'énergie de freinage de la machine entraînée (ce type de structure est notamment utilisé dans le TGV Nord avec un dispositif monophasé).
– permet de prélever au réseau des courants quasi sinusoïdaux en phase avec les tensions. Le facteur de puissance du convertisseur est ainsi optimisé.

Des inductances placées en série permettent de filtrer les harmoniques résiduels.

Onduleur de courant, commande autopilotée

L'association d'une machine asynchrone avec un onduleur de courant n'est possible qu'en commande autopilotée : l'utilisation de la commande directe par la pulsation statorique s'accompagne d'instabilités. C'est historiquement le premier système qui a été disponible dans le domaine des fortes puissances.

La source de courant continu est classiquement constituée d'un pont à thyristors suivi d'une inductance de lissage.

Le schéma du commutateur de courant est très voisin de celui de la machine synchrone autopilotée, mais il ne peut être réalisé avec des thyristors fonctionnant en

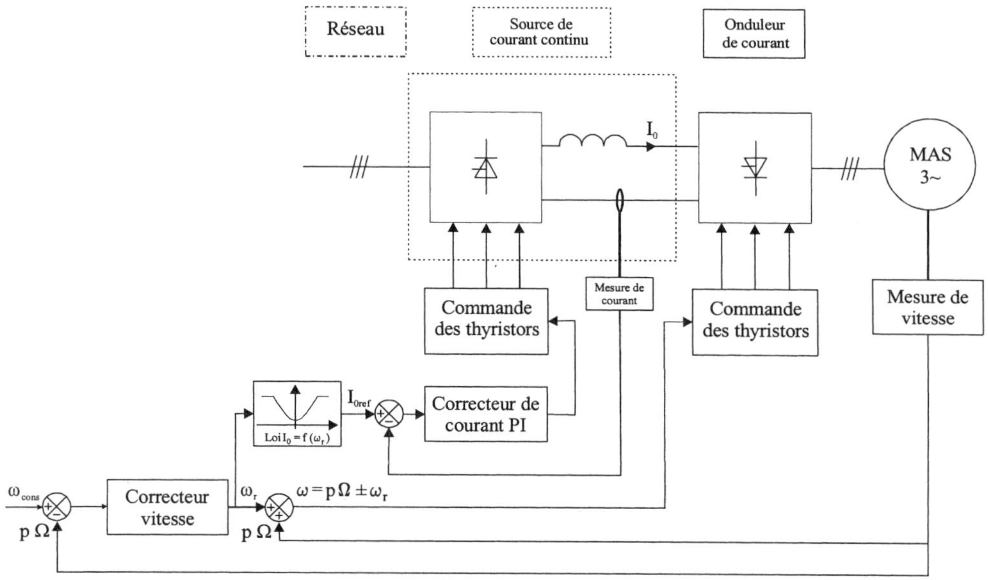

Figure 7.34 Asservissement de vitesse d'une machine asynchrone associée à un onduleur de courant.

commutation naturelle puisque les courants dans les phases de la machine asynchrone sont obligatoirement en retard sur les tensions.

Des condensateurs de forte valeur placés en parallèle sur les enroulements du moteur permettent d'assurer les commutations des thyristors et fournissent l'énergie réactive nécessaire pour magnétiser le moteur.

L'onduleur de courant impose des variations rapides du courant dans les phases de la machine. Cela génère des surtensions (ouverture d'un circuit inductif), d'autant plus importantes que les inductances de fuites de la machine sont grandes : *l'onduleur de courant sera bien adapté aux machines présentant de faibles inductances de fuites.* Il sera par ailleurs nécessaire de surdimensionner l'isolant des bobinages du stator.

En raison de sa réversibilité naturelle il convient bien dans le domaine des fortes puissances (jusqu'à 20 MW sous 7 kV) où la récupération d'énergie lors du freinage est demandée.

> ***Remarque :*** Le fonctionnement est cyclique : la période des grandeurs statoriques est découpée en 6 intervalles, le couple présente donc une ondulation à 6 fois la fréquence statorique (du même type que dans le cas de la machine synchrone autopilotée). Cette ondulation est d'autant plus grande que le courant est déphasé par rapport à la tension associée. Cela constitue un inconvénient majeur pour les entraînements de charge à faible inertie mais n'a aucune incidence dans les applications typiques de traction ou de pompage dans lesquelles l'inertie est très importante.

c) Analyse critique

Les différents systèmes de variation de vitesse exposés dans le paragraphe suivant reposent sur le modèle équivalent classique (dit de Steinmetz). Celui-ci n'est en aucun cas valable en régime transitoire : pour contrôler le comportement de la machine lors des régimes transitoires, il faut faire appel à un modèle plus complexe reposant sur la transformée de Park.

Le contrôle « classique » scalaire consiste à réguler l'amplitude et la fréquence V_S de la tension (donc la longueur et la vitesse de rotation du vecteur de Fresnel associé) ; le contrôle vectoriel règle l'amplitude et la phase de la tension V_S (donc la longueur et la position du vecteur de Fresnel associé).

Le contrôle vectoriel de flux améliore sensiblement les performances de la machine. Le tableau 7.1 récapitule les performances respectives des variateurs scalaires et vectoriels, avec et sans capteur (source : Schneider Electric).

> ***Remarque 1 :*** « Gamme de vitesse de 1 à 10 » signifie que le constructeur garantit les performances du variateur de la vitesse nominale n_n à $\frac{n_n}{10}$.

TABLEAU 7.1 PERFORMANCES D'UN VARIATEUR DANS LES TROIS CONFIGURATIONS POSSIBLES (TYPE ATV58F TÉLÉMÉCANIQUE).

	Contrôle scalaire	Avec contrôle vectoriel de flux	
		Sans capteur	Avec capteur
Gamme de vitesse	1 à 10	1 à 100	1 à 1 000
Bande passante	5 à 10 Hz	10 à 15 Hz	30 à 50 Hz
Précision de vitesse	± 1 %	± 1 %	± 0,01 %

Remarque 2 : Dans le cas d'un variateur à contrôle vectoriel de flux sans capteur, le variateur effectue un auto réglage à la mise sous tension et détermine ainsi les paramètres statoriques du moteur qui lui est associé. Ces valeurs sont mémorisées et permettent au microprocesseur d'élaborer les lois de commande. L'information de vitesse est estimée par le calcul à partir du modèle de la machine implanté dans le microprocesseur et non pas mesurée. On comprendra donc que le réglage de la vitesse soit moins performant.

C'est dans le domaine des basses vitesses que le variateur avec capteur est nettement plus performant ; c'est aussi le seul à fournir un couple à l'arrêt.

7.7 DÉMARRAGE DU MOTEUR ASYNCHRONE

La courbe du couple moteur en fonction de la vitesse est établie par le constructeur en supposant un régime stationnaire à chaque valeur de la vitesse. Or, lors du démarrage (ou d'une variation de vitesse) le régime n'est pas stationnaire : c'est le couple dynamique qui intervient et sa valeur maximale est inférieure à celle du couple statique. L'écart est d'autant plus grand que l'accélération est importante donc que l'inertie de la charge entraînée est faible.

Cependant, les couples de démarrage que l'on considère sont des couples déterminés en régime établi.

Remarque : Au moment du décollage, il se produit un régime transitoire oscillant d'environ une demi-seconde, au cours duquel l'amplitude du couple peut être 5 fois supérieure au couple moyen.

L'intensité du courant de démarrage peut varier entre 6 et plus de 10 fois le courant nominal. Le démarrage ne doit pas provoquer des chutes de tension qui perturbent les installations voisines ou qui réduisent trop le couple de démarrage. Cela se produit dès que le courant de démarrage n'est plus une fraction négligeable du courant de court-circuit de l'installation qui alimente le moteur.

7.7.1 Problème posé

Supposons que nous réalisons un démarrage dans les conditions nominales. Le glissement est égal à 1 ($\Omega = 0$) donc $(I_{SD})_n \gg I_{Sn}$:

$(I_{SD})_n = \dfrac{V_S n}{\sqrt{R^2 + (N\omega)^2}}$, est le courant obtenu en démarrage direct sous tension nominale.

$(C_D)_n = 3p\dfrac{V_{Sn}^2}{\omega}\dfrac{R}{\sqrt{R^2 + (N\omega)^2}}$, est le couple obtenu en démarrage direct sous tension nominale ; il est très inférieur au couple nominal de la machine.

> ***Remarque :*** Comme $g = 1$, le courant de démarrage est analogue à celui que l'on obtiendrait en mettant un transformateur en court-circuit sous pleine tension. Il est donc énorme, il faut le limiter.

Pour obtenir de bonnes conditions de démarrage, il faut :

– un couple de démarrage plus élevé que le couple résistant à l'arrêt (d'autant plus élevé que le temps de mise en vitesse recherché est faible : $J\dfrac{\mathrm{d}\Omega}{\mathrm{d}t} = C_D + C'$),
– un courant appelé aussi faible que possible pour :
  - réduire l'échauffement du moteur ;
  - ne pas faire déclencher les dispositifs de protection du moteur ;
  - ne pas provoquer une chute de tension du réseau EDF.

Pour estimer l'efficacité d'un dispositif de démarrage, on définit le « couple spécifique » :

$$C_S = \frac{C_D}{(C_D)_n} \Big/ \frac{I_D}{(I_D)_n}$$

> ***Remarque :*** Ce couple est en réalité sans dimension, pour améliorer un démarrage, il faut augmenter C_S.

La stratégie adoptée est :

– de réduire le courant de démarrage pour le rendre possible en agissant sur V_S ou sur r_r,

– d'augmenter le couple au démarrage.

7.7.2 Action sur la tension statorique

On réduit la tension statorique d'un facteur k :

$$V'_{SD} = \frac{V_{Sn}}{k} \text{ or } I'_{SD} = \frac{1}{k}\frac{V_{Sn}}{\sqrt{R^2 + (N\omega)^2}}$$

d'où $I'_{SD} = \dfrac{(I_{SD})_n}{k}$ et $C'_D = \dfrac{(C_D)_n}{k^2}$

a) Analyse

Cette solution simple permet un démarrage progressif *mais* le couple au démarrage est faible (il faut donc démarrer à vide ou avec un faible couple résistant). Le couple spécifique n'est pas amélioré.

b) Mise en œuvre

On ajoute des *impédances en série* avec le stator : des inductances avec prise intermédiaires pour les éliminer progressivement.

> ***Remarque :*** L'utilisation de résistances conduirait à des pertes joule importantes et serait peu efficace à cause du faible facteur de puissance du moteur.

On peut aussi placer un *gradateur en série* avec le stator : cette méthode est plus souple et génère moins de pertes.

Dans ces deux cas, $I'_{SD} = \dfrac{I_{Sn}}{k}$ et $C'_D = \dfrac{(C_D)_n}{k^2}$, le couple spécifique est donc réduit :

$$C'_S = \frac{C_S}{k}$$

On peut encore insérer *un autotransformateur* qui impose $V'_{SD} = \dfrac{V_{Sn}}{k}$ et $I'_{SD} = \dfrac{I_{SD}}{k} = kI_{\text{réseau}}$, donc $I_{\text{réseau}} = \dfrac{I_{SD}}{k^2}$ mais on a réduit dans un rapport k le courant statorique et dans un rapport k^2 le courant prélevé au réseau.

Dans ce cas le couple spécifique est maintenu constant : $C'_S = C_S$.

On peut réaliser un *démarrage étoile-triangle*. (Le moteur doit fonctionner nominalement en couplage triangle).

En couplage étoile, la tension aux bornes des *bobinages* est divisée par $\sqrt{3}$, donc le courant dans les bobinages est lui aussi divisé par $\sqrt{3}$.

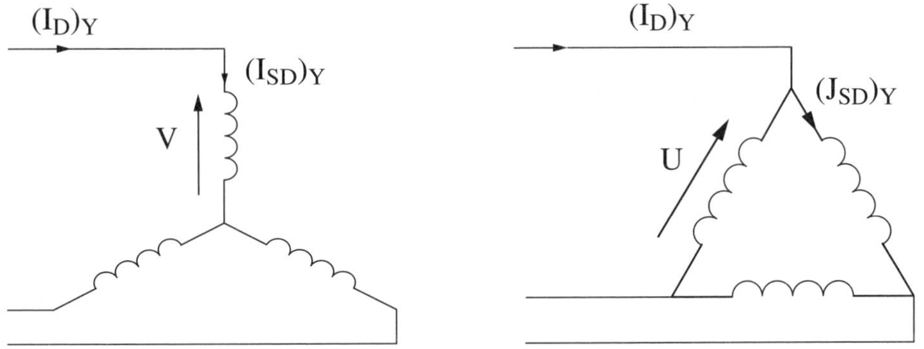

Figure 7.35 Démarrage étoile-triangle.

En triangle $(I_D)_\Delta = \sqrt{3}(J_{SD})_\Delta$, en étoile $(I_D)_Y = (I_{SD}) = \dfrac{(J_{SD})_\Delta}{\sqrt{3}}$ donc : $(I_D)_Y = \dfrac{(I_D)_\Delta}{3}$.

Le couple au démarrage est divisé par 3, le courant prélevé au réseau aussi donc le couple spécifique est maintenu : $C'_S = C_S$.

7.7.3 Démarrage par insertion d'un rhéostat rotorique

Comme on peut le constater sur la figure 7.36, si r_r augmente, le couple au démarrage augmente.

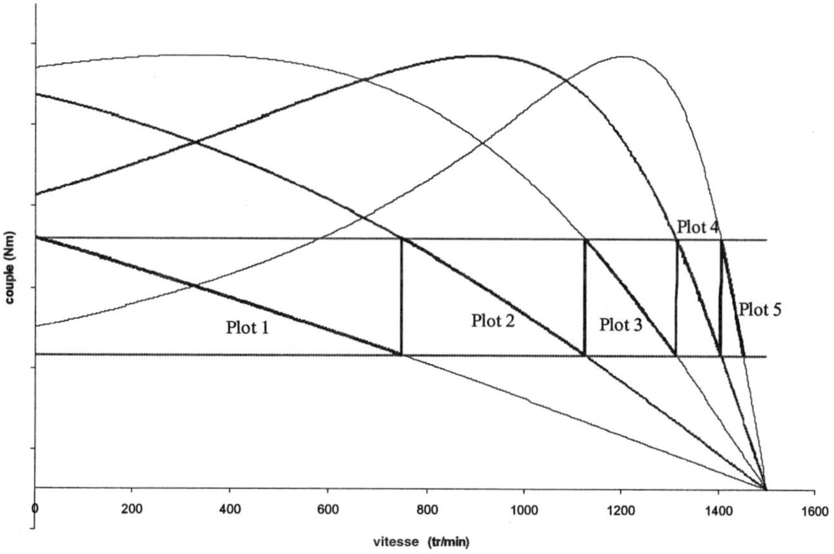

Figure 7.36 Démarrage par insertion d'un réhostat rotorique.

L'impédance de court-circuit $Z_D = \sqrt{R^2 + (N\omega)^2}$ augmente, donc le courant de démarrage diminue. Ce procédé permet d'améliorer le couple spécifique.

Le rhéostat est divisé en plots que l'on élimine au fur et à mesure que la vitesse augmente. Ce procédé de démarrage tend à disparaître.

7.7.4 Démarrage des moteurs à cage

Le couple de démarrage d'un moteur à cage est fixé par la construction du moteur et ne peut être augmenté par l'utilisateur.

Les normes imposent :

- $C_D \geqslant 0{,}5C_n$ pour les moteurs triphasés de moins de 100 kW ;
- $C_D \geqslant 0{,}3C_n$ pour les moteurs triphasés de plus de 100 kW, pour tous les moteurs monophasés et pour tous les moteurs triphasés à plusieurs vitesses.

On construit le rotor spécialement pour avoir un effet semblable au précédent : la résistance apparente de la cage au démarrage est supérieure à celle du fonctionnement nominal.

a) Rotor à double cage

La cage extérieure a une forte résistance et une faible inductance de fuite l_f. La cage intérieure a une faible résistance et une forte inductance de fuite.

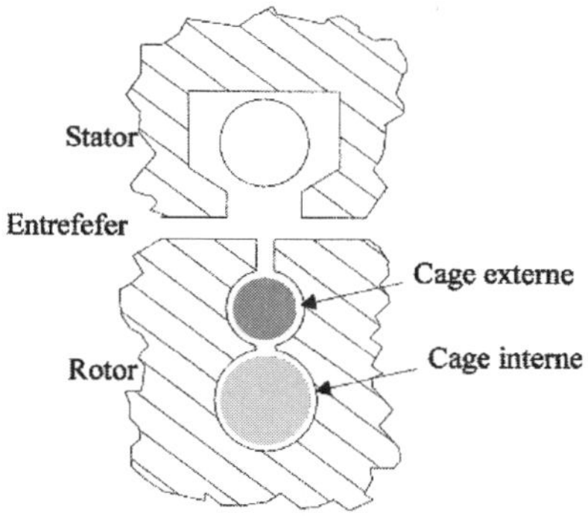

Figure 7.37 Rotor à double cage.

Au démarrage, la fréquence des courants rotoriques est de 50 Hz (puisque Ω 0), on a donc : $\mathcal{L}_{fr}\omega \gg r_r$.

Au démarrage la cage externe est parcourue par un fort courant et constitue un écran électromagnétique : le courant dans la cage interne est quasiment nul.

La résistance de démarrage est donc celle de la cage externe : elle est donc forte.

Quand la vitesse augmente, la fréquence des courants rotoriques diminue, l'effet résistif devient prépondérant, c'est la cage interne qui intervient.

b) Rotor à encoches profondes

Dans ce cas, on utilise l'effet de peau. Les barres ont une forme allongée, à la fréquence du réseau la barre n'est pas parcourue par le courant dans toute sa hauteur : sa résistance apparente augmente.

Pour que ce phénomène soit sensible à 50 Hz, il faut que la hauteur des barres dépasse 16 mm si elles sont en cuivre et 20 mm si elles sont en aluminium.

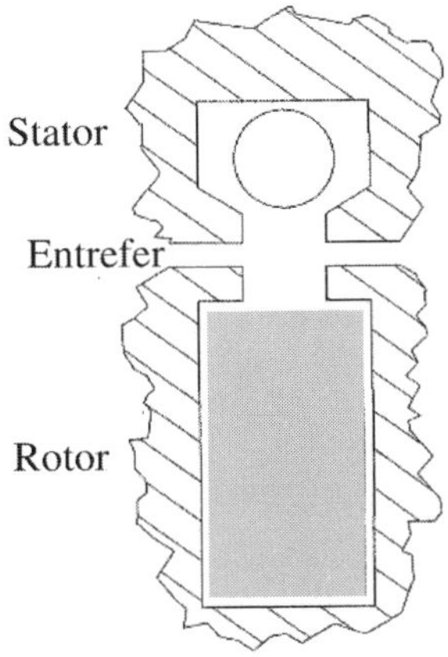

Figure 7.38 Rotor à encoches profondes.

Annexe 3

La machine asynchrone vue à travers la transformée de Park

La machine est supposée bipolaire, triphasée au rotor et au stator.

La transformée de Park retenue conserve la puissance et permet d'obtenir un modèle de la machine dans un référentiel « d,q » lié au champ tournant statorique dans lequel les équations de la machine se simplifient énormément.

On peut décomposer grandeurs statoriques et rotoriques (courants, flux et tensions) selon ces deux axes (indices respectifs d et q ajoutés aux indices r pour rotor et s pour stator).

ÉQUATIONS DE LA MACHINE DANS LE REPÈRE DE PARK

Chaque « vecteur » défini précédemment dans le référentiel 1, 2, 3 (courant, tension, flux), se voit associé à un vecteur d, q, 0, par l'intermédiaire de la transformée de Park (voir chapitre 4).

Dans tous les cas où le système est équilibré, la composante indicée 0 (composante homopolaire) est nulle : nous nous limiterons à de tels cas, par conséquent nous ne la mentionnerons plus.

Par application de la transformée de Park, on remplace le bobinage triphasé du stator par le bobinage diphasé équivalent, on fait de même pour le rotor.

On choisit le même axe « d » pour les deux transformations : il est défini par un angle θ_s par rapport à l'axe de la phase 1 du stator et, par un angle θ_r par rapport à l'axe de la phase 1 du rotor.

L'angle $\theta = \theta_s - \theta_r$ correspond à la position du rotor dans la machine, il peut être mesuré par un codeur solidaire du rotor.

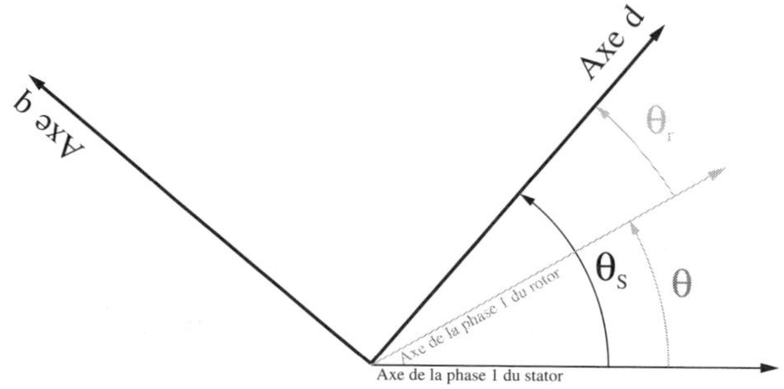

Figure A3.1 Repérage angulaire des systèmes d'axe dans l'espace électrique.

Remarque : Dans le cas d'une alimentation sinusoïdale équilibrée où la tension de la phase 1 est prise comme référence de phase :

$$v_{s1}(t) = \widehat{V}_s \cos(\omega t) \qquad v_{sd}(t) = \widehat{V}_s \sqrt{\frac{3}{2}} \cos(\omega t - \theta_s)$$

$$v_{s2}(t) = \widehat{V}_s \cos\left(\omega t - \frac{2\pi}{3}\right) \xrightarrow{\text{Park}} v_{sq}(t) = \widehat{V}_s \sqrt{\frac{3}{2}} \sin(\omega t - \theta_s)$$

$$v_{s3}(t) = \widehat{V}_s \cos\left(\omega t - \frac{4\pi}{3}\right) \qquad v_0(t) = 0$$

Après transformation du rotor et du stator, on aboutit à une machine équivalente à 4 enroulements : deux selon l'axe d et deux selon l'axe q ainsi que le montre la figure A3.2.

Les bobinages équivalents au stator ont une inductance propre égale à l'inductance cyclique statorique dans le repère 1, 2, 3 : $L_{sd} = L_{sq} = \mathcal{L}_S$ et une résistance r_S identique à celle des bobinages réels.

Les bobinages équivalents au rotor ont une inductance propre égale à l'inductance cyclique rotorique dans le repère 1, 2, 3 : $L_{rd} = L_{rq} = \mathcal{L}_r$ et une résistance r_r identique à celle des bobinages réels.

De la même façon, le coefficient d'inductance mutuelle qui lie les bobinages statoriques et rotoriques selon les axes d et q est M, celui que nous avons rencontré au 7.22.b.

Remarque : Comme les axes d et q sont perpendiculaires entre eux, il n'y a pas de terme d'inductance mutuelle entre les bobinages situés selon l'axe d et ceux situés sur l'axe q.

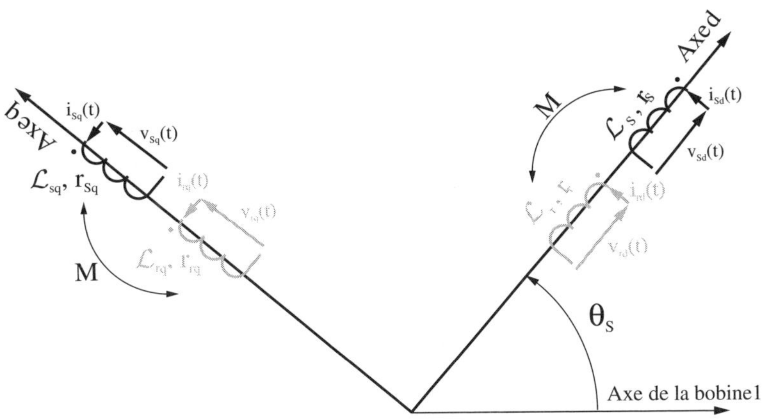

Figure A3.2 Représentation des enroulements fictifs d'axe d et q.

Cette représentation, *applicable en régime équilibré quelconque*, permet d'écrire les expressions suivantes pour les flux :

$$\begin{aligned} \Phi_{sd}(t) &= \mathcal{L}_S i_{sd}(t) + M i_{rd}(t) \\ \Phi_{sq}(t) &= \mathcal{L}_S i_{sq}(t) + M i_{rq}(t) \end{aligned} \qquad (1)$$

$$\begin{aligned} \Phi_{rd}(t) &= \mathcal{L}_r i_{rd}(t) + M i_{sd}(t) \\ \Phi_{rq}(t) &= \mathcal{L}_r i_{rq}(t) + M i_{sq}(t) \end{aligned} \qquad (2)$$

$\Phi_{sd}(t)$ désigne le flux à travers la bobine issue du stator, située selon l'axe d,

$\Phi_{sq}(t)$ désigne le flux à travers la bobine issue du stator, située selon l'axe q,

$\Phi_{sd}(t)$ désigne le flux à travers la bobine issue du rotor, située selon l'axe d,

$\Phi_{rq}(t)$ désigne le flux à travers la bobine issue du rotor, située selon l'axe q.

Remarque : Les axes « d » et « q » sont orthogonaux, on peut donc adopter une notation complexe plus compacte (transformation à un axe) en groupant les équations deux par deux et en définissant le flux complexe comme $\underline{\Phi} = \Phi_d(t) + j\Phi_q(t)$.

$$\underline{\Phi_s} = \Phi_{sd}(t) + j\Phi_{sq}(t) = \mathcal{L}_S \underline{I_s} + M\underline{I_r}$$

Ainsi on obtient :

$$\underline{\Phi_r} = \Phi_{rd}(t) + j\Phi_{rq}(t) = \mathcal{L}_r \underline{I_r} + M\underline{I_s}$$

Il est remarquable de constater que ces expressions applicables *en régime équilibré quelconque* sont formellement identiques à celles établies au paragraphe 7.2 pour le *flux à travers une phase en régime permanent sinusoïdal* :

$$n_S \underline{\Phi}_S(\omega) = \mathcal{L}_S \underline{I_S}(\omega) + M\underline{I_r}(\omega)$$

$$n_r \underline{\Phi}_r(\omega_r) = \mathcal{L}_r \underline{I_r}(\omega_r) + M\underline{I_S}(\omega_r)$$

Les composantes de Park statoriques s'écrivent en posant $\omega_s = \dfrac{\mathrm{d}\theta_s}{\mathrm{d}t}$:

$$v_{sd}(t) = r_s i_{sd}(t) + \frac{\mathrm{d}\Phi_{sd}(t)}{\mathrm{d}t} - \left(\frac{\mathrm{d}\theta_s(t)}{\mathrm{d}t}\right)\Phi_{sq}(t)$$

$$v_{sq}(t) = r_s i_{sq}(t) + \frac{\mathrm{d}\Phi_{sq}(t)}{\mathrm{d}t} + \left(\frac{\mathrm{d}\theta_s(t)}{\mathrm{d}t}\right)\Phi_{sd}(t)$$

$$\boxed{\begin{aligned} v_{sd}(t) &= r_s i_{sd}(t) + \frac{\mathrm{d}\Phi_{sd}(t)}{\mathrm{d}t} - \omega_s \Phi_{sq}(t) \\ v_{sq}(t) &= r_s i_{sq}(t) + \frac{\mathrm{d}\Phi_{sq}(t)}{\mathrm{d}t} + \omega_s \Phi_{sd}(t) \end{aligned}} \qquad (3)$$

De même pour les composantes rotoriques il vient en posant $\omega_r = \dfrac{\mathrm{d}\theta_r}{\mathrm{d}t}$:

$$v_{rd}(t) = r_r i_{rd}(t) + \frac{\mathrm{d}\Phi_{rd}(t)}{\mathrm{d}t} - \left(\frac{\mathrm{d}\theta_r(t)}{\mathrm{d}t}\right)\Phi_{rq}(t) = 0$$

$$v_{rq}(t) = r_r i_{rq}(t) + \frac{\mathrm{d}\Phi_{rq}(t)}{\mathrm{d}t} + \left(\frac{\mathrm{d}\theta_r(t)}{\mathrm{d}t}\right)\Phi_{rd}(t) = 0$$

$$\boxed{\begin{aligned} 0 &= r_r i_{rd}(t) + \frac{\mathrm{d}\Phi_{rd}(t)}{\mathrm{d}t} - \omega_r \Phi_{rq}(t) \\ 0 &= r_r i_{rq}(t) + \frac{\mathrm{d}\Phi_{rq}(t)}{\mathrm{d}t} + \omega_r \Phi_{rd}(t) \end{aligned}} \qquad (4)$$

Remarque : $\omega_s = \dfrac{\mathrm{d}\theta_s}{\mathrm{d}t}$ (respectivement $\omega_r = \dfrac{\mathrm{d}\theta_r}{\mathrm{d}t}$) représente la vitesse angulaire des axes « d, q » dans le repère statorique (resp. rotorique). Elle n'est pas nécessairement constante.

En régime sinusoïdal, *et seulement dans ce cas*, elle est confondue avec ω (respectivement $\omega_r = g\omega$) qui est la pulsation des grandeurs électromagnétiques statoriques (respectivement rotoriques).

Si de plus le régime est permanent, les composantes de Park sont constantes, les termes dérivés sont donc nuls, ce qui conduit à :

$$\begin{aligned}
V_{sd} &= r_s I_{sd} - \omega\Phi_{sq} \\
V_{sq} &= r_s I_{sq} + \omega\Phi_{sd} \\
0 &= r_r I_{rd} - \omega_r\Phi_{rq} = r_r I_{rd} - g\omega\Phi_{rq} \\
0 &= r_r I_{rq} - \omega_r\Phi_{rd} = r_r I_{rq} - g\omega\Phi_{rd}
\end{aligned}$$

En utilisant la transformation à un axe on peut écrire $\underline{V_s} = V_{sd} + jV_{sq}$ et $\underline{I} = I_d + jI_q$ d'où comme au paragraphe 7.2 :

$$\boxed{\begin{aligned}
\underline{V_s} &= r_s\underline{I_s} + j\omega\underline{\Phi_s} \\
0 &= \frac{r_r}{g}\underline{I_r} + j\omega\underline{\Phi_r}
\end{aligned}}$$

EXPRESSION DU COUPLE INSTANTANÉ EN RÉGIME QUELCONQUE

La transformation de Park conserve la puissance instantanée donc :

$$p(t) = v_{s1}(t)i_{s1}(t) + v_{s2}(t)i_{s2}(t) + v_{s3}(t)i_{s3}(t) = v_{sd}(t)i_{sd}(t) + v_{sq}(t)i_{sq}(t).$$

En utilisant les expressions (1) il vient :

$$\begin{aligned}
p(t) = &\left[r_s i_{sd}^2(t) + r_s i_{sq}^2(t)\right] + \left[\frac{\mathrm{d}\Phi_{sd}(t)}{\mathrm{d}t}i_{sd}(t) + \frac{\mathrm{d}\Phi_{sq}(t)}{\mathrm{d}t}i_{sq}(t)\right] \\
&+ \left[\omega_s(\Phi_{sd}(t)i_{sq}(t) - \Phi_{sq}(t)i_{sd}(t))\right]
\end{aligned}$$

Le premier terme s'interprète comme de la puissance Joule, le deuxième est la puissance électromagnétique stockée, le dernier terme est la fraction de puissance électrique convertie en puissance mécanique.

On écrit donc : $p_m(t) = \omega_s\left[\Phi_{sd}(t)i_{sq}(t) - \Phi_{sq}(t)i_{sd}(t)\right] = c(t)\omega_s$

On en déduit une expression du couple instantané :

$$c(t) = \Phi_{sd}(t)i_{sq}(t) - \Phi_{sq}(t)i_{sd}(t)$$

En exploitant les expressions des flux statoriques, il est possible d'établir deux autres expressions du couple :

$$c(t) = M\left[i_{rd}(t)i_{sq}(t) - i_{rq}(t)i_{sd}(t)\right]$$

$$c(t) = \frac{M}{\mathcal{L}_r}\left[\Phi_{rd}(t)i_{sq}(t) - \Phi_{rq}(t)i_{sd}(t)\right]$$

Ces trois expressions différentes montrent que le couple résulte de l'interaction d'un flux et d'un courant, comme dans la MCC. Le problème est qu'ici on ne dispose pas de deux variables indépendantes pour les contrôler séparément comme dans la MCC.

Le principe de la commande vectorielle est de permettre de « découpler » les variables flux et courant pour rendre leurs contrôles indépendants.

Les trois expressions précédentes conduisent à des stratégies différentes de commande de la machine. Une des plus utilisée industriellement repose sur l'orientation du flux rotorique.

CONTRÔLE DU COUPLE PAR LA MÉTHODE DU FLUX ROTORIQUE ORIENTÉ

Cette méthode consiste à faire en sorte que le flux rotorique soit porté par l'axe d, c'est-à-dire à réaliser $\Phi_{rq} = 0$. Dans ce cas, l'expression du couple se simplifie ainsi :

$$c(t) = \frac{M}{L_r}\Phi_{rd}(t)i_{sq}(t) = \frac{M^2}{L_r}i_{sd}(t)i_{sq}(t)$$

Si le flux $\Phi_{rd}(t)$ est régulé et maintenu constant, le contrôle de $i_{sq}(t)$ permet celui du couple.

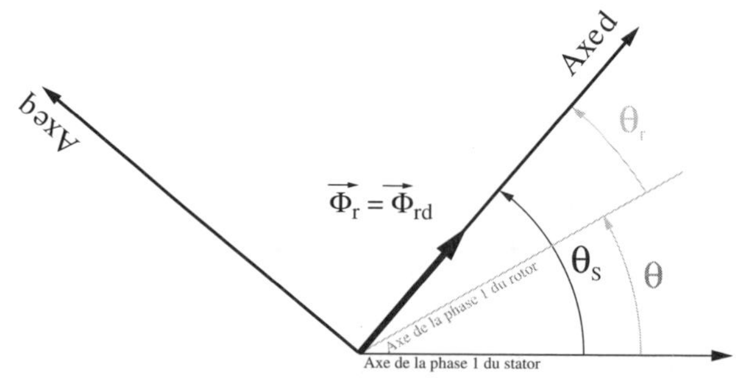

Figure A3.3 Méthode du flux orienté : position du référentiel « d,q ».

Il « suffit » alors de connaître la position instantanée du référentiel « d, q » et de trouver parmi les paramètres accessibles (essentiellement statoriques) celui qui correspond à Φ_{rd} pour pouvoir le régler.

Contrôle du flux

Pour régler le flux on utilise le courant $i_{sd}(t)$:

$$\Phi_{rd}(t) = \mathcal{L}_r i_{rd}(t) + M i_{sd}(t)$$

$$0 = r_r i_{rd}(t) + \frac{\mathrm{d}\Phi_{rd}(t)}{\mathrm{d}t}$$

d'où l'on tire par substitution : $\Phi_{rd}(t) + \dfrac{\mathcal{L}_r}{r_r}\dfrac{\mathrm{d}\Phi_{rd}(t)}{\mathrm{d}t} = M i_{sd}(t)$

> ***Remarque :*** La constante de temps rotorique $\tau_r = \dfrac{\mathcal{L}_r}{r_r}$ (de l'ordre de quelques centaines de millisecondes pour une machine de 3 kW) correspond au temps nécessaire pour amener l'énergie permettant « d'installer » le champ magnétique dans la machine.

En régime permanent, le flux Φ_{rd} est constant et proportionnel au courant I_{sd} qui joue un rôle analogue au courant inducteur d'une machine à courant continu. Le courant I_{rd} est nul.

Calcul de $\theta_s(t)$

Pour pouvoir commander les composants, il est nécessaire de revenir dans le référentiel 1, 2, 3, « classique », donc de connaître la position de l'axe d.

Elle est repérée par l'angle $\theta_s(t)$ qui vérifie $\theta_s(t) = \theta(t) + \theta_r(t)$.

L'angle $\theta(t)$ est mesuré par un capteur de position et $\theta_r(t)$ peut être obtenu par intégration de la pulsation des grandeurs rotoriques ω_r.

À partir des relations :

$$0 = r_r i_{rq}(t) + \omega_r \Phi_{rd}(t)$$

$$0 = \mathcal{L}_r i_{rq}(t) + M i_{sq}(t)$$

la pulsation des grandeurs rotoriques s'écrit :

$$\omega_r(t) = -\frac{M r_r}{\mathcal{L}_r}\frac{i_{sq}(t)}{\Phi_{rd}(t)} = -\frac{M}{\tau_r}\frac{i_{sq}(t)}{\Phi_{rd}(t)},$$

Elle peut donc être évaluée à partir de la valeur estimée de $i_{sq}(t)$ et de celle, calculée, de $\Phi_{rd}(t)$.

Application : principe d'un variateur vectoriel

Ces équations permettent de définir le principe du contrôle du couple pour la réalisation d'un asservissement de vitesse ainsi qu'il est décrit sur le schéma structurel de la figure A3.4.

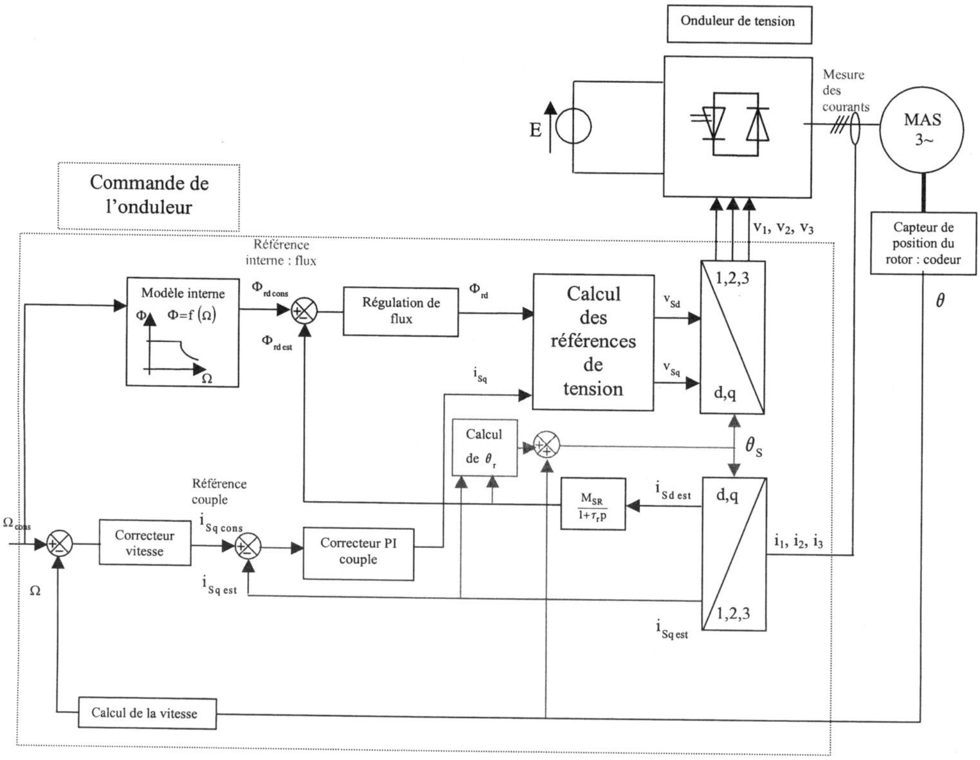

Figure A3.4 Exemple de schéma fonctionnel d'une régulation de vitesse par la méthode du flux rotorique orienté.

Il ne faut pas perdre de vue le fait que la machine de Park se comporte comme une MCC à excitation indépendante : le flux inducteur est Φ_{rd}, puisqu'on fait en sorte que $\Phi_{rq} = 0$. Le courant équivalent au courant d'induit est i_{sq}.

L'opérateur affiche une consigne de vitesse, le variateur définit, d'après une loi interne implantée au préalable, si la machine fonctionnera à flux constant ou à puissance constante (comme pour une MCC). On obtient ainsi $\Phi_{rd\,\text{cons}}$ la référence de flux rotorique selon l'axe « d », la seule composante de flux. Une boucle de régulation (en noir) permet de maintenir la valeur souhaitée.

Un codeur lié au rotor permet à tout instant de connaître la position du rotor θ. On en déduit par dérivation la vitesse du rotor Ω.

La consigne de vitesse Ω_{ref} est comparée à la valeur Ω calculée à partir du capteur de position puis traitée par le correcteur de vitesse (boucle gris foncé) qui calcule la référence de couple, traduite sous forme de courant $i_{sq\,\text{cons}}$.

Cette valeur, comparée à celle estimée à partir des mesures de courants statoriques, est traitée par une boucle de régulation (gris sur le schéma). La boucle de courant (ou de couple) est imbriquée dans la boucle de vitesse comme pour une MCC.

Cependant, les choses sont évidemment plus compliquées que dans le cas de la MCC puisque tout cela est fait dans le cadre d'une machine virtuelle, vue dans le référentiel de Park. Il faut donc « traduire » les résultats obtenus dans le référentiel concret 1, 2, 3.

Pour cela, il faut calculer les valeurs des tensions et courants statoriques « classiques », c'est-à-dire indicés 1, 2, 3.

À condition de savoir à tout instant où situer l'axe « d » de Park par rapport à l'axe concret de la phase « 1 » du stator (angle θ_s), le microprocesseur résoudra le problème en calculant les valeurs 1, 2, 3 à partir des valeurs d, q (application de la transformée de Park : calcul matriciel).

De ces valeurs, la commande rapprochée déduira les ordres permettant de faire commuter les interrupteurs de puissance.

Pour calculer θ_S on utilise la relation suivante : $\theta_{S\,\text{est}} = \theta + \theta_{r\,\text{est}}$. La valeur de θ est mesurée par le capteur, celle de $\theta_{r\,\text{est}}$ est élaborée à partir de sa dérivée ω_r et des valeurs de $i_{Sq\,\text{est}}$ et $\Phi_{rd\,\text{est}}$ estimées : $\omega_{r\,\text{est}}(t) = \dfrac{Mr_r}{L_r}\dfrac{i_{sq\,\text{est}}(t)}{\Phi_{rd\,\text{est}}(t)} = \dfrac{\mathrm{d}\theta_{r\,\text{est}}}{\mathrm{d}t}$.

Pour obtenir les valeurs correspondant dans le plan d, q aux valeurs réelles mesurées sur le système (indicées « est » pour estimées), il est nécessaire d'appliquer la transformée de Park inverse.

> ***Remarque :*** Le type de variateur dont le principe est exposé est qualifié de variateur vectoriel avec capteur. Il permet d'obtenir du couple à l'arrêt.

Chapitre **8**

Exercices et corrigés

EXERCICES

8.1 Schéma équivalent d'un transformateur monophasé

Pour étudier un transformateur monophasé 220 V/24 V 50 Hz, 200 VA, on réalise les essais suivants :

Essai en continu

Le primaire du transformateur est alimenté sous la tension continue $U_0 = 2{,}40$ V alors que le secondaire est en circuit ouvert. On mesure l'intensité $I_0 = 0{,}95$ A.

Essai à vide

Sous la tension primaire $U_1 = 220$ V à $f = 50$ Hz, on relève :
– Puissance fournie au primaire : $P_{1V} = 4{,}0$ W
– Intensité du courant primaire : $I_{1V} = 80$ mA
– Tension secondaire : $U_{2V} = 24{,}5$ V

Essai en court-circuit

Il est réalisé sous tension réduite à $f = 50$ Hz. La valeur efficace du courant secondaire est $I_{2CC} = I_{2N}$.

On relève :
– Puissance fournie au primaire : $P_{1CC} = 5{,}1$ W
– Intensité du courant primaire : $I_{1CC} = 910$ mA
– Tension primaire : $U_{1CC} = 8{,}6$ V

1. Calculer la résistance R_1 de l'enroulement primaire.

2. Déduire de l'essai à vide :

– le rapport de transformation m ;
– les pertes par effet Joule à vide P_{JV} ;
– les pertes dans le fer à vide P_{FeV}.

En comparant ces deux dernières grandeurs, montrer que l'on peut admettre que $P_{1V} = P_{FeV}$.

3. Déduire de l'essai en court-circuit la résistance totale R_s et la réactance totale X_s des enroulements ramenées côté secondaire.

4. Le transformateur alimenté au primaire sous la tension nominale débite au secondaire un courant d'intensité $I_2 = 8{,}3$ A dans une charge résistive et inductive de facteur de puissance $f_p = 0{,}8$. Calculer la valeur efficace de la tension secondaire U_2 en charge ainsi que le rendement η du transformateur pour ce fonctionnement.

8.2 Transformateur à deux secondaires

Un transformateur supposé parfait (figure 8.1) a un primaire de $n_1 = 280$ spires et deux secondaires A et B. Aux bornes de A, on connecte une résistance $R = 30$ et, aux bornes de B une impédance $Z = 25\ \Omega$ résistive et inductive de facteur de puissance $f_p = \cos\varphi' = 0{,}85$.

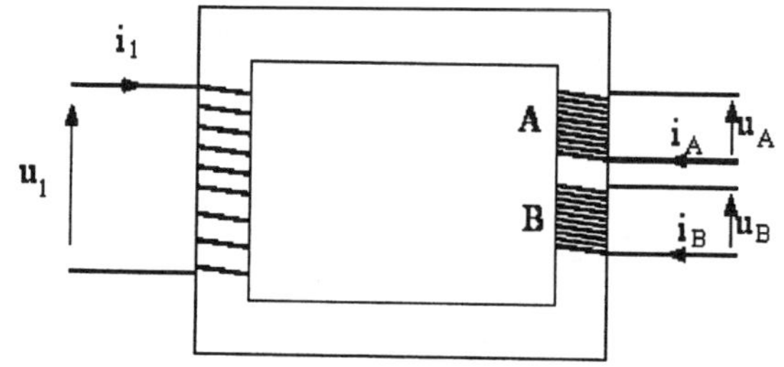

Figure 8.1

La tension primaire, sinusoïdale de fréquence $f = 50$ Hz, a pour valeur efficace $U_1 = 220$ V.

1. On désire dissiper les puissances $P_A = 1\,000$ W dans R et $P_B = 1\,500$ W dans Z. Quels doivent être les nombres de spires respectifs n_A et n_B des deux bobinages ? Quelle est alors la valeur efficace I_1 du courant primaire ?

2. Les groupements A et B (enroulement et charge) sont montés en série de façon à alimenter sous la tension la plus élevée possible un condensateur de capacité C destiné à ramener à 1 le facteur de puissance de l'ensemble. Calculer la valeur de C ainsi que les valeurs efficaces des courants dans les différents bobinages.

8.3 Transformateur monophasé : points de fonctionnement

Un transformateur monophasé a un primaire de $n_1 = 225$ spires, son circuit magnétique a une section utile $S = 36$ cm^2. Tous les fonctionnements auxquels on s'intéresse dans cet exercice sont menés à une fréquence constante $f = 50$ Hz.

Les essais menés sur ce transformateur ont donné les résultats suivants.

Essai à vide

– valeur efficace des tensions primaire et secondaire : $U_{10} = 220$ V (valeur nominale), $U_{20} = 114$ V

– valeur efficace du courant primaire : $I_{10} = 1{,}2$ A

– puissance active consommée : $P_{10} = 58$ W

Essai en court-circuit

– valeur efficace de la tension primaire : $U_{1CC} = 14$ V

– valeur efficace du courant primaire : $I_{1CC} = 14{,}8$ A (valeur nominale)

– puissance active consommée : $P_{1CC} = 52$ W

1. Calculer la valeur maximale B_M du champ magnétique dans le circuit magnétique du transformateur lors de l'essai à vide ainsi que le nombre de spires n_2 du bobinage secondaire.

2. Dessiner le schéma équivalent du transformateur et calculer les valeurs des éléments qui y figurent.

3. Le transformateur alimenté sous la tension $U_{10} = 220$ V débite un courant de valeur efficace $I_2 = 12$ A dans une charge résistive et inductive de facteur de puissance $\cos\varphi_2 = 0{,}6$. Calculer les valeurs efficaces de la tension secondaire, du courant primaire ainsi que le facteur de puissance primaire f_{p1} et le rendement η du transformateur.

4. La charge étant toujours résistive et inductive de facteur de puissance 0,6, calculer la tension sous laquelle on devrait alimenter le primaire du transformateur pour obtenir la tension $U_2 = 110$ V aux bornes de cette charge parcourue par le courant $I_2 = 25$ A.

8.4 Fonctionnement en parallèle de deux transformateurs monophasés

Le schéma équivalent en régime sinusoïdal d'un transformateur monophasé T est dessiné figure 8.2. On donne $m = 0{,}50$ (rapport de transformation à vide), $R = 840\,\Omega$, $L\omega = 190\,\Omega$, $r_S = 60\,m\Omega$, $l_S\omega = 145\,m\Omega$. La tension primaire et le courant secondaire ont pour valeurs efficaces nominales respectives : $U_{1n} = 220$ V et $I_{2n} = 30$ A.

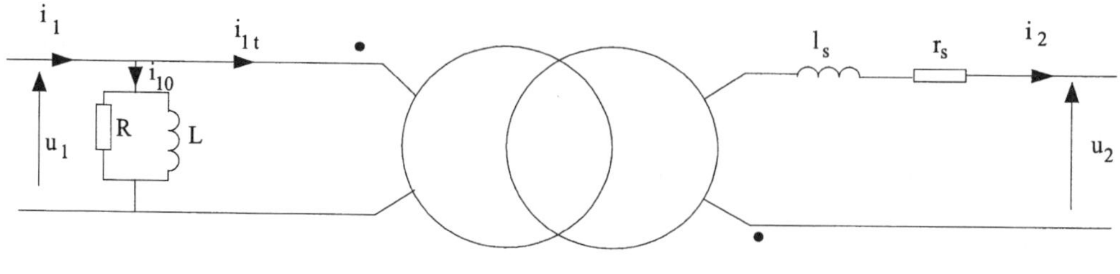

Figure 8.2

1. On a mené l'essai à vide de ce transformateur sous tension nominale primaire. Déterminer la puissance active P_{1V} et la valeur efficace du courant primaire I_{1V} lors de cet essai.

2. Pour l'essai en court-circuit, le courant secondaire a été réglé à sa valeur nominale. Calculer la valeur efficace U_{1CC} de la tension primaire lors de cet essai.

3. Le transformateur alimenté sous tension nominale débite le courant i_2 de valeur efficace $I_2 = 12$ A dans une charge résistive et capacitive de facteur de puissance $f_{p2} = \cos \varphi_2 = 0{,}55 f_p$. Calculer les valeurs efficaces de la tension secondaire U_2, du courant primaire I_1 ainsi que le rendement η du transformateur lors de ce fonctionnement.

4. Afin d'alimenter une charge demandant une puissance importante, on associe à T un deuxième transformateur T' fonctionnant en parallèle avec lui. Le schéma équivalent de l'ensemble est dessiné figure 8.3. Les deux transformateurs ont le même rapport de transformation, appellent le même courant à vide et les résistances et réactances de fuites des bobinages de T' ramenées côté secondaire sont le double de celles de T : $r'_S = 2r_S$ et $l'_S = 2l_S$.

L'ensemble des deux transformateurs alimente une charge résistive qui est traversée par le courant i''_2 de valeur efficace $I''_2 = 42$ A alors que les primaires sont alimentés sous la tension $U_1 = 220$ V.

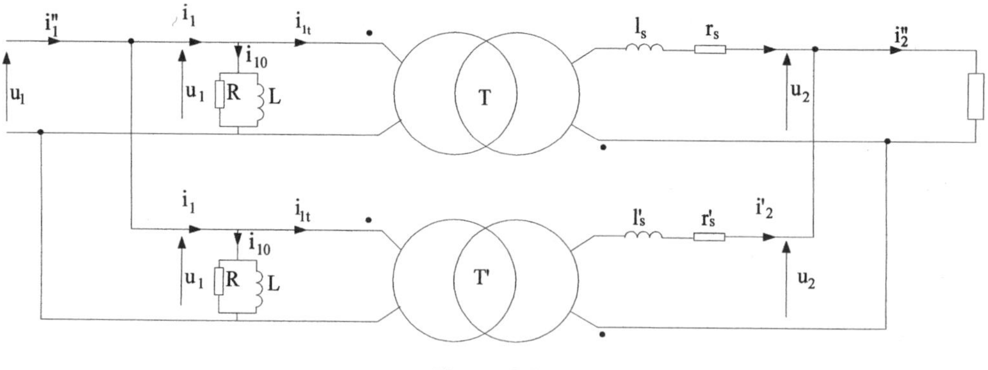

Figure 8.3

Montrer qu'en valeur instantanée les chutes de tension dans les deux transformateurs sont égales. En déduire les valeurs efficaces des courants I_2 et I_2' débités par les deux transformateurs. Calculer les valeurs efficaces de la tension U_2 aux bornes de la charge, du courant I_1'' appelé au réseau et du rendement de l'ensemble des deux transformateurs.

8.5 Schémas équivalents d'un transformateur triphasé

On étudie le transformateur Dyn représenté sur la figure 8.4.

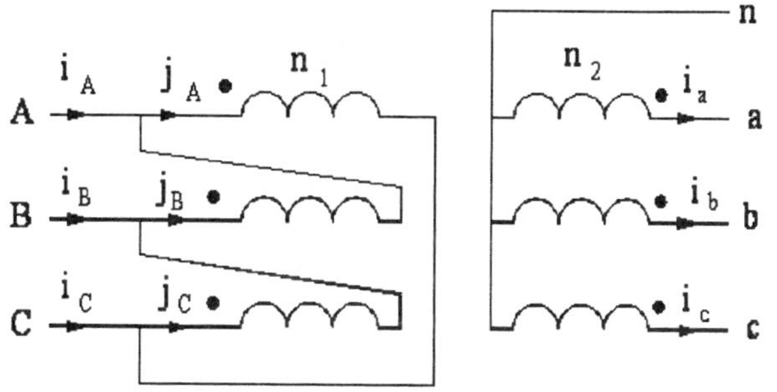

Figure 8.4

1. Déterminer l'indice horaire du transformateur. Quels autres indices peut-on obtenir sans toucher aux connexions entre les différents bobinages ?

Dans la suite de l'exercice, on considère que le transformateur est utilisé en abaisseur de tension et en régime équilibré direct. Le primaire (bornes A, B et C) est alimenté par un réseau délivrant la tension composée de valeur efficace $U_{AB} = 5{,}2$ kV à la fréquence $f = 50$ Hz.

On a mené sur ce transformateur un essai à vide et un essai en court-circuit qui ont donné les résultats suivants :

Essai à vide : $U_{AB0} = 5{,}2$ kV, $I_{A0} = 71{,}9$ mA, $P_{10} = 150$ W, $U_{ab0} = 220$ V.

Essai en court-circuit : $U_{ABCC} = 284$ V, $I_{ACC} = 1{,}33$ A, $P_{1CC} = 570$ W.

2. Dessiner le schéma équivalent par colonne du transformateur et déterminer les éléments de ce schéma.

3. Dessiner le schéma équivalent par phase du transformateur et déterminer les éléments de ce schéma.

8.6 Indice horaire

Déterminer l'indice horaire des transformateurs dessinés figures 8.5, 8.6 et 8.7.

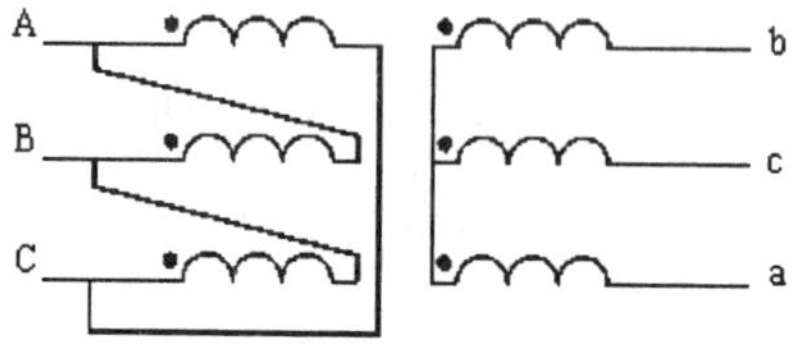

Figure 8.5

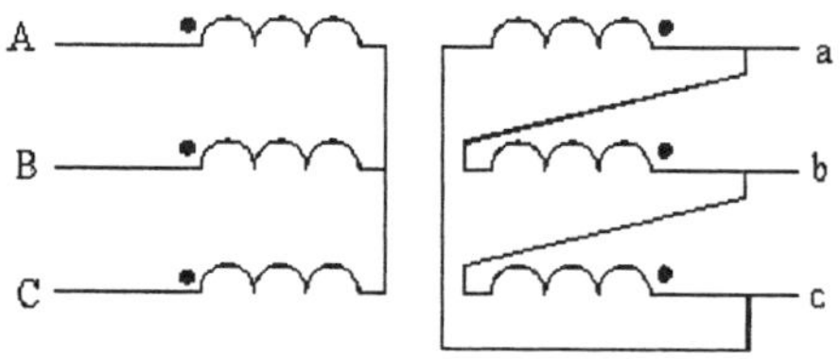

Figure 8.6

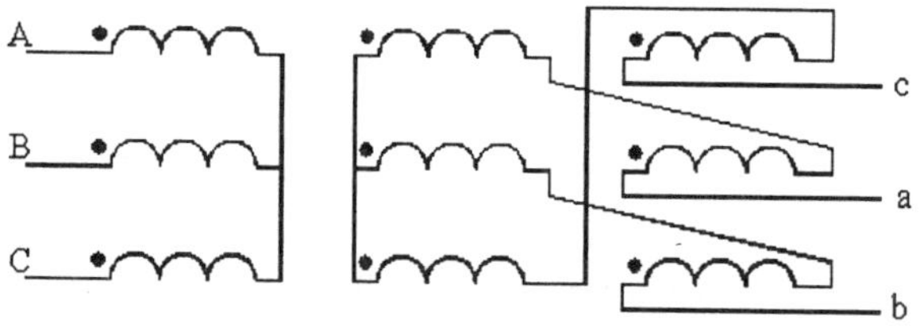

Figure 8.7

8.7 Couplage en parallèle de deux transformateurs triphasés

On considère le transformateur dessiné figure 8.8 de puissance apparente nominale $S_n = 10kVA$ sur lequel on a mené un essai à vide et un essai en court-circuit à la fréquence $f = 50$ Hz qui ont donné les résultats suivants :

Essai à vide : $U_{AB0} = 380$ V, $I_{A0} = 1$ A, $P_{10} = 220$ W, $U_{ab0} = 220$ V (valeur nominale)

Essai en court-circuit : $U_{ABCC} = 22$ V, $I_{ACC} = 15$ A, $P_{1CC} = 200$ W.

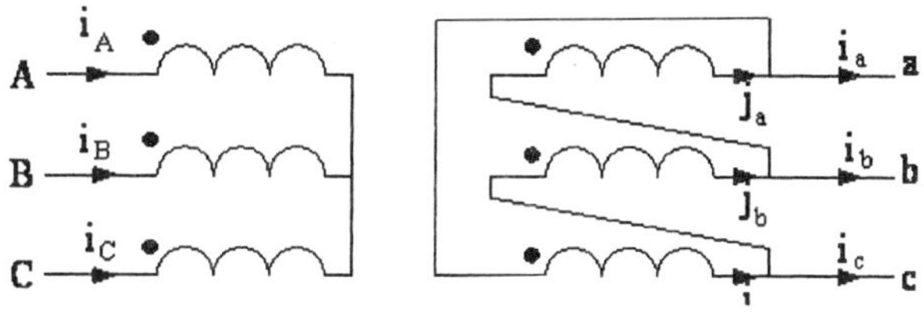

Figure 8.8

1. Déterminer l'indice horaire de ce transformateur.

2. Dessiner le schéma équivalent par phase du transformateur et calculer les différents éléments de ce schéma.

3. Alimenté à la fréquence $f = 50$ Hz, sous la tension $U_{AB0} = 380$ V, le transformateur alimente trois impédances identiques $\underline{Z}$ montées en triangle. Les courants ligne secondaire ont alors pour valeur efficace $I_a = 10$ A et la tension composée secondaire a pour valeur $U_{ab} = U_{ab0} = 220$ V. Calculer $\underline{Z}$.

4. On désire coupler ce transformateur avec un deuxième transformateur T' couplé Yz de courant nominal secondaire $I'_a = 25$ A. Dessiner un couplage possible de ses enroulements. Quel doit être le rapport des nombres de spires primaire et secondaire n'_2/n'_1 de T'. (n'_2 est le nombre de spires d'un demi bobinage basse tension).

À la fréquence $f = 50$ Hz, les essais menés sur T' ont permis de mesurer la résistance et la réactance par phase ramenées du côté basse tension qui ont pour valeurs respectives : $r'_S = 120$ mΩ et $l'_S\omega = 180$ mΩ. Montrer que le rapport des valeurs efficaces des courants débités par chacun des transformateurs est dans le rapport inverse des modules des impédances de court-circuit Z_S et Z'_S. En déduire que T' atteint son courant nominal avant T et calculer la puissance apparente nominale de l'association. La comparer à la somme des puissances nominales des deux transformateurs.

8.8 Points de fonctionnement d'une machine à courant continu

Lors d'un fonctionnement en moteur d'une machine à courant continu (figure 8.9), on a relevé le point de fonctionnement suivant :

Tension d'induit : $U = 220$ V

Courant d'induit : $I = 20$ A

Vitesse de rotation : $N = 1\,500$ tr/mn

La résistance de l'induit de cette machine a pour valeur : $R = 0{,}4\,\Omega$; l'inducteur est à aimant permanent. Toutes les pertes à l'exception des pertes Joule de l'induit sont négligées.

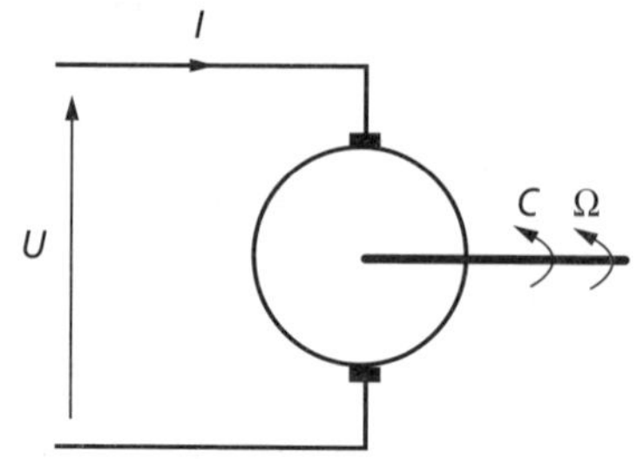

Figure 8.9

1. Montrer que la f.e.m. E développée par l'induit de cette machine est donnée par : $E = K\Omega$. En déduire que le couple électromagnétique développé sur le rotor a pour expression $C_{em} = KI$. Calculer la valeur du coefficient K.
2. On désire entraîner à la vitesse constante $N = 1\,200$ tr/mn une charge développant un couple $C = -15$ N.m. Calculer la tension sous laquelle l'induit devra être alimenté.
3. Alimenté sous la tension $U = 170$ V, le moteur entraîne une charge développant un couple résistant proportionnel à la vitesse de rotation : $C = -k'\Omega$ avec $k' = 0{,}1$ N.m.rad^{-1}.s. Calculer la vitesse de rotation de l'ensemble moteur charge ainsi que le courant parcourant l'induit de la machine en régime permanent.

8.9 Étude au fonctionnement d'une machine à excitation séparée

Une machine à courant continu pour laquelle on néglige les pertes fer et mécaniques a une résistance d'induit $R = 0{,}26\,\Omega$. Les variations de la f.e.m. à vide E de la machine en fonction du courant inducteur I_E à la vitesse $N_0 = 1\,000$ tr/mn sont décrites par le tableau suivant :

E (V)	3	12	28	53	85	107	125	134	140	150	155
I_E (A)	0,0	0,1	0,2	0,3	0,4	0,5	0,7	0,9	1,1	1,5	2,0

La réaction magnétique d'induit est négligée ainsi que la chute de tension aux balais.

Les sens positifs des différentes grandeurs, correspondant à un fonctionnement moteur de la machine sont donnés sur la figure 8.10.

1. Le courant inducteur étant réglé à $I_E = 1{,}5$ A, la machine fonctionne en moteur en fournissant le couple $C_1 = 90$ N.m à la vitesse $N_1 = 1\,500$ tr/mn.

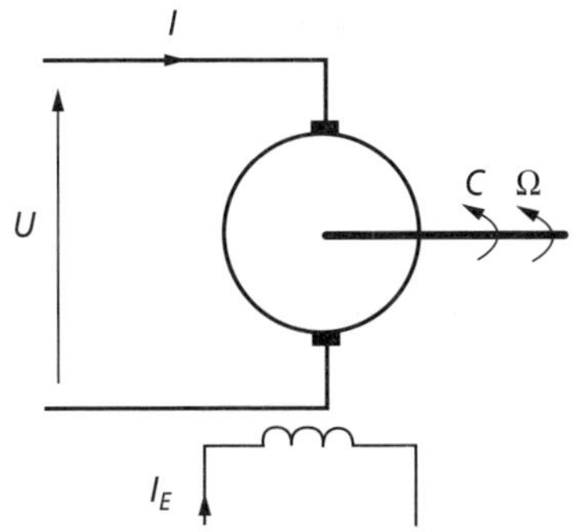

Figure 8.10

Calculer les valeurs correspondantes de U et I. Cette tension U restant constante, un mauvais fonctionnement de l'alimentation de l'excitation ramène le courant inducteur à la valeur : $I_{E1} = 0{,}3$ A. En supposant que le couple demandé par la charge mécanique ne varie pas, calculer la nouvelle valeur de la vitesse de rotation du moteur.

2. Le courant inducteur est maintenant réglé à la valeur $I_{E2} = 0{,}7$ A. Montrer que le couple développé par la machine peut se mettre sous la forme $C = aU - bN$; calculer les valeurs numériques des coefficients a et b.

La machine entraîne une charge mécanique développant, avec les orientations de la figure 10 un couple C_m qui varie avec la vitesse N suivant la relation $C_m = -5 \cdot 10^{-2} N$ (C_m en N.m et N en tr/mn). La machine étant alimentée sous la tension $U = 300$ V, calculer les valeurs de I, C et N lorsque le régime permanent est atteint.

3. Pour chacun des points de fonctionnement suivants, donner les valeurs de U et C :

Point M_1 : $I_E = 1{,}1$ A, $|I| = 40$ A, $N_1 = -1\,600$ tr/mn fonctionnement en génératrice

Point M_2 : $I_E = 1{,}1$ A, $|I| = 40$ A, $N_1 = +1\,600$ tr/mn fonctionnement en moteur

Point M_3 : $I_E = 1{,}5$ A, $|I| = 30$ A, $N_1 = -1\,600$ tr/mn fonctionnement en moteur

Point M_4 : $I_E = 1{,}5$ A, $|I| = 30$ A, $N_1 = +1\,600$ tr/mn fonctionnement en génératrice

8.10 Moteur à excitation série

Les caractéristiques nominales d'un moteur à courant continu à excitation série dessiné figure 8.11 sont les suivantes : tension d'alimentation : $U_n = 400$ V, courant d'induit : $I_n = 27$ A, vitesse de rotation : $N_n = 1\,000$ tr/mn. Les résistances mesurées à chaud ont pour valeurs : $R_a = 1{,}00\,\Omega$ pour l'induit et $R_S = 0{,}60\,\Omega$ pour l'inducteur ; la réaction magnétique ainsi que la chute de tension aux balais est négligée.

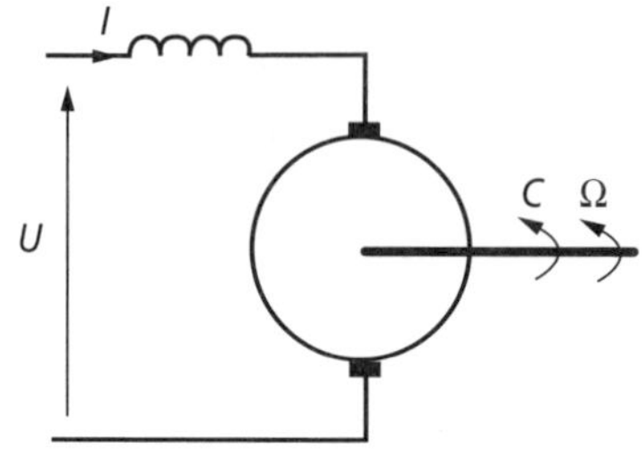

Figure 8.11

La caractéristique à vide à la vitesse nominale est donnée par le tableau suivant :

E (V)	136	174	233	287	308	335	357	383	429
I_S (A)	5,7	7,35	10,5	15,2	18	22,6	27	33,2	45

1. Pour les fonctionnements décrits aux 1.1 et 1.2, le moteur série est alimenté sous sa tension nominale.

1.1 Le courant ayant pour valeur $I = 22{,}6$ A, calculer la vitesse de rotation N ainsi que le moment du couple électromagnétique C_{em}.

1.2 On équipe ce moteur d'un rhéostat de démarrage limitant l'intensité à la valeur maximale $I_M = 45$ A. Calculer la résistance totale R_h de ce rhéostat ainsi que la valeur C_d du couple électromagnétique au début du démarrage. Pour quelle vitesse le courant prend-il la valeur $I_0 = 27$ A, la totalité du rhéostat étant encore en service ?

1.3 Afin de déterminer la somme P_C des pertes fer et mécaniques dans les conditions de l'essai du 1.1, on fait fonctionner la machine en moteur à vide en excitation séparée. On désigne respectivement par I_1 et U_1 le courant et la tension aux bornes de l'induit ; I_{S1} est le courant dans l'inducteur.

Sachant que $I_1 = 2{,}2$ A, calculer les valeurs de P_C, U_1 et I_{S1}. En déduire que la valeur du couple utile C_u et du rendement η du moteur lors du fonctionnement du 1.1.

2. La machine fonctionne maintenant en moteur série et le courant induit est maintenu constant à la valeur : $I_2 = 33{,}2$ A.

2.1 Sous quelle tension U_2 le moteur doit-il être alimenté pour tourner à sa vitesse nominale ?

2.2 La machine étant alimentée sous la tension U_2, on place en parallèle sur l'inducteur une résistance de valeur $R'_S = 2{,}61\ \Omega$. Quelle est alors la vitesse de rotation ?

8.11 Étude d'un moteur de fraction

On se propose d'étudier un moteur de traction à courant continu à excitation séparée dont les caractéristiques nominales sont données ci-dessous :

Puissance : $P_n = 165$ kW

Tension d'alimentation : $U_n = 375$ V

Vitesse de rotation : $N_n = 3\,000$ tr/mn

L'induit a une résistance $R = 50$ mΩ

L'inducteur a pour résistance $R_E = 16\ \Omega$

La réaction magnétique d'induit est négligée ainsi que la chute de tension aux balais.

Les sens positifs des différentes grandeurs, tensions, courants, couple et fréquence de rotation sont donnés sur la figure 8.12.

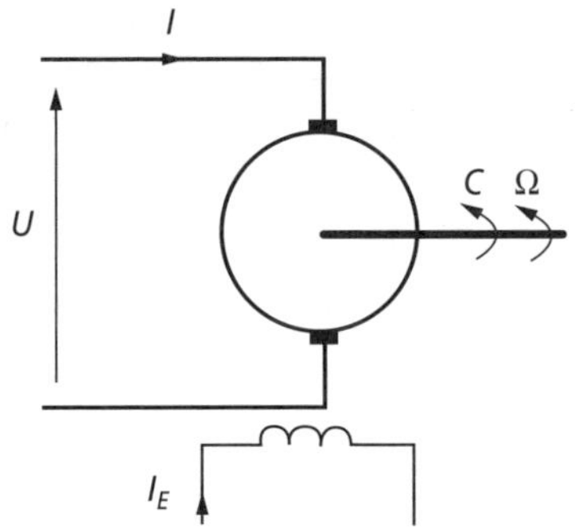

Figure 8.12

1.1 Un essai en moteur alimenté sous sa tension nominale a permis de mesurer un courant induit $I = +440$ A et un courant inducteur $I_E = +25$ A pour une vitesse de rotation $N = +2\,000$ tr/mn.

Calculer pour ce fonctionnement, le couple électromagnétique C_{em} ainsi que la f.e.m. E développés par le moteur.

Le couple utile, mesuré sur l'arbre du moteur a pour valeur $C_u = +710$ N.m. En déduire la valeur du couple C_p de pertes fer et mécaniques de la machine ainsi que le rendement η du moteur.

1.2 La machine fonctionne maintenant en génératrice, l'inducteur est parcouru par le courant $I_E = -25$ A et l'induit délivre le courant $I = +300$ A sous la tension $U = -375$ V.

Calculer la fréquence de rotation et le couple électromagnétique C_{em} pour ce fonctionnement, on précisera en particulier leurs signes.

En supposant que le couple de pertes est resté constant, calculer le couple mécanique C_m exercé sur l'arbre de la machine à courant continu.

1.3 *On néglige dans cette partie toutes les pertes du moteur.*

Entre deux stations, le mouvement du véhicule comporte :

– une phase d'accélération $[0,t_1]$ pendant laquelle la vitesse croît linéairement

– une phase à vitesse constante Ω_0 : $[t_1,t_2]$

– une phase de décélération $[t_2,t_3]$ pendant laquelle la vitesse décroît linéairement.

On désigne par J le moment d'inertie de l'ensemble des pièces en mouvement ramené à l'axe de rotation du moteur. On donne $J = 52$ kg.m^2, $t_1 = 13$ s, $t_2 = 70$ s, $t_3 = 83$ s et $\Omega_0 = 217$ rad.s^{-1}.

1.3.1 Pour chaque phase de fonctionnement, calculer l'accélération $\frac{\mathrm{d}r}{\mathrm{d}t}$ de l'arbre de rotation du moteur.

1.3.2 Le véhicule développe sur l'arbre de rotation et indépendamment du couple d'accélération un couple résistant $C = -k\Omega$ avec $k = -2{,}3$ N.m.rad.s^{-1}. Tracer les variations de ce couple en fonction du temps lors du déplacement entre deux stations.

1.3.3 Écrire le principe fondamental de la dynamique de rotation et en déduire l'expression littérale du couple C_{em} délivré par la machine à courant continu en fonction de C, J et de l'accélération $\frac{\mathrm{d}}{\mathrm{d}t}$.

1.3.4 Pour $0 < t < t_3$, tracer les variations de C_{em} en fonction du temps et en déduire le déplacement du point de fonctionnement de la machine à courant continu dans le plan $C_{em}(\Omega)$. Quelle structure, 1, 2, 3 ou 4 quadrants de l'alimentation de l'induit faut-il prévoir pour assurer ce fonctionnement ?

8.12 Étude d'une alimentation de secours

La figure 8.13 donne le schéma synoptique d'une alimentation triphasée de secours pour un atelier qui, lorsque le réseau EDF est défaillant, en constitue la charge.

En présence d'un défaut sur le réseau EDF, le microcontrôleur reçoit un signal : il déconnecte alors le réseau EDF en ouvrant l'interrupteur K puis donne l'ordre de démarrage au moteur diesel ; il envoie alors une consigne de tension à la génératrice synchrone GS (alternateur) et mesure la valeur efficace U de la composition $u(t)$ en

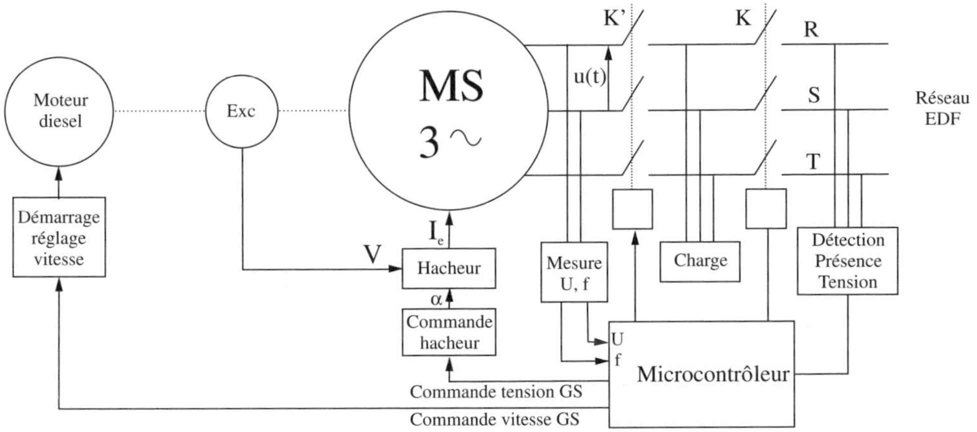

Figure 8.13

ligne et sa fréquence f ; lorsque ces grandeurs atteignent les valeurs de consigne, la fermeture de K' permet la ré-alimentation de l'atelier par GS.

Ensuite, la fréquence f est régulée par action sur le moteur diesel qui fixe la vitesse du groupe. La tension U, quant à elle, est régulée par action sur l'intensité i_e du courant inducteur de GS grâce à un hacheur. Ce hacheur est lui-même alimenté par une excitatrice à courant continu entraînée elle aussi par le moteur diesel.

La génératrice synchrone GS porte sur sa plaque signalétique les indications suivantes :

220/380 V   12 kVA   50 Hz   1 000 tr/min

On a effectué deux essais à vitesse nominale constante :

– essai en génératrice à vide : la caractéristique à vide $E_V(i_e)$, où E_V est la valeur efficace de la f.e.m. induite à vide dans un enroulement et I_e l'intensité du courant inducteur, est tracée en trait plein sur la figure 8.14.

– essai en court-circuit : dans le domaine utile, la caractéristique de court-circuit est la droite d'équation $I_{CC} = 7{,}41 I_e$, où I_{CC} est la valeur efficace de l'intensité du courant de court-circuit dans un enroulement du stator, I_{CC} et I_e étant exprimés en ampères.

La mesure à chaud des résistances a donné :

– résistance d'un enroulement du stator : $R = 0{,}50\ \Omega$

– résistance de l'enroulement inducteur : $R_e = 3{,}0\ \Omega$.

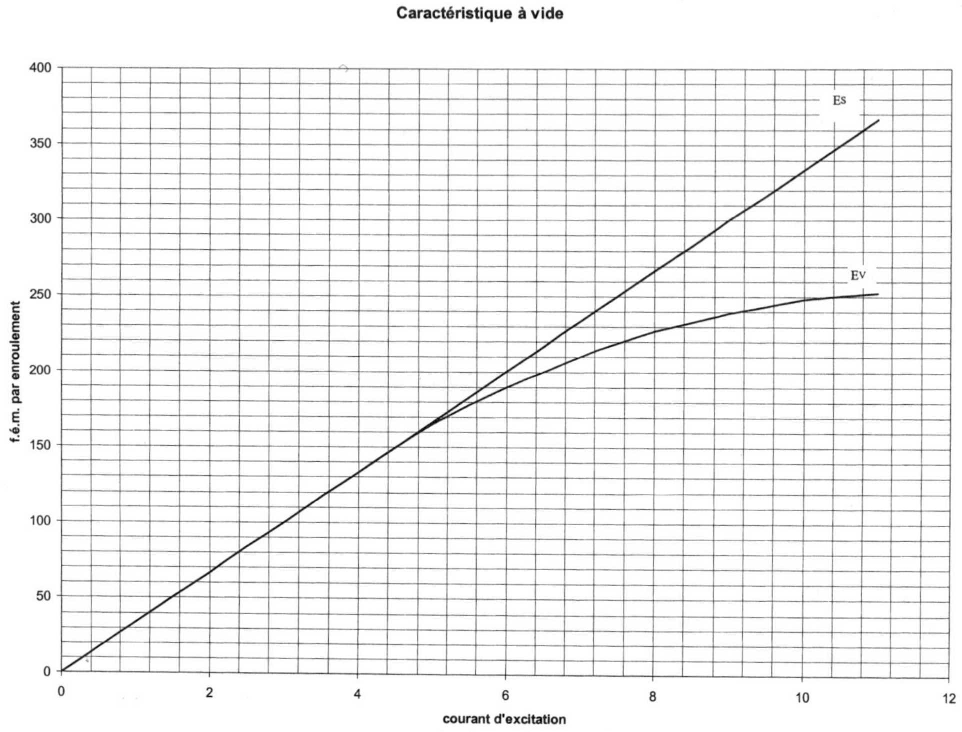

Figure 8.14 F.é.m. par enroulement.

1. Déterminer le nombre de pôles de la machine synchrone.

2. Quel doit être le couplage des enroulements statoriques pour obtenir une tension composée $u(t)$ en ligne de valeur efficace $U = 380$ V dans les conditions nominales ?

3. Pour décrire le fonctionnement d'un enroulement de la machine synchrone, on utilise le modèle de la figure 8.15.

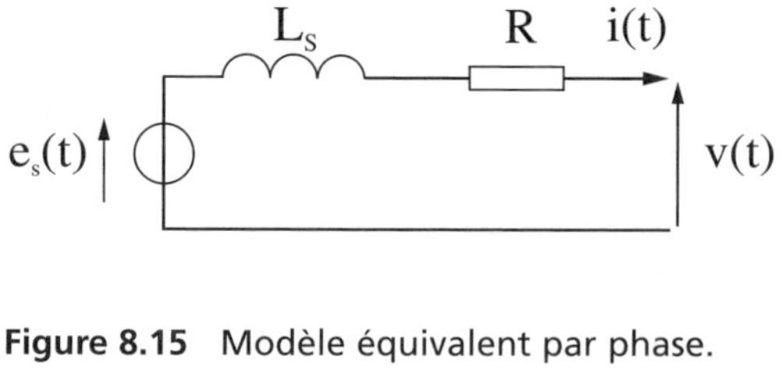

Figure 8.15 Modèle équivalent par phase.

Dans ce modèle :

– $i(t)$ est l'intensité du courant dans un enroulement, sa valeur efficace est I

– $v(t)$ est la tension aux bornes d'un enroulement, sa valeur efficace est V

– $e_S(t)$ est la f.é.m. due à l'inducteur ; sa valeur efficace, E_S, dépend de I_e et de l'état du circuit magnétique de GS.

On admettra que lorsque $i(t)$ est en retard sur $v(t)$ et I proche de sa valeur nominale I_n, la caractéristique $E_S(i_e)$ est la droite tracée en pointillés sur la figure 8.14.

Calculer la réactance synchrone $X_S = L_S\omega$.

4.1. La génératrice fonctionne à vitesse nominale constante avec $U = 380\,\text{V} = \text{cte}$.

4.1.1 Déterminer l'intensité I_{e0} du courant inducteur pour le fonctionnement à vide.

4.1.2 La génératrice alimente une charge triphasée, équilibrée, inductive, de facteur de puissance 0,8. L'intensité efficace I des courants en ligne est alors égale à sa valeur nominale I_n.Calculer l'intensité I_{en} du courant inducteur .

5. Pour déterminer le rendement de GS, on l'a entraînée à sa vitesse nominale avec un moteur auxiliaire M_a à aimants permanents, en l'excitant à l'aide d'une source indépendante.

On appelle respectivement U_a et I_a la tension et l'intensité du courant d'induit de M_a dont la résistance d'induit est négligée. On admet que les pertes dans le fer et les pertes mécaniques de M_a n'ont pas varié au cours des essais suivants :

– M_a désaccouplé de toute charge : $U_{a1} = 120$ V ; $I_{a1} = 1{,}6$ A

– M_a entraînant GS fonctionnant à vide, avec $I_e = 0$; $U_{a2} = 123$ V ; $I_{a2} = 4{,}2$ A

– M_a entraînant GS fonctionnant à vide, avec $I_e = I_{en}$; $U_{a3} = 130$ V ; $I_{a3} = 9{,}5$ A

Calculer, pour le point de fonctionnement de la question 4.1.2 et pour GS :

– la puissance p_m correspondant aux pertes mécaniques ;

– la puissance p_f dissipée en pertes dans le fer ;

– la puissance p_{Ji} dissipée par effet Joule dans l'induit ;

– la puissance p_{Je} dissipée par effet Joule dans l'inducteur ;

– le rendement η de GS.

8.13 Compensation de puissance réactive à l'aide d'une machine synchrone

Pour fonctionner, de nombreuses charges nécessitent que le courant qui les traverse soit en retard sur la tension à leurs bornes, on dit alors qu'elles consomment de la puissance réactive. L'étude suivante porte sur un moteur synchrone, utilisé pour compenser l'énergie réactive consommée par l'éclairage d'un immeuble de bureaux.

1. Étude des perturbations

Dans une entreprise, les bureaux sont situés dans un bâtiment, qui se trouve à 850 m du local technique contenant le transformateur d'alimentation générale. La liaison s'effectue en 230 V/400 V triphasé, par l'intermédiaire de 3 câbles de

35 mm^2 de section pour les phases et de 10 mm^2 de section pour le neutre. L'éclairage est réalisé par des lampes fluorescentes qui correspondent en régime permanent à une charge triphasée équilibrée de 50 kW avec un facteur de puissance inductif $k = 0{,}76$. On rappelle que les courants seront considérés comme sinusoïdaux.

Étude des pertes en ligne

1.1 *Intensités* : on suppose que la chute de tension dans les câbles a été prise en compte et que la tension composée pour le bâtiment de bureaux est bien de 400 V.

1.1.1 Déterminer l'intensité efficace dans chaque conducteur de phase.

1.1.2 Quelle est l'intensité efficace du courant I_N dans le conducteur de neutre ?

1.2 *Résistance des câbles* : les câbles sont des conducteurs cylindriques en aluminium, de résistivité en conditions normales de fonctionnement : $\rho = 2{,}7 \times 10^{-8}$ Ωm. Calculer la résistance totale de chacun des câbles.

Par la suite on prendra les valeurs suivantes, qui prennent en compte les résistances des connexions : résistance d'une phase : $1{,}0\,\Omega$*, résistance du neutre :* $2{,}5\,\Omega$.

1.3 *Pertes par effet Joule* : déterminer les pertes totales pour l'ensemble des câbles qui alimentent le bâtiment pour cette valeur du facteur de puissance.

2. Correction des perturbations

Pour améliorer le facteur de puissance du bâtiment, on décide d'utiliser un moteur synchrone placé dans le bâtiment. Ce moteur fonctionnera en compensateur synchrone automatique, de manière à ce qu'à chaque instant, le facteur de puissance du bâtiment soit égal à 1.

Les caractéristiques électriques du moteur sont les suivantes : 4 pôles, couplage en étoile pour un fonctionnement sur le réseau triphasé 230 V/400 V, $P_n = 50$ kW.

Pour l'étude, il sera modélisé suivant la méthode de la réactance synchrone (modèle linéaire dit de « Behn-Eschenburg »), conformément à la figure 8.16 correspondant à une phase de la machine. La force électromotrice à vide E_V est donnée par : $E_v = \beta I_e$ avec $\beta = 830$ V A^{-1}.

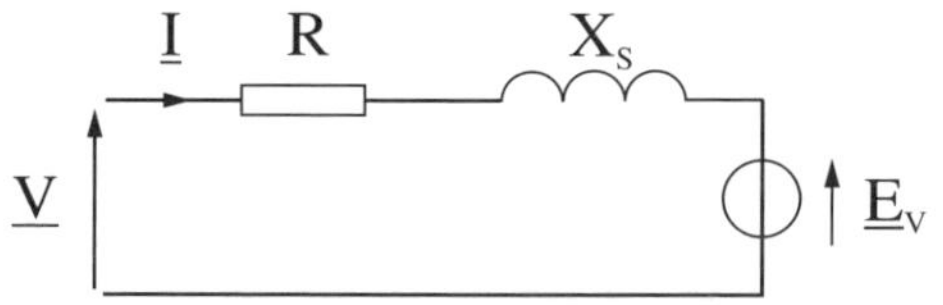

Figure 8.16 Modèle de la machine synchrone.

2.1 *Paramètres du modèle* : pour déterminer les paramètres du modèle de la machine synchrone, on a réalisé les essais suivants en fonctionnement alternateur.

2.1.1 *Caractéristique à vide* : on a relevé la valeur efficace de la tension à vide E_V entre phase et neutre en fonction du courant d'excitation I_e.

I_e (A)	0	0,05	0,10	0,15	0,20	0,25
E_V (V)	0	41,5	83	124	166	207

À partir de ces mesures, justifier la valeur du coefficient $\beta = 830$ V A^{-1}.

2.1.2 *Essais en court-circuit* : on effectue un court-circuit symétrique sur les trois phases, on obtient les deux essais suivants :

$I_e = 0$ A, $I_{CC} = 0$ A, $\quad I_e = 0{,}38$ A, $I_{CC} = 70$ A.

Par ailleurs, une mesure de la résistance entre phase et neutre a donné $R = 0{,}1\ \Omega$. À partir de ces résultats, justifier la valeur de $X_S = 4{,}5\ \Omega$.

Pour la suite, on négligera la résistance R devant la réactance synchrone X_s, ainsi que les pertes mécaniques et les pertes dans le fer.

2.1.3 *Compensateur synchrone* : la machine fonctionne en compensateur synchrone. Elle ne fournit aucune puissance mécanique mais elle fonctionne à vide en absorbant un courant en avance de $\dfrac{\pi}{2}$ rad sur la tension simple correspondante. Elle fournit donc une puissance réactive qui compense celle consommée par les lampes.

2.1.4 Déterminer, à l'aide des hypothèses du **1.**, la puissance réactive totale consommée par les lampes.

2.1.5 En déduire la valeur efficace de l'intensité du courant qui doit circuler dans la machine pour fournir cette même puissance réactive.

2.1.6 Donner la relation entre $\underline{V}$, $\underline{E_V}$ et $\underline{I}$, puis représenter ces grandeurs sur un diagramme de Fresnel.

2.1.7 Déterminer la valeur du courant d'excitation correspondant à ce fonctionnement.

2.2. *Amélioration du facteur de puissance à l'aide de la machine synchrone* : la tension composée d'alimentation à 400 V est maintenue. La machine fonctionnant en compensateur synchrone, en parallèle avec la charge (l'ensemble du bâtiment) elle fournit, comme précédemment, une puissance réactive égale à celle qui est consommée par les lampes.

2.2.1 Déterminer la nouvelle valeur du courant dans les câbles de phase.

2.2.2 Déterminer la nouvelle valeur des pertes en ligne.

2.2.3 Proposer une ou plusieurs solutions pour diminuer encore ces pertes en ligne.

8.14 Machine synchrone autopilotée

Un moteur synchrone est alimenté par l'intermédiaire d'un hacheur 4 quadrants et d'un pont à 6 thyristors.

Le hacheur délivre une tension que l'on assimile à sa valeur moyenne U_a.

Le pont à thyristors fonctionne en commutateur de courant ; grâce à une inductance suffisante L_2, le courant de circulation entre les deux convertisseurs est parfaitement lissé.

Afin d'assurer en permanence le synchronisme entre le rotor et le champ tournant créé par le stator, ce qui évite tout risque de décrochage, les signaux d'amorçage des thyristors sont élaborés à partir d'impulsions issues d'un capteur qui détecte la position du rotor. Ainsi, il est possible de fixer le déphasage ψ entre le fondamental du courant et la f.é.m. pour chaque enroulement du stator.

Cela équivaut à fixer le retard angulaire α à l'amorçage des thyristors.

Le moteur ainsi contrôlé est dit autopiloté.

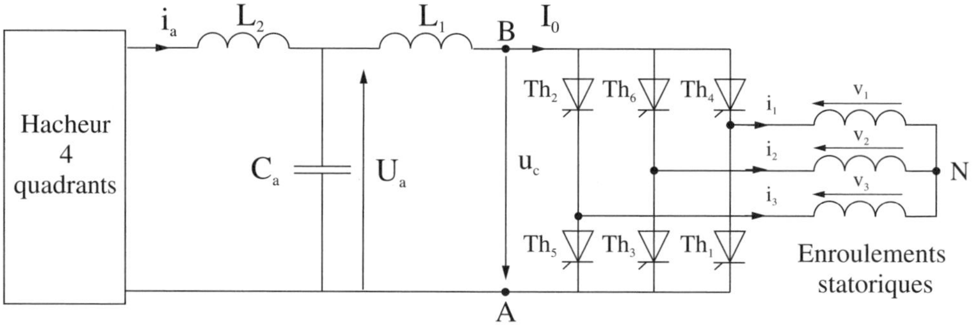

Figure 8.17

1. Modélisation de la machine

Une machine synchrone triphasée dont les enroulements statoriques sont couplés en étoile possède 4 pôles. On a réalisé les essais suivants à la fréquence nominale de 50 Hz :

Essai à vide : la caractéristique est une droite passant par l'origine. On donne un point : tension entre phases $U = 220$ V, courant d'excitation $I_e = 4{,}0$ A.

Essai en court-circuit : la caractéristique est une droite passant par l'origine. On donne un point : courant en ligne : $I = 3{,}5$ A, courant d'excitation : $I_e = 1{,}0$ A.

La mesure à chaud des résistances entre phases a donné : $R = 1{,}8\,\Omega$.

On néglige les pertes mécaniques et les pertes fer de cette machine.

1.1 Donner le schéma équivalent d'une phase de la machine (tension simple et courant en ligne) :

– on désignera par X_S la réactance synchrone et par r la résistance d'une phase ;

– on fléchera la tension simple v, la f.é.m. à vide e et l'intensité i du courant en ligne en convention récepteur.

1.2 Calculer les éléments X_S et r du schéma équivalent. En déduire la valeur de l'inductance cyclique L telle que $X_S = L\omega$.

Dans la suite du problème on supposera que la machine n'est jamais saturée, on négligera r et on prendra $X_S = 9{,}0\,\Omega$.

2. Étude en régime sinusoïdal à fréquence constante

La machine couplée à un réseau 127/220 V, 50 Hz fonctionne en moteur en absorbant une puissance $P = 1{,}0$ kW avec un facteur de puissance de 0,87.

2.1 Calculer l'intensité en ligne et le moment du couple électromagnétique T_e.

2.2 Tracer le diagramme vectoriel des tensions dans les deux cas possibles : $\varphi > 0$ et $\varphi < 0$.

– φ est l'angle de déphasage de l'intensité i du courant v par rapport à la tension ;

– ψ est l'angle de déphasage de i par rapport à la f.é.m. e ;

– θ est l'angle de déphasage de la tension v par rapport à la f.é.m. e.

2.3 Déterminer pour chaque cas :

– la f.é.m. e ;

– l'intensité I_e du courant d'excitation ;

– la puissance réactive Q absorbée par le moteur.

Préciser dans chaque cas si la machine est sous-excitée ou surexcitée.

2.4 Montrer, en utilisant les diagrammes, que l'on a dans les deux cas :

$$V\cos\varphi = E\cos\psi$$

2.5 Pour $I_e = 5{,}0$ A, on augmente progressivement, à partir d'une valeur nulle, la puissance que le moteur fournit à sa charge.

2.5.1 Représenter sur un diagramme des tensions l'évolution du point représentatif du fonctionnement.

2.5.2 Démontrer que la puissance du moteur peut s'exprimer sous la forme $P = \sqrt{3}\,\dfrac{UE}{X_S}\sin\theta$.

Pour quelle valeur de θ la puissance est elle maximale ?

2.5.3 Commenter le comportement de la machine au voisinage de cette limite.

3. Tension et fréquence varient selon la loi : $\dfrac{V}{f} = \dfrac{127}{50} = \text{Cte}$

3.1 Rappeler la formule de Boucherot et en déduire que la f.e.m. s'écrit $E = aI_e f$. À l'aide de l'essai à vide, calculer la valeur numérique de a.

Pour la suite de la partie 3, on maintient constantes les intensités $I_e = 3$ A et $I = 5$ A.

3.2 Exprimer numériquement E, V et $L\omega I$ en fonction de f.

3.3 Représenter sur un même diagramme les tensions et forces électromotrices lorsque la fréquence passe de 50 Hz à 25 Hz (échelle 1 cm $\longrightarrow$ 10 V).

On fera figurer les angles φ, ψ et θ. Que dire de ces angles quand f varie ?

3.4 Après avoir exprimé le moment du couple T_e du moteur, montrer qu'il est indépendant de la vitesse. Calculer sa valeur.

4. Alimentation par onduleur de courant

On alimente la machine synchrone par un onduleur de courant triphasé à thyristors (figure 8.17). Les thyristors sont supposés parfaits et l'on néglige la résistance de la bobine d'inductance L_1. L'intensité I_0 et la tension U_a sont des grandeurs continues (constantes dans le temps).

Les tensions $v_1(t)$, $v_2(t)$, $v_3(t)$ sont sinusoïdales, leur valeur efficace commune est V. Elles forment un système triphasé direct.

L'inductance L_1 a un rôle de tampon entre les tensions U_a et u_c (variable). Elle lisse le courant. Le condensateur C_a a un rôle de tampon entre les courants d'intensités $i_a(t)$ et I_0. Il lisse la tension.

4.1 On amorce les thyristors avec un angle de retard à l'amorçage $\alpha = \dfrac{2\pi}{3}$ rad, soit 120°.

Représenter graphiquement les tensions $v_{AN}(t)$, $v_{BN}(t)$ et $u_c(t)$ en fonction de l'angle électrique $\theta = \omega t$ (sur le document réponse).

> ***Remarque :*** Sur le document réponse, on constate que le thyristor Th1 est amorçable pour θ (en radians) compris entre $\dfrac{\pi}{6}$ et $\dfrac{7\pi}{6}$.

4.2 Exprimer $i_1(t)$ en fonction de I_0, lorsque :

- Th 4 conduit ;
- Th 1 conduit ;
- Th 4 et Th 1 sont bloqués.

En déduire la représentation graphique de $i_1(t)$ sur le document réponse.

4.3 Donner l'allure du fondamental $i_f(t)$ de $i_1(t)$. Quel est le déphasage φ entre $i_f(t)$ et $v_1(t)$ pour $\alpha = \dfrac{2\pi}{3}$ rad ?

En déduire que dans le cas général, les angles étant en radians : $\varphi = \alpha - \pi$.

4.4 La tension moyenne redressée est donnée par : $u_{c\text{moy}} = \dfrac{3\sqrt{6}}{2\pi} V \cos\alpha$.

En déduire l'expression de $u_{c\text{moy}}$ en fonction de V et φ.

4.5 Déterminer l'expression de la puissance P absorbée par l'onduleur en fonction de V, I_0 et φ.

4.6 On rappelle d'autre part que les puissances absorbées par la machine sont données par : $P = 3VI_f\cos\varphi$ et $Q = 3VI_f\sin\varphi$.

4.6.1 En déduire la valeur efficace I_f du fondamental de $i_1(t)$ en fonction de I_0.

4.6.2 Montrer que Q est toujours négative. La machine doit-elle être sous-excitée ou surexcitée ?

4.6.3 Application numérique : calculer P, Q, I_f sachant que $\alpha = 120°$, $I_0 = 3{,}0$ A, $V = 127$ V.

4.7 Montrer que : $U_a = -u_{c\text{moy}}$.

En déduire l'expression de U_a en fonction de V et φ, puis en fonction de E et ψ. (voir la question 2.4).

5. Autopilotage

Un capteur de position fixé sur le rotor commande les impulsions des thyristors. Dans ces conditions, l'angle ψ entre le fondamental du courant et la fém reste constant. De la même manière, la fréquence des courants est asservie à la vitesse angulaire Ω_S du rotor.

5.1 La fém E est proportionnelle à la vitesse de rotation et au courant d'excitation. On pose : $E = KI_e\Omega_s$.

Calculer numériquement K lorsque E est exprimée en volts et Ω_S en radians par seconde (on rappelle que la machine possède 4 pôles et qu'à vide $E = 127$ V pour $I_e = 4{,}0$ A)

5.2 Montrer en utilisant la relation du 4.7 que $U_a = k\Omega_S$.

Exprimer k en fonction de K, I_e et ψ.

Avec les mêmes unités que précédemment, calculer numériquement k pour $I_e = 4{,}0$ A et $\psi = 30°$.

5.3 Exprimer la puissance absorbée par l'ensemble « onduleur-moteur » en fonction de k,I_0 et Ω_S. Quelle relation lie I_0 et $i_{a\text{moy}}$?

Exprimer la puissance fournie par la machine en fonction du moment T_e de son couple et de la vitesse angulaire Ω_S.

Exprimer T_e en fonction de k et I_0. On rappelle que les pertes dans l'onduleur sont négligeables.

5.4 La machine fonctionne en moteur et délivre un couple de 6,0 Nm à la vitesse de 1 000 tr/min.

Calculer U_a et I_0 pour $k = 1{,}6$ Vs/rad.

5.5 Cet ensemble est parfois appelé « machine à courant continu sans balais ». Quels sont ses avantages par rapport à la machine à courant continu classique ?

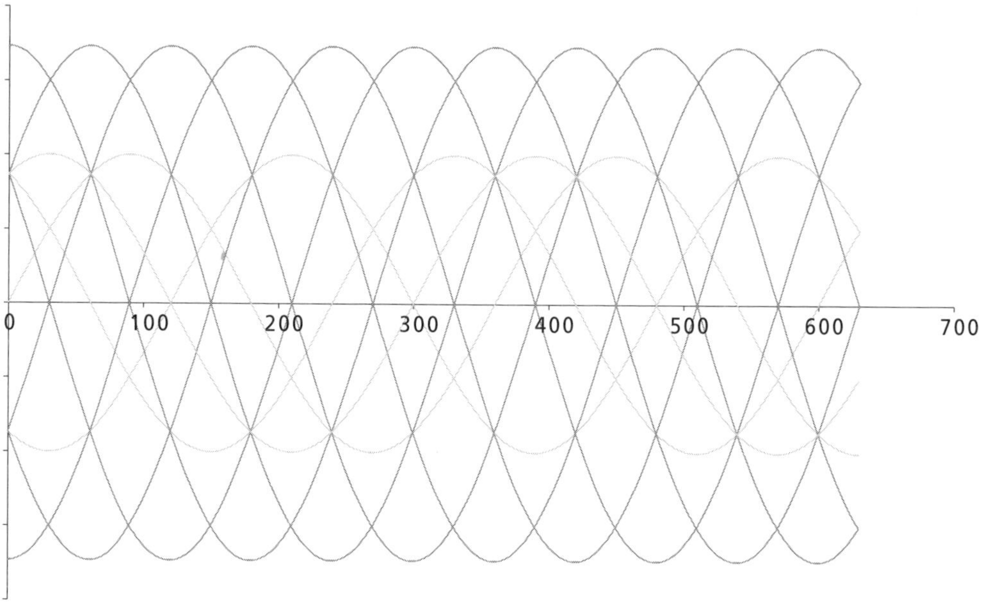

Figure 8.18 Document réponse.

8.15 Étude d'une chaîne de traction asynchrone

Certains train utilisent des rames tractées par machine asynchrone. Ils peuvent circuler à des vitesses comprises entre 0 et 140 km/h, ce qui correspond à des vitesses de rotation entre 0 et 3 356 tr/min pour les moteurs.

1. Étude de la machine alimentée par un réseau $f = 50$ Hz

La machine asynchrone est une machine tétrapolaire triphasée à cage dont le stator est couplé en triangle.

On a procédé aux essais suivants :

Essai en continu :

Tension entre deux bornes $U = 4$ V

Courant continu $I = 390$ A.

Essai à vide à 50 Hz :

Tension simple d'alimentation $V_0 = 110$ V

Mesures des puissances active P et réactive Q : $P_0 = 2{,}42$ kW ; $Q_0 = 14{,}25$ kVAR.

Essai rotor calé à 50 Hz :

Tension simple d'alimentation $V_c = 25$ V

Puissance active consommée $P_c = 5\,352$ kW

Courant de ligne au stator $I_c = 388$ A.

1.1 Détermination des éléments du modèle équivalent

Le modèle équivalent considéré est représenté sur la figure 8.19.

Ce modèle est un modèle en étoile bien que la machine soit couplée en triangle. La résistance r_1 ne représente donc pas la résistance statorique réelle r_S mais une résistance équivalente qui consomme la même puissance : on donne $r_1 = \frac{r_S}{3}$.

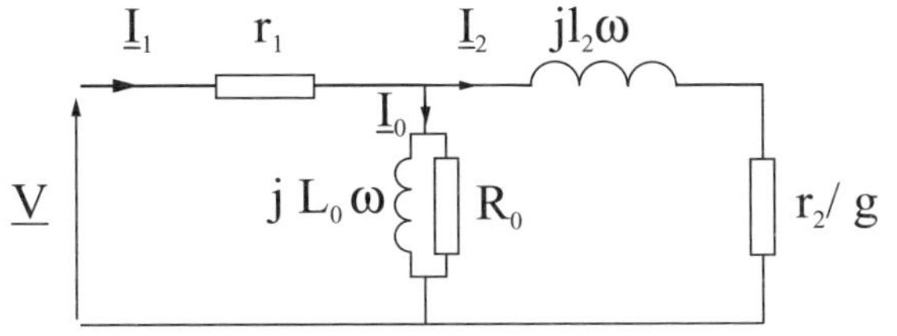

Figure 8.19

1.1.1 Calculer la résistance statorique réelle r_S, en déduire la valeur de la résistance du modèle équivalent r_1.

Calculer les pertes joule statoriques à vide et la chute de tension dans r_1.

En déduire que l'on peut négliger l'influence de r_1.

1.1.2 Calculer les valeurs de R_0 et $X_0 = L_0\omega$ puis celle de L_0.

Dans toute la suite du problème on négligera r_1 *et on prendra* $R_0 = 15\,\Omega$, $X_0 = 2{,}5\,\Omega$.

1.1.3 Calculer les puissances actives P_2 et réactive Q_2 consommées au rotor.

En déduire la valeur efficace du courant I_2.

Montrer que $r_2 = 12$ mΩ et $X_2 = l_2\omega = 65$ mΩ.

1.2 Expression du moment du couple T

1.2.1 Donner l'expression du couple en fonction de la puissance électromagnétique et de la pulsation statorique ω.

1.2.2 Établir l'expression de l'intensité efficace I_2 du courant dans la résistance r_2/g.

1.2.3 En déduire la puissance consommée dans r_2/g.

1.2.4 Montrer que le moment T du couple de la machine peut s'écrire :

$$T = \frac{6V^2}{\omega} \frac{\dfrac{r_2}{g}}{\left(\dfrac{r_2}{g}\right)^2 + (l_2\omega)^2}$$

1.4 Caractéristiques mécaniques de la machine alimentée sous $V = 110$ V et $f = 50$ Hz.

1.4.1 Pour quelle valeur de glissement g_M, le couple est-il maximal ? Donner la valeur de ce maximum T_M et la vitesse de rotation correspondante en tr/min.

1.4.2 Si on maintient le rapport V/ω constant, la valeur maximale du moment du couple dépend-elle de la pulsation d'alimentation ?

1.4.3 Calculer le moment du couple de démarrage, sous la tension simple $V = 110$ V.

1.4.4 Tracer l'allure du graphe donnant le moment du couple T en fonction de la vitesse de rotation de 0 à 1 500 tr/min.

2. Étude du moteur alimente a fréquence variable et *V/f* constant

La tension simple V et sa fréquence f restent dans un rapport constant $V/f = k = 2{,}2$ V/Hz. On suppose la machine non saturée : la valeur de L_0 est indépendante de la fréquence.

Par ailleurs le glissement est suffisamment faible pour considérer que $\dfrac{r_2}{g} \gg l_2\omega$.

2.1 Expression simplifiée du couple

2.1.1 Montrer que l'expression du moment du couple T peut alors s'écrire :

$$T \simeq 6\frac{V^2}{\omega}\frac{g}{r_2}$$

2.1.2 En déduire qu'on peut l'écrire $T = Ag\omega$, avec $A = 61{,}3$ USI.

2.2 Évolution des caractéristiques à fréquence d'alimentation variable

En régime permanent stable, pour un moment T du couple fixé, la quantité $\omega_r = g\omega$ reste constante quand la pulsation ω varie.

2.2.1 Soit n_s la vitesse de synchronisme et n la vitesse de rotation, exprimer $\Delta n = n_S - n$ en fonction de g et ω.

2.2.2 Montrer que Δn est constante quand ω varie à couple fixé et vaut : $\Delta n = 0{,}078T$. Préciser Δn pour les couples $T_1 = 1\,000$ Nm et T_M.

2.2.3 Dans un tableau, donner les valeurs numériques de la vitesse de rotation n en tr/min pour les trois valeurs 10 Hz, 50 Hz et 100 Hz de la fréquence et correspondant à des fonctionnements : à vide, à $T_1 = 1\,000$ Nm, à couple maximal T_M.

2.2.4 Tracer pour les trois fréquences précédentes l'allure du réseau de caractéristiques $T(\Omega)$ en le limitant au cas de fonctionnement stable en moteur (faibles glissements).

8.16 Étude d'un moteur asynchrone démarré par gradateur

On se propose d'étudier en partie un système constitué d'un gradateur triphasé et d'un moteur asynchrone. Le gradateur est destiné à démarrer le moteur par élévation de la tension statorique et éventuellement à faire varier sa vitesse.

1. Étude du moteur asynchrone

Les caractéristiques de la machine sont les suivantes :

220 V – 380 V ; 4 pôles

Rotor bobiné couplé en étoile, en court circuit

Alimentation : 380 V – 50 Hz

Un essai à vide, sous tension nominale, a permis de mesurer l'intensité du courant en ligne : $I_0 = 10{,}5$ A, et la puissance absorbée : $P_0 = 1{,}16$ kW.

Un essai en charge nominale, sous tension nominale a permis de mesurer l'intensité du courant en ligne : $I_n = 23$ A, la puissance absorbée : $P_n = 12{,}6$ kW et le glissement $g_n = 0{,}038$.

On néglige dans ce qui suit les résistances et inductances de fuites statoriques ainsi que les pertes mécaniques. On donne figure 8.20, le schéma équivalent simplifié d'une phase de la machine.

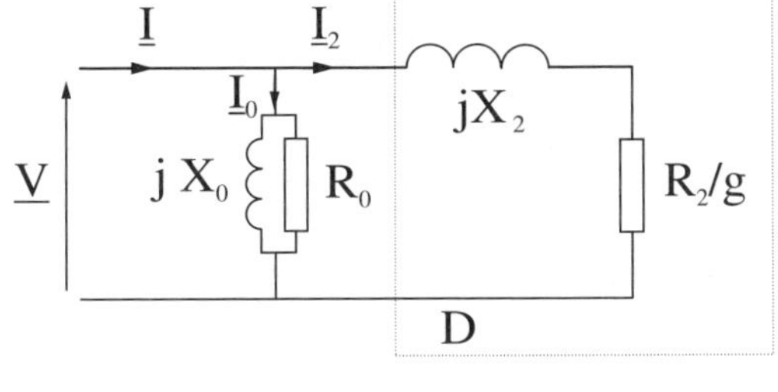

Figure 8.20

1.1 Fonctionnement nominal

1.1.1 Quel est le couplage des enroulements statoriques ?

1.1.2 Pour la charge nominale, calculer les grandeurs suivantes : vitesse de rotation (en tr/min), facteur de puissance, moment du couple utile, rendement.

1.2 Exploitation de l'essai à vide

1.2.1 Calculer le facteur de puissance de la machine à vide.

1.2.2 Calculer les valeurs de R_0 et X_0.

1.3 Exploitation de l'essai nominal

1.3.1 En raisonnant sur une phase, calculer les puissances active P_2, réactive Q_2 et apparente S_2 consommées par le dipôle [D].

1.3.2 Calculer les valeurs de R_2 et X_2.

2. Étude du couple utile de la machine

On alimente la machine sous tension variable (par exemple à l'aide d'un gradateur), mais à fréquence fixe $f = 50$ Hz.

On prendra $R_2 = 0{,}47\ \Omega$ et $X_2 = 1{,}72\ \Omega$.

2.1 Étude du couple en fonction du glissement

2.1.1 À l'aide du schéma équivalent, donner l'expression littérale du moment du couple utile de la machine en fonction du glissement g.

2.1.2 En déduire son expression numérique (en Nm) :

$$C_u(g) = \frac{9\,10^{-3}V^2}{2{,}96g + \dfrac{0{,}22}{g}}$$

2.1.3 Pour quelle vitesse de rotation le couple utile est-il maximal ?

2.1.4 Montrer que dans sa partie utile, la caractéristique $C_u(g)$ peut être assimilée à une droite d'équation : $C_u(g) = 40\,10^{-3}V^2 g$ en Nm.

2.2 Tracé de $C_u(g)$ pour $V = 220$ V puis $V = 90$ V

2.2.1 Calculer le moment du couple maximal.

2.2.2 Calculer le moment du couple de démarrage.

2.2.3 À partir des résultats précédents et pour g compris entre 0 et 1, donner l'allure de $C_u(g)$ pour $V = 220$ V puis $V = 90$ V.

3. Association de la machine pilotée par un gradateur et d'une charge mécanique

3.1 La machine travaille à couple résistant constant.

Le moment de ce couple est $C_r = 70$ Nm (le moteur entraîne un treuil qui lève une charge).

3.1.1 Calculer la vitesse de rotation de la machine pour $V = 220$ volts.

3.1.2 La tension est maintenant de 90 volts. Que se passe-t-il ?

3.1.3 L'utilisation d'un gradateur vous semble-t-elle adaptée pour réaliser un démarrage dans ce cas ?

3.2 La machine travaille à couple résistant dépendant de la vitesse.

n et n_s désignent respectivement la vitesse du rotor et celle de synchronisme en tr min^{-1}. L'expression du couple résistant en Nm est donné par :

$$C_r(n) = 80\left(\frac{n}{n_S}\right)^2$$

Cette caractéristique est donnée sur la figure 8.21.

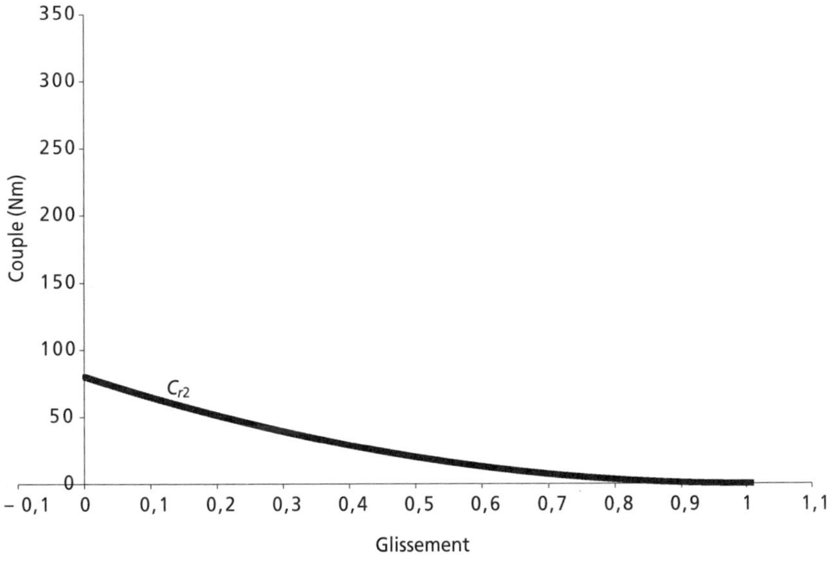

Figure 8.21

3.2.1 Le point de fonctionnement trouvé pour $V = 90$ volts est-il stable ?

3.2.2 Le gradateur est-il utilisable dans ce cas ?

4.1 La machine a été modifiée de façon à avoir un rotor beaucoup plus résistant.

On prendra $R_2 = 1{,}72\,\Omega$. La charge mécanique est celle qui a été définie au paragraphe 3.2.

4.2 Comment est modifiée la caractéristique $C_u(g)$? Tracer son allure pour $V = 220$ V puis $V = 90$ V.

4.2.1 Les points de fonctionnement obtenus sont-ils stables ?

CORRIGÉS

8.1

1. $R_1 = 2{,}53\ \Omega$ donné par l'essai en continu.

2. $m = 0{,}111 \quad P_{JV} = R_1 I_{1V}^2 = 16{,}2 \text{ mW } P_{1V}\ ;\ P_{FeV} = P_{1V} - P_{JV} \approx P_{1V}$

3. $R_S = \dfrac{P_{1CC}}{I_{2CC}^2} = \dfrac{m^2 P_{1CC}}{I_{1CC}^2} = 850 \text{ m}\Omega.$

En posant $\underline{Z_S} = R_S + jX_S$ (impédance de court-circuit ramenée du côté secondaire) on obtient :

$$Z_S = \frac{mU_{1CC}}{I_{2CC}} = \frac{m^2 U_{1CC}}{I_{1CC}} = 117\,\text{m}\Omega = \sqrt{R_S^2 + X_S^2}$$

$$X_S = \sqrt{Z_S^2 - R_S^2} = 88{,}9\,\text{m}\Omega$$

4. $\Delta U_2 = R_S I_2 \cos\varphi_2 + X_S I_2 \sin\varphi_2 = 950\,\text{mV} \Longrightarrow U_2 = 23{,}5\,\text{V}$

$$\eta = \frac{U_2 I_2 \cos\varphi_2}{U_2 I_2 \cos\varphi_2 + R_S I_2^2 + P_{1V}} = 0{,}944$$

8.2

1. $P_A = \dfrac{U_A^2}{R}$ d'où : $U_A = \sqrt{RP_A} = \dfrac{n_A}{n_1} U_1$; on en déduit : $n_A = 220$ spires

$P_B = U_B I_B \cos\varphi'$ avec $I_B = \dfrac{U_B}{Z}$ et $U_B = \dfrac{n_B}{n_1} U_1 \Longrightarrow n_B = 267$ spires.

Un bilan des puissances permet d'accéder au courant primaire :

$P_1 = P_A + P_B = 2\,500$ W $\quad Q_1 = Q_A + Q_B = P_B \operatorname{tg}\varphi' = 930$ VAR

$S_1 = \sqrt{P_1^2 + Q_1^2} = U_1 I_1 \Longrightarrow I_1 = 12{,}1$ A

2. La connexion entre les bobinages secondaires doit être telle que les tensions u_A et u_B soient en phase. Le condensateur est alors soumis à la tension u_C de valeur efficace $U_C = U_A + U_B = 383$ V. Il fournit la puissance réactive $Q_C = U_C^2 C\omega$ qui doit être égale Q_B consommée par Z. On en déduit $C = 20{,}2\ \mu$F.

On raisonne à l'aide des valeurs efficaces complexes (figure 8.22) et on prend u_A (et donc u_B) comme origine des phases :

$$\underline{I_R} = [5{,}77\,\text{A}\,;\ 0°] \qquad \underline{I_Z} = [8{,}40\,\text{A}\,;\ -31{,}8°] \qquad \underline{I_C} = [2{,}43\,\text{A}\,;\ +90°]$$

$$\underline{I_A} = \underline{I_R} + \underline{I_C} = [6{,}26\,\text{A}\,;\ +22{,}8°] \qquad \underline{I_B} = \underline{I_Z} + \underline{I_C} = [7{,}41\,\text{A}\,;\ -15{,}6°]$$

Le primaire fonctionne avec un facteur de puissance unité et appelle la puissance $P = 2\,500$ W d'où : $I_1 = 11{,}4$ A.

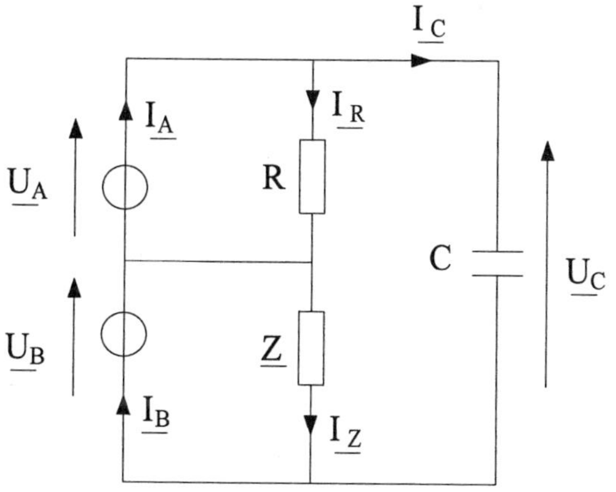

Figure 8.22

8.3

1. La relation de Boucherot permet d'obtenir : $B_M = \dfrac{U_{10}}{4{,}44 n_1 f S} = 1{,}22T$

$n_2 = \dfrac{U_{20}}{U_{10}} n_1 = 117$ spires.

2.

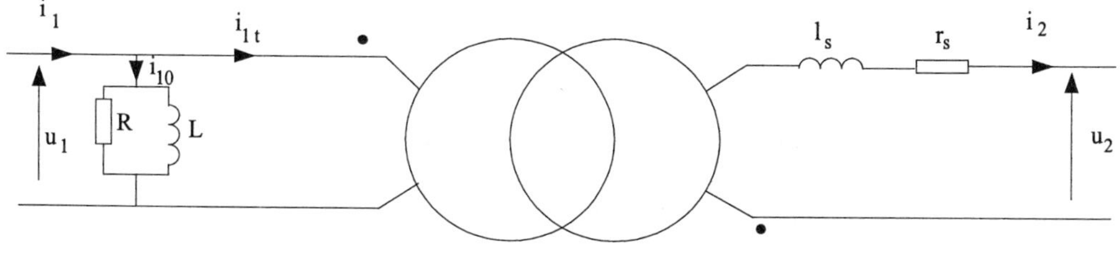

Figure 8.23 Schéma équivalent du transformateur.

$$R = \frac{U_{10}^2}{P_{10}} = 834\,\Omega \qquad L\omega = \frac{U_{10}^2}{Q_{10}} = \frac{U_{10}^2}{\sqrt{(U_{10}I_{10})^2 - P_{10}^2}} = 188\,\Omega$$

$$m = \frac{U_{20}}{U_{10}} = 0{,}518 \qquad r_S = \frac{m^2 P_{1CC}}{I_{1CC}^2} = 63{,}7\,\mathrm{m}\Omega$$

$$X_S = l_s\omega = \sqrt{\left(\frac{m^2 U_{1CC}}{I_{1CC}}\right)^2 - r_S^2} = 246\,\mathrm{m}\Omega$$

3. $\Delta U_2 = r_S I_2 \cos\varphi_2 + X_S I_2 \sin\varphi_2 = 2{,}82\,\text{V} \Longrightarrow U_2 = 111{,}2\,\text{V}$

Un bilan des puissances permet d'accéder facilement aux valeurs primaires :

$P_2 = U_2 I_2 \cos\varphi_2 = 801\ \text{W}$

$$P_1 = P_2 + r_S I_2^2 + P_{10} = 868\ \text{W}$$

$$Q_1 = U_2 I_2 \sin\varphi_2 + X_S I_2^2 + Q_{10} = U_2 I_2 \sin\varphi_2 + X_S I_2^2 + \sqrt{(U_{10} I_{10})^2 - P_{10}^2} = 1\,360\ \text{VAR}$$

$$U_1 I_1 = \sqrt{P_1^2 + Q_1^2} \quad \Longrightarrow I_1 = 7{,}33\,\text{A} \qquad f_{p1} = \cos\varphi_1 = 0{,}538$$

$$\eta = \frac{P_2}{P_1} = 0{,}923$$

4. $\Delta U_2 = r_S I_2 \cos\varphi_2 + X_S I_2 \sin\varphi_2 = 5{,}88\,\text{V}$

$$U_{20} = mU_1 = U_2 + \Delta U_2 \Longrightarrow U_1 = 224\ \text{V}$$

8.4

1. La puissance à vide est consommée par R et le courant à vide se confond avec i_{10}.

$$P_{1V} = P_{10} = \frac{U_{1n}^2}{R} = 57{,}6\,\text{W} \qquad Q_{1V} = Q_{10} = \frac{U_{1n}^2}{L\omega} = 255\,\text{VAR}$$

$$I_{1V} = I_{10} = \frac{\sqrt{P_{10}^2 + Q_{10}^2}}{U_{1n}} = 1{,}19\,\text{A}$$

2. Dans cet essai, le courant I_{10} est négligeable devant I_1. On en déduit :

$$P_{1CC} = r_S I_{2n}^2 = 54\,\text{W} \qquad Q_{1CC} = l_S \omega I_{2n}^2 = 130\,\text{VAR}$$

$$I_{1CC} = mI_{2n} = 15\,\text{A} \qquad U_{1CC} = \frac{\sqrt{P_{1CC}^2 + Q_{1CC}^2}}{I_{1CC}} = 9{,}42\,\text{V}$$

3. $\Delta U_2 = r_S I_2 \cos\varphi_2 + X_S I_2 \sin\varphi_2 = -1{,}06\,\text{V}$. La charge étant capacitive, $\varphi_2 < 0$ entraînant une valeur négative de la chute de tension :

$$U_2 = U_{20} - \Delta U_2 = 111\ \text{V}$$

$$P_1 = P_2 + r_S I_2^2 + P_{1V} = 799\ \text{W}$$

$$Q_1 = U_2 I_2 \sin\varphi_2 + X_S I_2^2 + Q_{10} = -837\ \text{VAR}$$

$$I_1 = \frac{\sqrt{P_1^2 + Q_1^2}}{U_{1n}} = 5{,}26 \text{ A}$$

$$\eta = \frac{P_2}{P_1} = 0{,}917$$

4. En raisonnant sur les valeurs complexes et en posant : $\underline{Z_S} = r_S + jl_S\omega$, $\underline{Z'_S} = r'_S + jl'_S\omega = 2\underline{Z_S}$, on obtient à partir de la figure 2 de l'énoncé :

$$\underline{\Delta U_2} = m\underline{U_1} - \underline{U_2} = \underline{Z_S I_2} = \underline{Z'_S I'_2} \quad \text{avec :} \quad \underline{I''_S} = \underline{I_2} + \underline{I'_2}$$

on en déduit : $\underline{I_2} = \dfrac{\underline{I''_2}}{1 + \dfrac{\underline{Z_S}}{\underline{Z'_S}}} = \dfrac{2}{3}\underline{I''_2}$ et $\underline{I'_2} = \dfrac{\underline{I''_2}}{1 + \dfrac{\underline{Z'_S}}{\underline{Z_S}}} = \dfrac{1}{3}\underline{I''_2}$

Les trois courants i_2, i'_2, i''_2 sont donc en phase entre eux et avec la tension u_2 (charge résistive).

D'où : $I_2 = 28$ A, $I'_2 = 14$ A et $\Delta U_2 = r_S I_2 = r'_S I'_2 = 1{,}68\,\text{V} \Longrightarrow U_2 = 108{,}3$ V

Un bilan des puissances conduit à :

$$P''_1 = P_2 + r_S I_2^2 + r'_S I_2'^2 + 2P_{10} = 4\,735 \text{ V}$$

$$Q''_1 = l_S\omega I_2^2 + l'_S\omega I_2'^2 + 2Q_{10} = 680 \text{ VAR}$$

$$I''_1 = \frac{\sqrt{P_1^2 + Q_1^2}}{U_1} = 21{,}7 \text{ A}$$

$$\eta = \frac{P''_2}{P''_1} = 0{,}961$$

8.5

1. Les bornes homologues repérées sur la figure 4 de l'énoncé montrent que la tension u_{AC} est en phase avec la tension v_a. On peut alors dessiner le diagramme de Fresnel figure 8.24 ci-dessous en considérant les systèmes triphasés équilibrés directs. Les positions relatives de u_{AC} et u_{ac} montrent que l'indice horaire est égal à 1 : transformateur Dyn1.

Par permutation circulaire des différentes phases du côté HT ou BT on obtient les indices 5 et 9.

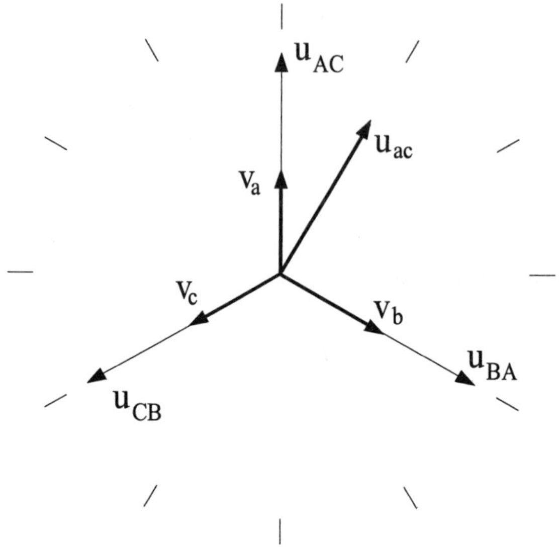

Figure 8.24

2. Le schéma équivalent par colonne est dessiné figure 8.25.

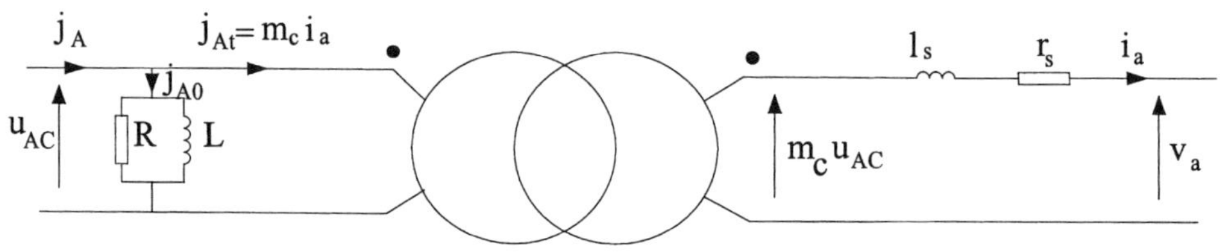

Figure 8.25

L'essai à vide permet de déterminer :

$$m_C = \frac{V_{a0}}{U_{AB0}} = \frac{U_{ab0}}{\sqrt{3}U_{AB0}} = 24{,}4 \times 10^{-3}$$

$$R = \frac{3U_{AB0}^2}{P_{10}} = 541\,\mathrm{k}\Omega$$

$$Q_{10} = \sqrt{(\sqrt{3}U_{AB0}I_{A0})^2 - P_{10}^2} = 630 \text{ VAR}$$

$$L\omega = \frac{3U_{AB0}^2}{Q_{10}} = 129\,\mathrm{k}\Omega$$

À partir de l'essai en court-circuit on obtient :

$$P_{1CC} = 3r_S I_{aCC}^2 = 3r_S \frac{J_{ACC}^2}{m_C^2} = r_S \frac{I_{ACC}^2}{m_C^2} \Longrightarrow r_S = \frac{m_C^2 P_{1CC}^2}{I_{ACC}^2} = 192\,\mathrm{m\Omega}$$

$$Q_{1CC} = \sqrt{(\sqrt{3}U_{ABCC}I_{ACC})^2 - P_{1CC}^2} = 321 \text{ VAR}$$

$$l_S\omega = \frac{m_C^2 Q_{1CC}}{I_{ACC}^2} = 108\,\mathrm{m\Omega}$$

3. Le schéma équivalent par phase est dessiné figure 8.26.

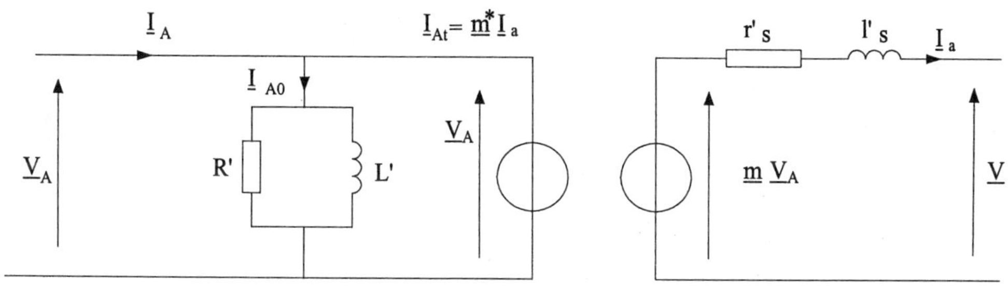

Figure 8.26

Le module m de $\underline{m}$ est donné par l'essai à vide :

$$m = \frac{V_{a0}}{V_{A0}} = \frac{U_{ab0}}{U_{AB0}} = 42{,}3 \times 10^{-3}$$

L'argument de $\underline{m}$ est donné par l'indice horaire qui montre que v_a est en retard de 30° sur v_A d'où : $\underline{m} = [42{,}3 \times 10^{-3}\,;\ -30°]$.

$$R' = \frac{3V_A^2}{P_{10}} = \frac{U_{AB0}^2}{P_{10}} = 180\,\mathrm{k\Omega}$$

$$L'\omega = \frac{U_{AB0}^2}{Q_{10}} = 233\,\mathrm{k\Omega}$$

L'essai en court-circuit permet d'obtenir :

$$P_{1CC} = 3r_S' I_{aCC}^2 = 3r_S' \frac{I_{ACC}^2}{m^2} \Longrightarrow r_S' = \frac{m^2 P_{1CC}}{3I_{ACC}^2} = 192\,\mathrm{m\Omega} = r_S$$

$$l_S'\omega = \frac{m^2 Q_{1CC}}{3I_{ACC}^2} = 108\,\mathrm{m\Omega} = l_S\omega$$

8.6

Figure 8.5 : Couplage Dy3.

Figure 8.6 : Couplage Yd11.

figure 8.7 : Couplage Yz5.

8.7

1. Les bornes homologues repérées sur la figure 8.8 de l'énoncé montrent que la tension u_{ab} est en opposition de phase avec la tension v_A. La construction d'un diagramme de Fresnel permet de déterminer l'indice horaire qui est égal à 7.

2. Le schéma équivalent est dessiné figure 8.27.

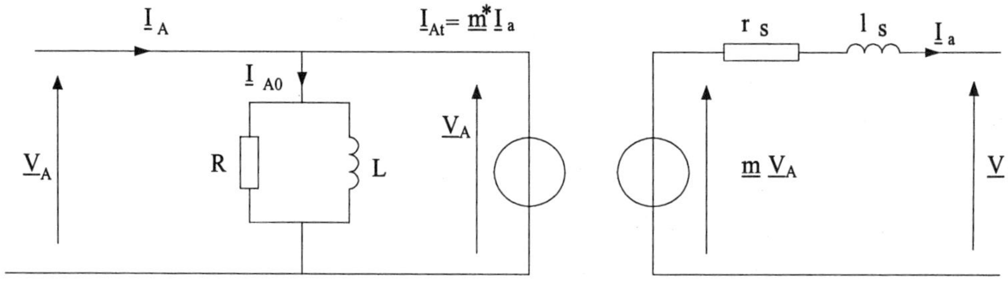

Figure 8.27

Le module m de $\underline{m}$ est donné par l'essai à vide :

$$m = \frac{V_{a0}}{V_{A0}} = \frac{U_{ab0}}{U_{AB0}} = 0{,}579$$

L'argument de $\underline{m}$ est donné par l'indice horaire qui montre que v_a est en retard de 210° sur v_A d'où : $\underline{m} = [0{,}579\,;\ -210°] = [0{,}579\,;\ +150°]$.

$$R = \frac{3V_A^2}{P_{10}} = \frac{U_{AB0}^2}{P_{10}} = 657\,\Omega$$

$$L\omega = \frac{U_{AB0}^2}{Q_{10}} = 233\,\Omega$$

L'essai en court-circuit permet d'obtenir :

$$P_{1CC} = 3r_S I_{aCC}^2 = 3r_S \frac{I_{ACC}^2}{m^2} \Longrightarrow r_S = \frac{m^2 P_{1CC}}{3I_{ACC}^2} = 99{,}3\,\text{m}\Omega$$

$$l_S\omega = \frac{m^2 Q_{1CC}}{3I_{ACC}^2} = 266\,\text{m}\Omega$$

3. Les impédances étant couplées en triangle chacune d'elles est traversée par le courant phase secondaire. Leur module est donné par :

$$Z = \frac{\sqrt{3}U_{ab}}{I_a} = 38,1\,\Omega$$

La chute de tension secondaire permet de calculer l'argument θ de l'impédance qui impose le déphasage $\varphi = \theta$ entre courants lignes et tensions simples correspondantes côté secondaire. (ϕ mesure toujours le retard du courant sur la tension).

$$\Delta V_a = r_s \cos\varphi + l_S\omega \sin\varphi$$

Ici la chute de tension est nulle ce qui impose :

$$\mathrm{tg}\,\varphi = -\frac{r_S}{l_S\omega} \Longrightarrow \varphi = -20,5°$$

d'où : $\underline{Z} = [38,1\,\Omega\,;\ -20,5°]$

4. Le transformateur T', couplé Yz devra avoir le même indice horaire (7) que T.

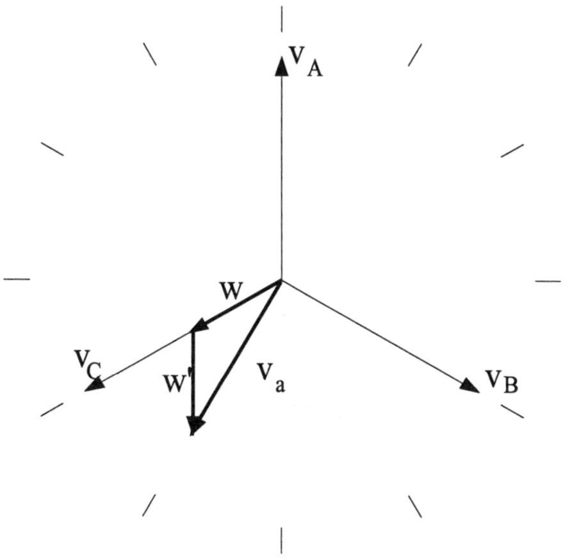

Figure 8.28

La figure 8.28 montre que la tension simple de la phase a secondaire doit alors être obtenue par addition d'une tension w en phase avec la tension v_C et d'une tension w' en opposition de phase avec v_A.

Un couplage possible du transformateur est alors dessiné figure 8.29.

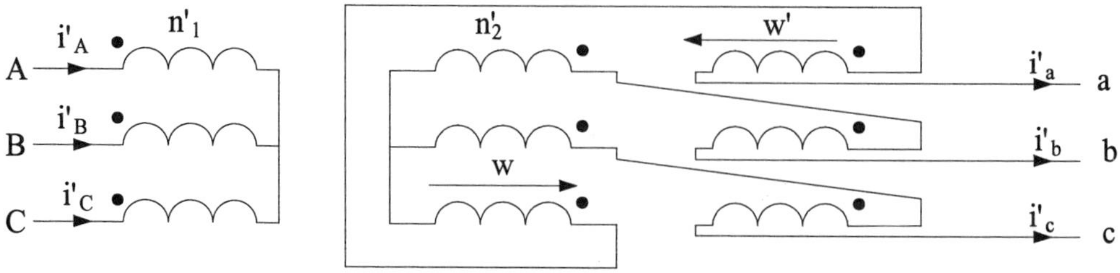

Figure 8.29

Les deux transformateurs doivent avoir le même rapport de transformation par phase d'où :

$$m = \frac{V_{a0}}{V_{A0}} = \frac{\sqrt{3}n_2'}{n_1'} = 0{,}579 \Longrightarrow \frac{n_2'}{n_1'} = 0{,}334$$

Les deux transformateurs étant couplés en parallèle, présentent la même chute de tension en valeur instantanée, ce qui permet d'écrire :

$$\underline{\Delta V_a} = \underline{mV_A} - \underline{V_a} = \underline{Z_S}\,\underline{I_a} = \underline{Z_S'}\,\underline{I_a'} \Longrightarrow \frac{\underline{I_a}}{\underline{I_a'}} = \frac{\underline{Z_S'}}{\underline{Z_S}}$$

Cette dernière équation écrite en module conduit à :

$$\frac{I_a}{I_a'} = \frac{Z_S'}{Z_S} \text{ avec } \underline{Z_S} = [284\,\text{m}\Omega\,;\ 69{,}5°] \text{ et } \underline{Z_S'} = [216\,\text{m}\Omega\,;\ 56{,}3°]$$

Le courant secondaire nominal de T est donné par :

$$I_{an} = \frac{S_n}{\sqrt{3}U_{ab0}} = 26{,}2 \text{ A}$$

Si T fonctionne à son courant nominal, T' débitera le courant :

$I_a' = I_{an}\dfrac{Z_S}{Z_S'} = 34{,}1$ A supérieur au courant nominal de T'. Ce fonctionnement n'est donc pas possible.

Si T' fonctionne à son courant nominal, T débitera le courant :

$I_a = I_{an}'\dfrac{Z_S'}{Z_S} = 19{,}23\,\text{A} < I_{an}$. Il convient donc de limiter le fonctionnement de l'association à cette valeur.

Dans ces conditions, l'ensemble fournira le courant :

$$\underline{I''_a} = \underline{I'_{an}} + \underline{I_a} = \underline{I'_{an}}\left(1 + \frac{\underline{Z'_S}}{\underline{Z_S}}\right) \text{ conduisant à } I_a = 44 \text{ A}$$

L'association des deux transformateurs permet donc de délivrer la puissance apparente maximale $S'' = \sqrt{3}U_{ab0}I''_a = 16{,}8$ kVA (en négligeant la chute de tension du secondaire).

Cette puissance est inférieure à la somme des puissances apparentes des deux transformateurs qui vaut 19,5 kVA.

8.8

1. $E = k\Omega\Phi$, le flux inducteur Φ est ici constant, on obtient donc $E = K\Omega$ en posant $K = k\Phi$.

$$C_{\text{em}} = \frac{EI}{\Omega} = KI$$

À partir du point de fonctionnement donné : $E = U - RI = 212$ V pour $N = 1\,500$ tr/mn d'où : $K = 1{,}35$ N.m.rad^{-1}.s

2. La vitesse étant constante, l'accélération angulaire est nulle, le principe fondamental de la dynamique de rotation donne :

$$j\frac{\mathrm{d}\Omega}{\mathrm{d}t} = C_{\text{em}} + C = 0$$

$$C_{\text{em}} = -C = 15 \text{ N.m}$$

d'où : $I = 11{,}1$ A et $U = E + RI = 174$ V avec $E = 170$ V correspondant à $N = 1\,200$ tr/mn.

3. En régime permanent $C_{\text{em}} = -C = k'\Omega = KI$.

La relation $U = E + RI = K\Omega + R\dfrac{C_{\text{em}}}{K}$ conduit à :

$\Omega = \dfrac{KU}{K^2 + Rk'} = 123\,\text{rad}\cdot s^{-1}$ soit $N = 1\,177$ tr/mn et $I = 9{,}13$ A

8.9

1. Les pertes fer et mécaniques étant négligées, il n'y a pas lieu de distinguer le couple électromagnétique et le couple utile de la machine. La valeur de I_E fixe le rapport E/Ω que l'on calcule à partir du tableau donnant les variations $E(I_E)$, on peut donc calculer le courant induit I :

$$C_1 = \frac{EI}{\Omega} \Longrightarrow I = \frac{\Omega C_1}{E} = 62{,}8 \text{ A}$$

E variant proportionnellement à la vitesse, la machine développe la f.é.m. $E = 225$ V à 1 500 tr/mn d'où la tension d'induit : $U = E + RI = 241$ V.

Pour $I_E = I_{E1} = 0{,}3$ A, un calcul identique au précédent conduit à $I = 178$ A. La f.é.m. induite est donnée par $E = U - RI = 195$ V. Elle correspond donc à une vitesse : $N = 3\,680$ tr/mn calculée en utilisant le rapport E/Ω correspondant à $I_E = 0{,}3$ A.

2. Pour $I_E = I_{E2} = 0{,}7$ A, le rapport $k = E/\Omega = 1{,}19$ N.m.rad^{-1}.s. Le couple développé par la machine est donné par $C = kI$. L'équation électrique de l'induit permet d'obtenir :

$$I = \frac{U - E}{R} = \frac{U}{R} - \frac{k\Omega}{R}$$

On obtient donc :

$$C = \frac{k}{R}U - \frac{k^2\Omega}{R} = \frac{k}{R}U - \frac{k^2\pi}{30R}N$$

ce qui permet d'identifier les coefficients a et b. On calcule $a = 4{,}59$ N.m.V^{-1} et $b = 0{,}574$ N.m.tr^{-1}.mn.

En régime permanent $C + C_m = 0$. Cette relation permet de calculer la vitesse de rotation : $N = 2\,207$ tr/mn correspondante au couple $C = 110$ N.m et au courant $I = 92{,}7$ A.

3. Pour chacun des points de fonctionnement, le signe de I est le même que celui du couple puisque I_E est toujours positif. Le courant I aura donc le même signe que la vitesse pour un fonctionnement moteur et le signe opposé pour un fonctionnement en génératrice de la machine.

La f.é.m. E est déterminée à partir des variations $E(I_E)$ en corrigeant la valeur lue dans le tableau proportionnellement à la vitesse de rotation. On calcule U par l'équation électrique de l'induit : $U = E + RI$ et C par $C = \dfrac{EI}{\Omega}$. Les résultats sont consignés dans le tableau suivant :

Point	I (A)	E (V)	U (V)	C (N.m)	N (tr/mn)	fonctionnement
M_1	+ 40	− 224	− 214	+ 53,5	− 1 600	génératrice sens < 0
M_2	+ 40	+ 224	+ 234	+ 53,5	+ 1 600	moteur sens > 0
M_3	− 30	− 240	− 248	− 43,0	− 1 600	moteur sens < 0
M_4	− 30	+ 240	+ 232	− 43,0	+ 1 600	génératrice sens > 0

8.10

1.1 La f.e.m. $E = U - (R_a + R_S)I = 364$ V est proportionnelle à la vitesse à courant d'excitation constant. Ici $I_S = 22{,}6$ A, on en déduit la vitesse par :

$$N = \frac{364}{335} \times 1\,000 = 1\,087 \text{ tr/mn}$$

Le couple électromagnétique est donné par $C_{\text{em}} = \dfrac{E}{\Omega} I = \dfrac{335 \times 30}{\pi \times 1\,000} \times 22{,}6 = 72{,}3$ N.m

1.2 À l'instant début du démarrage la f.é.m. E est nulle et le courant atteint sa valeur maximale donnée par : $I_M = \dfrac{U_n}{(R_h + R_a + R_S)}$ qui conduit à $R_h = 7{,}29\,\Omega$.

Le couple au début du démarrage appelé aussi couple de décollage se calcule par : $C_d = \dfrac{E}{\Omega} I_M$. Le rapport E/Ω est calculé pour le courant inducteur $I_S = I_M$. On obtient donc : $C_d = \dfrac{429 \times 30}{\pi \times 1\,000} \times 45 = 184$ N.m.

Au fur et à mesure de la montée en vitesse, le courant diminue. Lorsqu'il atteint la valeur $I_0 = 27$ A, la f.é.m. E a pour valeur $E = U - (R_h + R_a + R_S)I_0 = 160$ V correspondante à la vitesse : $N_0 = \dfrac{160}{357} \times 1\,000 = 448$ tr/mn.

1.3 Le moteur à vide doit fonctionner à la même vitesse et avec le même flux, donc la même f.é.m. que lors du fonctionnement décrit au **1.1**. On en déduit que $I_{S1} = I_S = 22{,}6$ A ; $U_1 = E + R_a I_1 = 366$ V ; $P_C = U_1 I_1 - R_a I_1^2 = 800$ W.

Un bilan des puissances pour le fonctionnement du **1.1** donne :

$$P_u = UI - (R_a + R_S)I^2 - P_C = 7{,}42\,\text{kW} \Longrightarrow \eta = \frac{P_u}{UI} = 0{,}821$$

2.1 $U_2 = E + (R_a + R_s)I_2 = 436$ V avec $E = 383$ V correspondant à $I_S = 33{,}2$ A et $N = 1\,000$ tr/mn.

2.2 La formule du diviseur de courant donne : $I_S = \dfrac{R'_S}{R_S + R'_S} I_2 = 27{,}0$ A.

La f.é.m. E est donnée par : $E = U - R_a I_2 - R_S I_S = 387$ V. En tenant compte de la chute de tension $R_S I_S$ dans l'association en parallèle de R_S et R'_S.

Cette f.é.m. correspond à un courant d'excitation $I_S = I_{S2} = 27$ A, on peut donc calculer la vitesse de rotation par : $N = \dfrac{387}{357} \times 1\,000 = 1\,084$ tr/mn

8.11

1.1 L'équation électrique de l'induit permet de déterminer la f.é.m. : $E = U - RI = 353$ V développée sur l'induit pour une vitesse $N = 2\,000$ tr/mn et un courant d'excitation $I_E = 25$ A.

On en déduit : $C_{\text{em}} = \dfrac{EI}{\Omega} = 742$ N.m et $C_u = C_{\text{em}} + C_P \Longrightarrow C_P = -32$ N.m

La puissance utile et le rendement sont donnés par :

$$P_u = C_u \Omega = 149 \text{ kW}$$

$$\eta = \frac{P_u}{UI + R_E I_E^2} = 0{,}851$$

1.2 La f.é.m. E est toujours donnée par la même relation : $E = U - RI = -390$ V. Cette f.é.m. correspond à un courant inducteur $I_E = -25$ A opposé au courant inducteur du **1.1**. Pour cette valeur du courant inducteur la machine développe donc une f.é.m. de -353 V pour une vitesse de rotation de 2 000 tr/mn.

On en déduit la vitesse de rotation et le couple électromagnétique :

$$N = \frac{-390}{-353} \times 2\,000 = 2\,210 \text{ tr/mn}$$

$$C_{\text{em}} = \frac{EI}{\Omega} = -506 \text{ N.m donnant } C_{\text{m}} = C_{\text{em}} + C_p = 538 \text{ N.m}$$

La f.é.m. E est toujours donnée par la même relation : $E = U - RI = -390$ V.

1.3.1

$$0 < t < t_1 \qquad \frac{\mathrm{d}\Omega}{\mathrm{d}t} = 16{,}7\,\text{rad.s}^{-2}$$

$$t_1 < t < t_2 \qquad \frac{\mathrm{d}\Omega}{\mathrm{d}t} = 0\,\text{rad.s}^{-2}$$

$$t_2 < t < t_3 \qquad \frac{\mathrm{d}\Omega}{\mathrm{d}t} = -16{,}7\,\text{rad.s}^{-2}$$

1.3.2 Voir figure 8.30 (page ci-contre).

1.3.3

$$J\frac{\mathrm{d}\Omega}{\mathrm{d}t} = C_{\text{em}} + C \Longrightarrow C_{\text{em}} = -C + J\frac{\mathrm{d}\Omega}{\mathrm{d}t}$$

1.3.4 $0 < t < t_1$: les variations $C_{em}(t)$ sont linéaires avec $C_{em}(0^+) = 868$ N.m et $C_{em}(t_1^-) = 1\,367$ N.m.

$t_1 < t < t_2$: le couple d'accélération $J\dfrac{\mathrm{d}\Omega}{\mathrm{d}t}$ est nul et le couple C constant : $C_{em} = 499$ N.m.

$t_2 < t < t_3$: le couple d'accélération est maintenant négatif et les variations $C_{em}(t)$ sont linéaires avec $C_{em}(t_2^+) = -369$ N.m et $C_{em}(t_3^-) = -868$ N.m.

Ces résultats sont traduits graphiquement figure 8.10.

Le point de fonctionnement se déplace donc dans deux quadrants. L'inversion du couple $C_{em} = k\Phi(I_E)I$ nécessitera :

- soit une alimentation de l'induit réversible en courant si le courant d'excitation I_E ne change pas de signe lors du passage en fonctionnement génératrice ;
- soit une alimentation de l'induit réversible en tension si le courant d'excitation I_E change de signe lors du passage en fonctionnement génératrice.

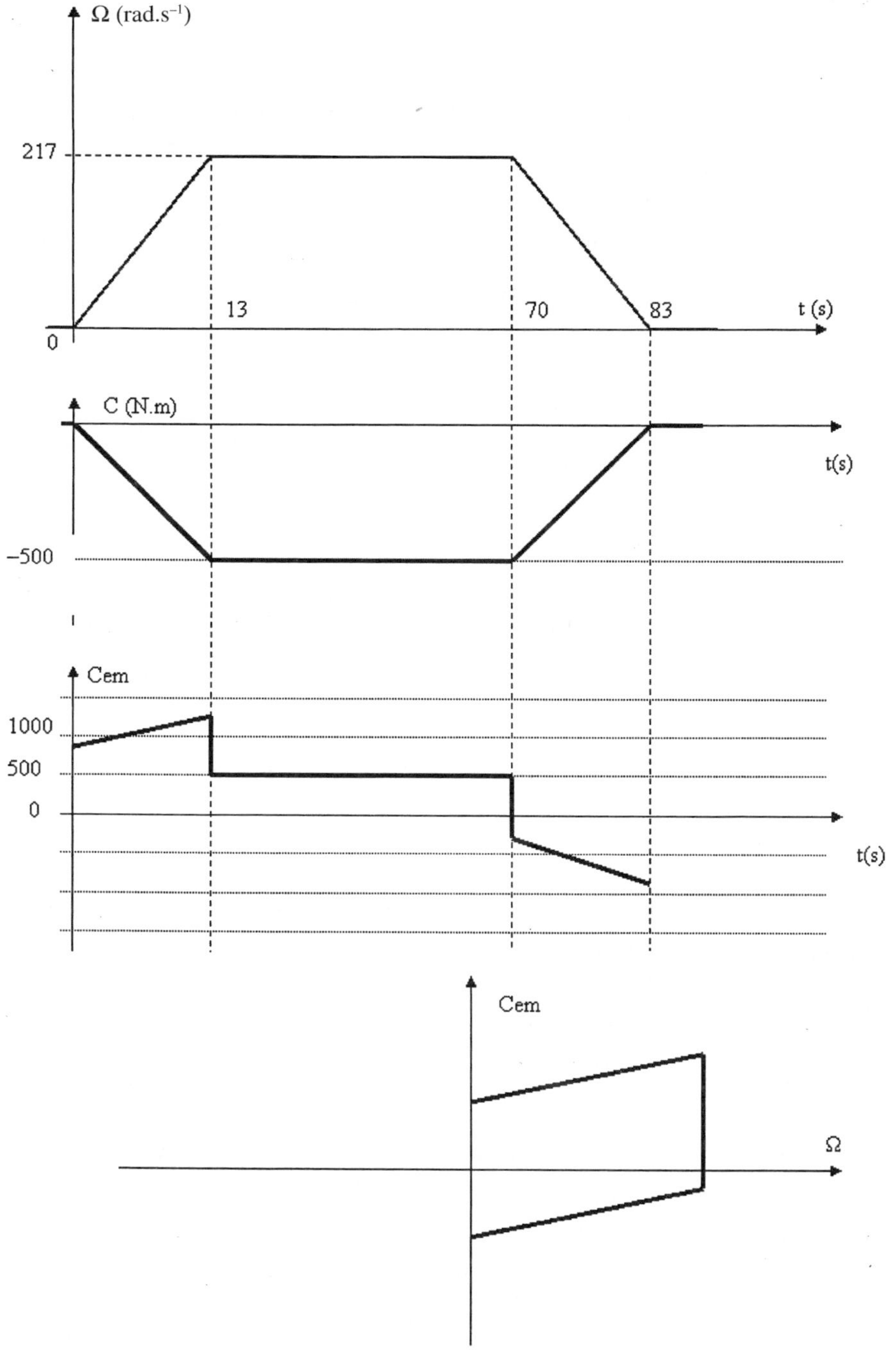

Figure 8.30

8.12 Étude d'une alimentation de secours

1. Pour une machine ayant $2p$ pôles, la relation entre la vitesse et la pulsation des grandeurs électriques est la suivante : $\omega = 2\pi f = p\Omega_S$ ou $n_S = \dfrac{60f}{p}$ si l'on appelle n_S la vitesse de synchronisme en tours par secondes. La machine considérée ici est hexapolaire : $p = 3$.

2. La première des deux tensions indiquées sur la plaque est la tension maximale aux bornes d'un enroulement : ici c'est 220 V, la machine doit donc être couplée en étoile.

3. Lors de l'essai en court-circuit on peut écrire : $\underline{V} = \underline{E_{Scc}} - (R + j\underline{X_S})\underline{I_{cc}} = 0$. On en déduit $E_{Scc} = \sqrt{X_S^2 + R^2} I_{cc}$. Choisissons une valeur du courant d'excitation : par exemple $I_e = 2{,}45$ A ce qui conduit à $I_{cc} = 7{,}41 I_e = 18{,}2$ A et $E_{Scc} = 87{,}5$ V.

On obtient alors $Z_S = \dfrac{E_{Scc}}{I_{cc}} = 4{,}73\,\Omega$, d'où $X_S = \sqrt{Z_S^2 - R^2} = 4{,}7\,\Omega$.

4. La tension en sortie de l'alternateur est constante $V = 220$ V.

4.1 À vide $E_S = V = 220$ V, d'après la caractéristique à vide $I_{e0} = 6{,}6$ A.

4.2 Pour déterminer l'intensité du courant d'excitation nécessaire, il faut d'abord déterminer la valeur de E_S par construction du diagramme bipolaire. Un facteur de puissance de 0,8 AR correspond à un déphasage de 37° (le courant est en retard sur la tension) ; $I_n = \dfrac{S_n}{3V_n} = 18{,}2$ A donc $X_S I_n = 85{,}54$ V et $RI_n = 9{,}1$ V ce qui conduit à $E_S = 285$ V et de là à $I_{en} = 8{,}5$ A.

5. Le premier essai permet de mesurer les pertes du moteur d'entraînement qui seront considérées comme constantes par la suite : $P_{Ma} = U_{a1} I_{a1} = 190$ W.

Lors du deuxième essai l'alternateur est à vide, donc il n'y a pas de pertes Joule ; il n'est pas excité donc pas de pertes fer : la puissance mesurée correspond à la somme des pertes de Ma et des pertes mécaniques de GS : $P_{a2} = U_{a2} I_{a2} = P_{Ma} + p_m$.

On en déduit que $p_m = 326{,}6$ W.

Lors du troisième essai, l'alternateur est à vide donc il n'y a pas de pertes Joule ; il est excité donc il y a des pertes fer : la puissance mesurée correspond à la somme des pertes de M_a, des pertes mécaniques et des pertes fer de GS : $P_{a3} = U_{a3} I_{a3} = P_{Ma} + p_m + p_f$.

On en déduit que $p_f = 718{,}4$ W.

Les pertes Joule dans l'induit ont pour expression : $p_{ij} = 3RI_n^2 = 497$ W, dans l'inducteur leur valeur est $p_{je} = R_e I_{en}^2 = 217$ W.

La puissance utile est : $P_u = 3VI_n \cos\varphi = 9\,600$ W.

On calcule le rendement : $\eta = \dfrac{P_u}{P_u + p_m + p_f + p_{ji} + p_{je}} = 84{,}5$ %.

Le moteur doit fournir $P_{\text{abs}} = P_u + p_m + p_f + p_{ji} + p_{je} = T_m \Omega$ d'où l'on tire : $T_m = 108{,}5$ N.m.

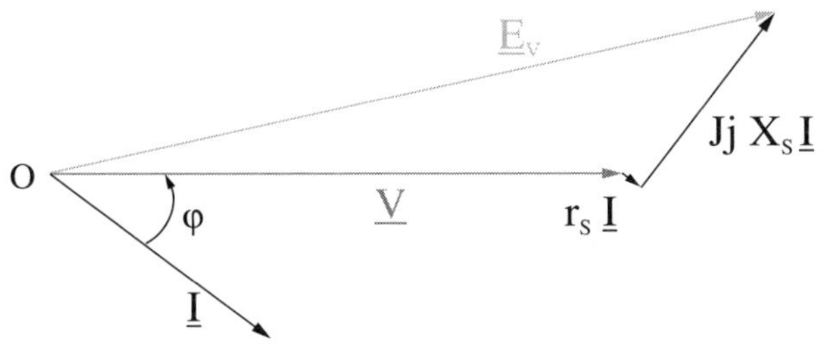

Figure 8.31

8.13 Compensation de puissance réactive à l'aide d'une machine synchrone

1. Étude des perturbations

1.1 L'éclairage est équivalent à une charge triphasée équilibrée de facteur de puissance 0,76. La puissance qu'il consomme a pour expression $P = \sqrt{3}UI\cos\varphi$ d'où l'on tire $I = 95$ A La charge est équilibrée donc $I_N = 0$.

1.2 Soient l la longueur des câbles et S leur section, leur résistance a pour expression : $R_c = \rho\dfrac{\ell}{S}$ ce qui conduit à $R_c = 0{,}65\,\Omega$ pour les câbles de phase et $2{,}3\,\Omega$ pour le câble de neutre.

1.3 Il n'y a pas de pertes par effet Joule dans le conducteur de neutre puisque le courant y est nul donc : $p_j = 3R_cI^2 = 27$ kW.

2. Correction des perturbations

2.1 Paramètres du modèle

2.1.1 On calcule $\dfrac{E_V}{I_E}$ pour chaque valeur du courant d'excitation et on constate que ce rapport est pratiquement constant et vaut 830 VA^{-1}.

2.1.2 En court-circuit, on a : $E_{Vcc} = Z_SI_{cc}$ avec $Z_S = \sqrt{R^2 + X_S^2}$. Pour $I_e = 0{,}38$ A, $E_{Vcc} = 315$ V d'où $X_S\sqrt{\left(\dfrac{E_{Vcc}}{I_{cc}}\right)^2 - R^2} = 4{,}5\,\Omega$.

2.2 Compensateur synchrone

2.2.1 En régime sinusoïdal, on peut écrire : $\tan\varphi = \dfrac{Q}{P}$, ici le facteur de puissance est $\cos\varphi = k = +0{,}76$. La machine doit donc fournir $Q = 43$ kVAR.

2.2.2 La machine absorbe un courant en avance de $\dfrac{\pi}{2}$ par rapport à la tension, son facteur de puissance est nul, la puissance réactive s'exprime ainsi : $|Q| = \sqrt{3}UI$.
L'intensité des courants statoriques est $I = 62$ A.

2.2.3 À partir du modèle de la machine, on peut écrire : $\underline{V} = \underline{E_V} + jX_S\underline{I}$.

On trace le diagramme bipolaire avec $V = 230$ V et $X_S I = 279$ V.

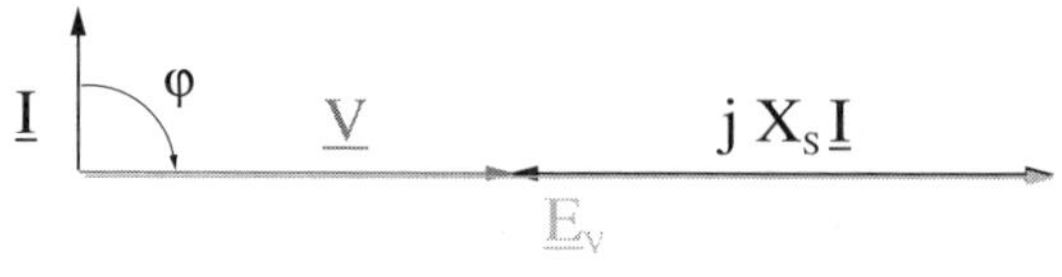

Figure 8.32

2.2.4 On mesure $E_V = 509$ V, ce qui conduit à $I_e = 0{,}61$ A.

2.3 Amélioration du facteur de puissance à l'aide de la machine synchrone.

2.3.1 La machine synchrone fournit la totalité de la puissance réactive consommée par les lampes, le réseau alimente une charge équivalente de facteur de puissance égal à 1 : $P = S = 3VI = 50$ VA, $I = 72{,}5$ A.

2.3.2 Les pertes en ligne valent maintenant : $3R_c I^2 = 15{,}75$ kW.

2.3.3 Il faudrait diminuer la résistance des câbles. Pour cela, on pourrait envisager de rapprocher le transformateur du bâtiment afin de diminuer leur longueur et/ou d'augmenter leur section.

8.14 Machine synchrone autopilotée

1. Modélisation de la machine

1.1 Le modèle équivalent de la machine est représenté sur la figure 8.33.

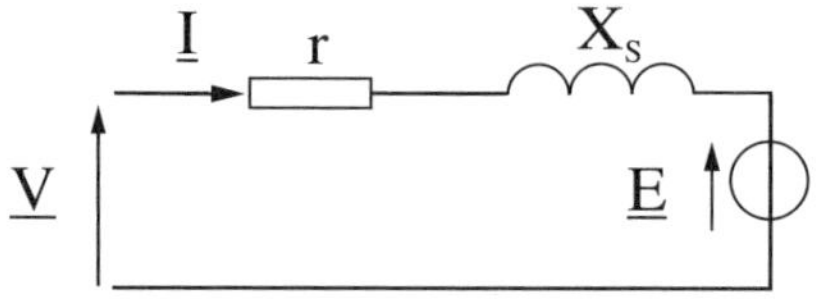

Figure 8.33

1.2 Exploitation de l'essai à vide : le courant d'induit est nul donc $E = V = \dfrac{220}{\sqrt{3}} = 127$ V,

par ailleurs pour cet essai $I_e = 4$ A donc $E = \dfrac{127}{4} I_e = 31{,}71 I_e$.

Exploitation de l'essai en court-circuit : $\underline{V} = Z_S\underline{I} + \underline{E} = 0$ avec $E = 31{,}7$ V.

$$Z_S = \frac{E}{I} = \frac{31{,}7}{3{,}5} = 9{,}07\,\Omega$$

La résistance mesurée entre phases est $R = 2r = 1{,}8\,\Omega$ donc $r = 0{,}9\,\Omega$, d'où $X_S = \sqrt{Z_S^2 - r^2} = 9{,}0\,\Omega$ et $L = 28{,}7$ mH.

2. Étude en régime sinusoïdal à fréquence constante

2.1 La puissance électrique absorbée par la machine a pour expression : $P = \sqrt{3}UI\cos\varphi$ d'où $I = 3$ A.

La machine est supposée sans pertes donc cette puissance électrique est intégralement convertie en puissance mécanique : $P = T_e\Omega_S$.

À 50 Hz, la vitesse de synchronisme est $\Omega_S = \dfrac{2\pi f}{p} = 157\,\text{rad.s}^{-1}$ ce qui conduit à $T_e = 6{,}36$ Nm.

2.2 Le facteur de puissance 0,87 correspond à un déphasage avant ou arrière de 29,5°, $V = 127$ V, $I = 3$ A donc $X_SI = 27$ V. Ces valeurs conduisent aux diagrammes suivants :

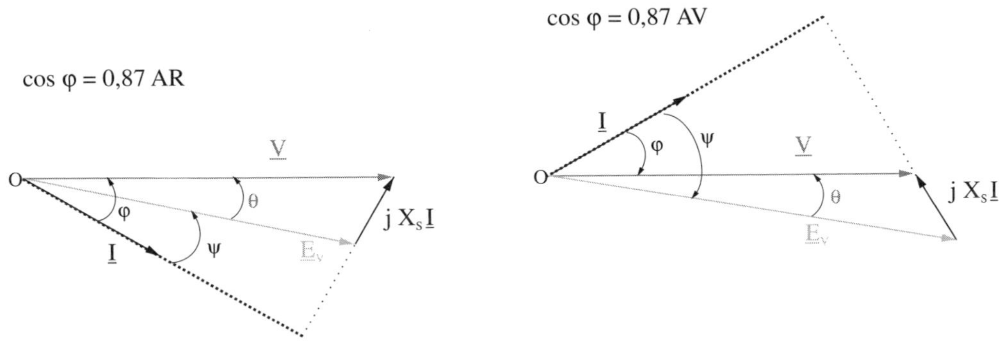

Figure 8.34

2.3 D'après les diagrammes :

cos φ	0,87 AR	0,87 AV
E	116 V	142 V
I_e	3,7 A	4,5 A
Q	+ 570 VAR	– 570 VAR
Sur/sous excitation	Sous excitée	Surexcitée

2.4 Sur les diagrammes vectoriels, on peut observer deux triangles rectangles imbriqués ayant un côté commun porté par la direction de I : l'un dont l'hypoténuse est V, l'autre dont l'hypoténuse est E. La projection de V (respectivement de E) sur la direction de I donne $V \cos \varphi$ (resp. $E \cos \psi$). On en déduit que $V \cos \varphi = E \cos \psi$.

2.5 Pour $I_e = 5$ A la f.é.m. est $E = 159$ V. Si la puissance que le moteur fournit à la charge est nulle, les vecteurs représentatifs de $\underline{E}$ et $\underline{V}$ sont alignés. Il est à noter que $E > V$, la machine est surexcitée et fournit donc de la puissance réactive.

2.5.1 Lorsque l'on augmente la puissance que le moteur fournit à la charge sans modifier l'excitation, E reste constante, le point de fonctionnement se déplace sur un arc de cercle.

La puissance réactive fournie diminue, elle est nulle pour $\varphi = 0$. Au-delà de cette valeur, l'excitation n'est plus suffisante pour que la machine fournisse de la puissance réactive : elle en consomme.

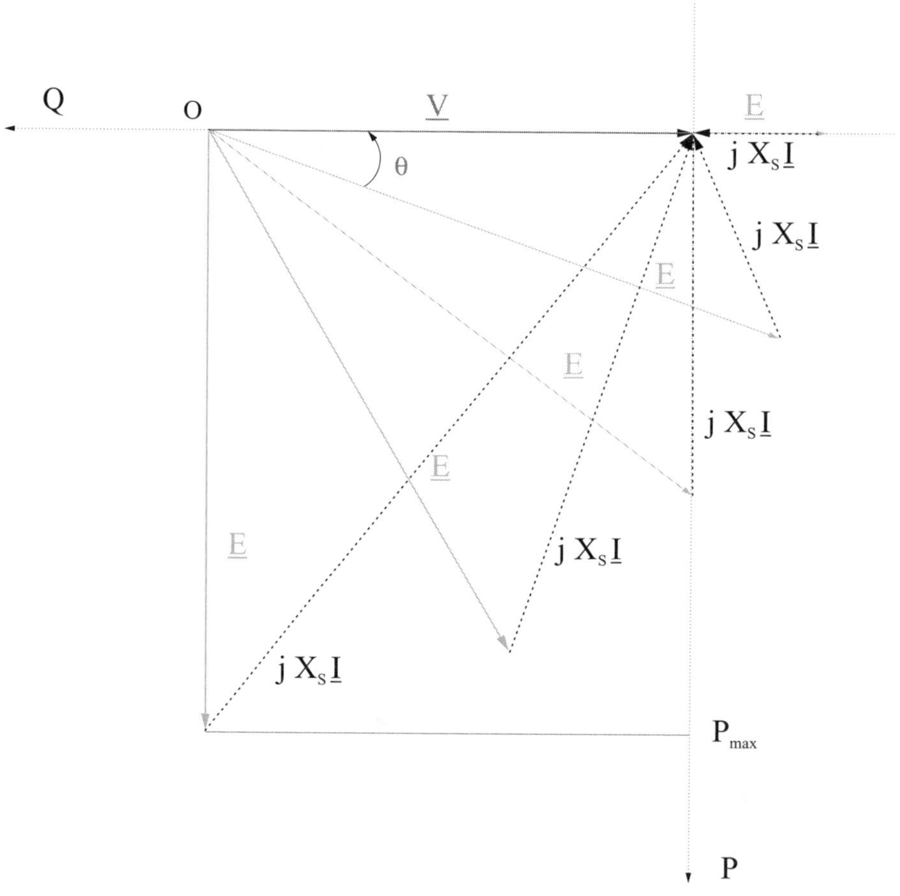

Figure 8.35 Évolution du point de fonctionnement.

2.5.2 On a démontré dans le cours que $E \sin\theta = X_S I \cos\varphi$ (voir paragraphe 6.4.2.d).

Donc $P = \sqrt{3}UI\cos\varphi = \sqrt{3}U\dfrac{E\sin\theta}{X_S}$, on en déduit que la puissance est maximale lorsque $\sin\theta = 1$ c'est-à-dire pour un angle interne de 90°.

2.5.3 Si à partir de cette valeur on augmente la charge du moteur, le couple moteur diminue alors que l'angle interne augmente. Le retard de la roue polaire sur le champ tournant s'accroît et le moteur se désynchronise.

Deux cas se présentent :

– si la réduction de vitesse provoque une diminution rapide de la puissance appelée (par exemple si la charge entraînée est un ventilateur $T_r = k\Omega_S^2$) le ralentissement de la machine provoque une diminution du couple résistant suffisante pour que la machine se resynchronise, des oscillations apparaissent.

– Si la diminution de la puissance appelée est trop lente, le décrochage s'accentue et l'augmentation des courants induits fait intervenir les dispositifs de protection qui coupent l'alimentation.

3. Tension et fréquence varient selon la loi : $\dfrac{V}{f} = \dfrac{127}{50} = \text{Cte}$

3.1 La formule de Boucherot est la suivante : $E = 4{,}44 n_s \widehat{B}_V S f = 4{,}44\lambda I_e f$ puisque le flux à vide est proportionnel au courant d'excitation lorsque la machine n'est pas saturée. L'exploitation de l'essai à vide conduit à : $a = 0{,}635$.

3.2 Pour $I_e = 3$ A, $E = aI_e f = 1{,}9f$, d'après la loi de commande $V = 2{,}54f$ et $L\omega I = (2\pi LI)f = 0{,}9f$ pour un courant de 5 A.

On trace les deux diagrammes vectoriels à partir des valeurs numériques suivantes :

f	$L\omega I$	V	E
50 Hz	45 V	127 V	95 V
25 Hz	22,5 V	63,5 V	47,5 V

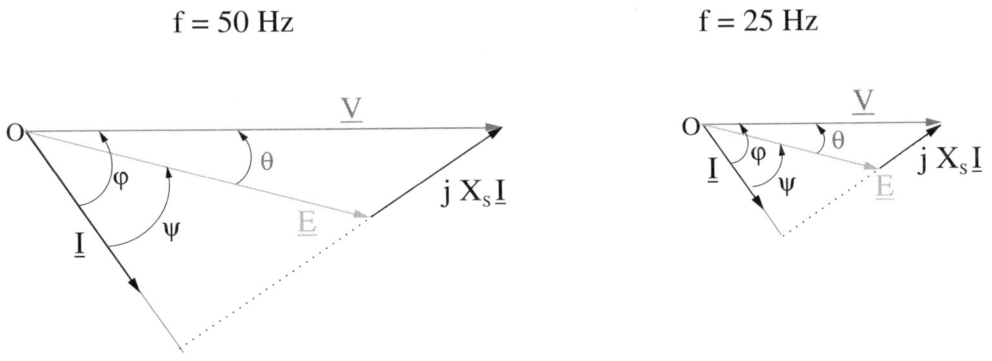

Figure 8.36 Diagrammes vectoriel à 50 et 25 Hz.

On constate que les trois angles sont constants quand la fréquence varie.

3.4 En écrivant la conversion de la puissance on obtient : $T_e\Omega_S = 3VI\cos\varphi$ d'où $T_e = \dfrac{3p}{2\pi}\dfrac{V}{f}I\cos\varphi$. Comme les trois termes du produit sont constants, le couple est constant quand la fréquence varie : $T_e = 7{,}55$ Nm.

4. Alimentation par onduleur de courant

4.1 Voir figure 8.37.

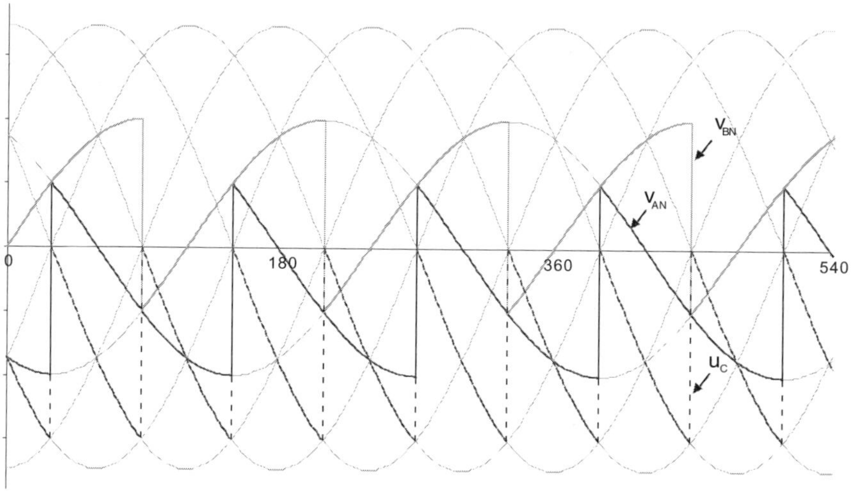

Figure 8.37 $v_{AN}(t)$, $v_{BN}(t)$ et $\mu_C(t)$.

4.2 Lorsque Th 4 conduit, $i_1 = +I_0$, lorsque Th 1 conduit, $i_1 = -I_0$, lorsque les deux sont bloqués, $i_1 = 0$ d'où la représentation graphique de la figure 8.38.

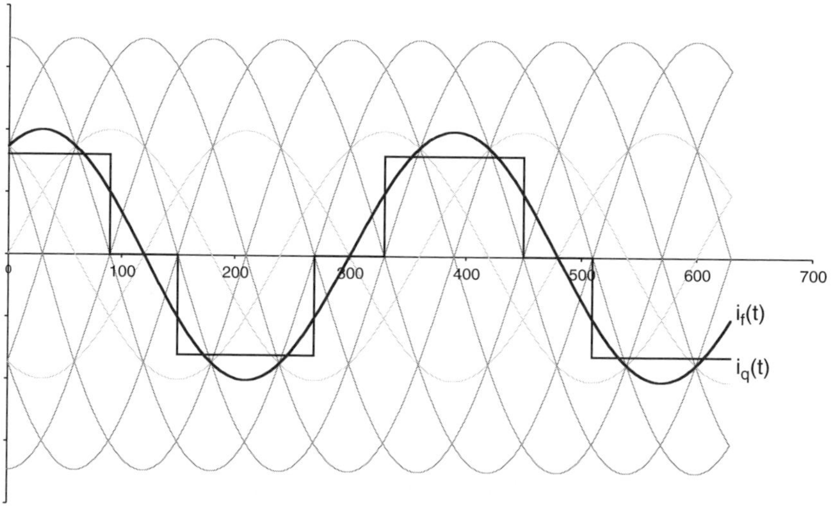

Figure 8.38 Courant de ligne $i_1(t)$ et son fondamental $i_f(t)$.

4.3 Le fondamental de i_1 est un courant sinusoïdal qui passe par zéro au milieu de l'intervalle de blocage de Th1 et TH4 (soit à l'angle électrique $\theta = \frac{\pi}{6} + \alpha - \frac{\pi}{6} = \alpha$). Il est maximal au milieu de l'intervalle de conduction de Th4 et minimal au milieu de l'intervalle de conduction de TH1. Voir figure 8.38. D'après le raisonnement précédent, $i_f(t)$ devient négatif à l'angle électrique α, son déphasage par rapport à $v(t)$ est donc $\varphi = \alpha - \pi$.

4.4 D'après la question précédente, $\varphi = \alpha - \pi$ donc :

$$u_{\text{cmoy}} = \frac{3\sqrt{6}}{\pi} V \cos\alpha = \frac{3\sqrt{6}}{\pi} V \cos(\varphi + \pi) = -\frac{3\sqrt{6}}{\pi} V \cos\varphi$$

4.5 La puissance absorbée par l'onduleur s'écrit $P = -\overline{u_c I_0} = -u_{\text{cmoy}} I_0$ soit encore : $P = \frac{3\sqrt{6}}{\pi} V I_0 \cos\varphi$.

4.6 Les tensions à l'entrée de la machines sont sinusoïdales mais pas les courants, la puissance active est donc véhiculée par le premier harmonique du courant.

4.6.1 $P = \frac{3\sqrt{6}}{\pi} V I_0 \cos\varphi = 3 V I_f \cos\varphi$ donc $I_f = \frac{\sqrt{6}}{\pi} I_0$.

4.6.2 La puissance réactive est du signe de φ, donc forcément négative puisque $\varphi = \alpha - \pi$ avec α, angle de retard à l'amorçage des thyristors compris entre 0 et π.

> ***Remarque :*** Pour assurer le blocage des thyristors il faut que la tension à leurs bornes reste négative pendant une durée supérieure à leur « t_q » (donnée constructeur). Pour réaliser cette condition, on est amené à limiter la variation de α à une valeur inférieure à π (couramment $\frac{5\pi}{6}$) : on parle d'angle de garde.
>
> La machine doit donc produire de l'énergie réactive (qui sert à assurer les commutations), elle doit être surexcitée.

4.6.3 L'application numérique donne : $P = 446$ W, $Q = -772$ VAR, $I_f = 2{,}3$ A.

4.7 D'après le schéma de la figure 8.17 : $U_a = v_{L_1} - u_c$, en régime périodique la tension moyenne aux bornes d'une inductance est nulle donc $U_a = -u_{\text{cmoy}}$.

$U_a = -u_{\text{cmoy}} = \frac{3\sqrt{6}}{\pi} V \cos\varphi$, or d'après la question 2.4 $V\cos\varphi = E\cos\psi$ donc

$$U_a = \frac{3\sqrt{6}}{\pi} E \cos\psi$$

5. Autopilotage

5.1 On a vu dans la troisième partie que $E = a I_e f$ or, $\Omega_S = \frac{2\pi f}{p}$. En posant $K = \frac{ap}{2\pi}$ on obtient : $E = K I_e \Omega_S$ avec $K = 0{,}2$ USI.

5.2 D'après la question 4.7, $U_a = \frac{3\sqrt{6}}{\pi} E \cos\psi$ or $E = KI_e\Omega_S$. Donc $U_a = \left(\frac{3\sqrt{6}}{\pi} KI_e \cos\psi\right)\Omega_S = k\Omega_S$ avec $k = 1{,}63$ V rad s^{-1}.

5.3 La puissance absorbée par l'ensemble « onduleur-moteur » s'écrit :

$P_a = \overline{U_a i_a} = -\overline{u_c I_0}$. Or U_a et I_0 sont constants donc $P_a = U_a\overline{i_a} = -u_{\text{cmoy}} I_0$. Compte tenu des résultats de la partie 3, on peut en conclure que $\overline{i_a} = I_0$. $P_a = U_a I_0 = k\Omega_S I_0$.

La puissance fournie par la machine est : $P = T_e\Omega_S$. Si on néglige les pertes dans l'onduleur : $P_a = P$, $k\Omega_S I_0 = T_e\Omega_S$ d'où $T_e = kI_0$.

5.4 Dans les conditions proposées : $I_0 = 3{,}75$ A et $U_a = 167{,}5$ V.

5.5 Comme dans une machine à courant continu, le couple est proportionnel au courant et la vitesse à la tension, cependant ici il n'y a ni balais ni collecteur, donc l'entretien est réduit.

8.15 Étude d'une chaîne de traction asynchrone

1. Étude de la machine alimentée par un réseau $f = 50$ Hz

1.1 Détermination des éléments du modèle équivalent

1.1.1 Le stator est couplé en triangle, donc $\frac{U}{I} = \frac{2}{3} r_S$ d'où l'on tire $r_S = 15{,}4\,\text{m}\Omega$ et de là $r_1 = 5{,}13\,\text{m}\Omega$.

Les pertes Joule statorique ont pour expression : $P_{j0} = 3r_1 I_0^2$. Pour les calculer, il faut connaître I_0. Or $P_0 = 3VI_0\cos\varphi_0$ et $\text{tg}\,\varphi_0 = \frac{Q_0}{P_0} = 5{,}9$. On en déduit que $\cos\varphi_0 = 0{,}167$, $I_0 = 43{,}8$ A et $P_{j0} = 88{,}6$ W.

La chute de tension aux bornes de r_1 est $\Delta V = 0{,}225$ V, elle est négligeable devant V, on peut négliger r_1.

1.1.2 Si on néglige r_1, P_0 constitue les pertes fer : $P_0 = 3\frac{V_S^2}{R_0}$ d'où l'on tire $R_0 = 15\,\Omega$.

D'autre part, $Q_0 = 3\frac{V_S^2}{X_0}$ d'où l'on tire $X_0 = 2{,}5\,\Omega$ et $L_0 = 8$ mH.

1.1.3 En faisant un bilan des puissances actives et réactives on obtient :

$$P_2 = P_c - P_{R_0} \text{ et } Q_2 = Q_c - Q_{L_0}$$

Il faut calculer les pertes fer P_{R_0} ainsi que les puissances réactives Q_c et Q_{L_0} consommées lors de l'essai rotor calé.

$P_{R_0} = 125$ W (négligeable devant P_c car la tension est très réduite), d'où $P_2 = 5\,227$ W.

$Q_{L_0} = 3\dfrac{V^2}{X_0} = 750$ VAR : $Q_c = P_c \operatorname{tg} \varphi_c$ avec $\cos\varphi_c = \dfrac{P_c}{3V_c I_c} = 0{,}184$ on trouve $Q_c = 28{,}60$ kVAR et $Q_2 = 27{,}85$ kVAR.

On peut calculer I_2 à partir de la puissance apparente : $S_2 = \sqrt{P_2^2 + Q_2^2} = 3V_2 I_2$ ce qui conduit à $I_2 = 378$ A.

Le rotor est calé donc $g = 1$: $P_2 = 3rI_2^2$, $r_2 = 12{,}0\,\text{m}\Omega$.

$$Q_2 = 3X_2 I_2^2,\ X_2 = 65\,\text{m}\Omega \text{ et } l_2 = 207\ \mu\text{H}.$$

1.2 Expression du couple

1.2.1 La puissance électromagnétique est le produit du couple par la vitesse de synchronisme : $P_e = T\Omega_s = T\dfrac{\omega}{p}$ d'où $T = 2\dfrac{P_e}{\omega}$.

1.2.2 Puisqu'on néglige r_1, on peut écrire : $\underline{V} = \left(\dfrac{r_2}{g} + jX_2\right)\underline{I_2}$ d'où :

$$I_2 = \frac{V}{\sqrt{\left(\dfrac{r_2}{g}\right)^2 + (l_2\omega)^2}}$$

1.2.3 La puissance consommée au rotor s'écrit :

$$P_e = 3\left(\frac{r_2}{g}\right) I_2^2 = 3V^2 \frac{\dfrac{r_2}{g}}{\left(\dfrac{r_2}{g}\right)^2 + (l_2\omega)^2}$$

1.2.4 D'où l'expression du couple : $T = 2\dfrac{P_e}{\omega} = 6\dfrac{V^2}{\omega}\dfrac{\dfrac{r_2}{g}}{\left(\dfrac{r_2}{g}\right)^2 + (l_2\omega)^2}$.

1.3 Caractéristiques mécaniques

1.3.1 Le moment du couple est maximal quand g est tel que les deux termes du dénominateur sont égaux : $\left(\dfrac{r_2}{g}\right)^2 = (l_2\omega)^2$ d'où $g_M = \dfrac{r_2}{l_2\omega} = 18{,}4\ \%$.

$$T_M = 6\frac{V^2}{\omega}\frac{\dfrac{r_2}{g_M}}{2\left(\dfrac{r_2}{g_M}\right)^2} = 3\frac{V^2}{\omega}\frac{g_M}{r_2} = 1\,771 \text{ Nm},\ n_M = (1 - g_M)n_S = 1\,233 \text{ tr/min}.$$

1.3.2 Si on maintient le rapport V/ω constant, c'est le flux dans la machine qui est maintenu constant, le couple maximal reste constant quand la pulsation d'alimentation varie.

1.3.3 Au démarrage, la vitesse est nulle donc le glissement est égal à 1 : $T_d = 634$ Nm.

1.3.4 Voir figure 8.39.

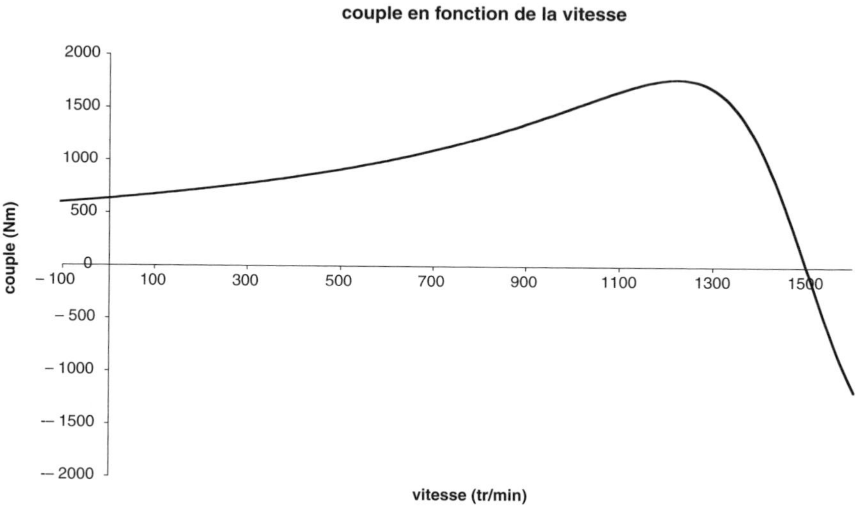

Figure 8.39

2. Étude du moteur alimenté à fréquence variable et V/f constant

2.1 Expression simplifiée du couple

2.1.1 Si $\dfrac{r_2}{g} \gg l_2\omega$, on peut écrire $\left(\dfrac{r_2}{g}\right)^2 + (l_2\omega)^2 \simeq \left(\dfrac{r_2}{g}\right)^2$ et $T \simeq 6\dfrac{V^2}{\omega}\dfrac{g}{r_2}$.

2.1.2 $T \simeq 6\dfrac{V^2}{\omega}\dfrac{g}{r_2} = 6\left(\dfrac{V}{\omega}\right)^2 \dfrac{g\omega}{r_2}$ comme $\dfrac{V}{\omega} = 0{,}35$ on peut poser $A = \dfrac{6}{r^2}\left(\dfrac{V}{\omega}\right)^2$ et on trouve $A = 61{,}3$ USI.

2.2 Évolution des caractéristiques à fréquence d'alimentation variable

2.2.1 D'après la définition du glissement : $g = \dfrac{n - n_S}{n_S}$, donc $\Delta n = n_S - n = gn_S$.

Or $n_S = \dfrac{30}{\pi}\Omega_S = \dfrac{30}{\pi}\dfrac{\omega}{2}$, $\Delta n = \dfrac{15}{\pi}g\omega$.

2.2.2 Or à couple fixé $g\omega = \dfrac{T}{A}$ donc $\Delta n = \dfrac{15}{\pi}\dfrac{T}{A} = 0{,}078T$.

Pour $T = 1\,000$ Nm, $\Delta n = 78$ tr/min et pour $T = 1\,834$ Nm, $\Delta n = 143$ tr/min.

F	10 Hz	50 Hz	100 Hz
$T = 0$ Nm $\Delta n = 0$	300 tr/min	1 500 tr/min	3 000 tr/min
$T = 1\,000$ Nm $\Delta n = 78$ tr/min	222 tr/min	1 422 tr/min	2 922 tr/min
$T = 1\,834$ Nm $\Delta n = 143$ tr/min	157 tr/min	1 357 tr/min	2 857 tr/min

8.16 Étude d'un moteur asynchrone démarré par gradateur

1. Étude du moteur asynchrone

1.1 Fonctionnement nominal

1.1.1 Les caractéristiques de la machine sont les suivantes : 220 V-380 V, chaque enroulement ne supporte donc que 220 V, elle doit être couplée en étoile.

1.1.2 $n = n_S(1 - g)$, or on donne le glissement nominal $g_n = 0{,}038$ donc $n_n = 1\,443$ tr/min, $f = \dfrac{P}{\sqrt{3}UI} = 0{,}832$ (la machine fonctionne en régime sinusoïdal, son facteur de puissance est confondu avec $\cos\varphi$).

$P_u = P_e(1 - g)$, la puissance électromagnétique (transmise), s'obtient en déduisant les pertes statoriques (mesurées à vide) de la puissance absorbée d'où :

$$P_u = (P_a - P_0)(1 - g) = 11\,005 \text{ W.}$$

$P_u = T_u\Omega$ (attention : la vitesse doit être exprimée en rd/s), $T_u = 72{,}8$ Nm.

$$\eta = \frac{P_u}{P_a} = 0{,}87 .$$

1.2 Exploitation de l'essai à vide

1.2.1 $f_0 = \cos\varphi_0 = \dfrac{P_0}{\sqrt{3}UI_0} = 0{,}168 .$

1.2.2 L'essai à vide est réalisé sous tension nominale, la puissance active (pertes fer) est dissipée dans R_0 : $P_0 = 3\dfrac{V^2}{R_0}$ d'où $R_0 = 125\,\Omega$.

Pour calculer X_0, il faut faire le même calcul mais avec la puissance réactive à vide : il faut la calculer au préalable.

$$Q_0 = P_0 \operatorname{tg}\varphi_0 = 3\frac{V^2}{X_0} \text{ d'où } X_0 = 21{,}2\,\Omega .$$

1.3 Exploitation de l'essai nominal

1.3.1 Les puissances active P_2, réactive Q_2 consommées par le dipôle [D] sont les puissances transmises au rotor : à partir des puissances absorbées, il faut déduire les puissances actives et réactives consommées à vide (consommées dans R_0 et X_0).

On obtient la puissance apparente au rotor S_2 à partir P_2 et Q_2. (On ne peut pas appliquer sa définition puisqu'on ne connaît pas encore le « courant transmis » I_2).

$$P_2 = \frac{1}{3}(P_a - P_0) = 3\,813 \text{ W}$$

$$Q_2 = \frac{1}{3}(Q_a - Q_0) = 526 \text{ VAR avec } Q_a = P_a \operatorname{tg}\varphi_n = 8\,400 \text{ VAR}$$

$$S_2 = \sqrt{P_2^2 + Q_2^2} = V_2 I_2 = 3\,850 \text{ VA on en déduit } I_2 = 17{,}5 \text{ A.}$$

1.3.2 Le modèle du rotor est un modèle série, on connaît le courant dans le dipôle : $\frac{R_2}{g} = \frac{P_2}{I_2^2}$ d'où $R_2 = 0{,}473\,\Omega$ et $X_2 = \frac{Q_2}{I_2^2} = 1{,}72\,\Omega$.

2. Étude du couple utile de la machine

2.1 Étude du couple en fonction du glissement

2.1.1 En négligeant les pertes et avec les notations du schéma équivalent :

$$C_u = 3\frac{V^2}{\Omega_S}\frac{\frac{R_2}{g}}{\left(\frac{R_2}{g}\right)^2 + X_2^2} = 6\frac{V^2}{\omega}\frac{R_2}{\frac{R_2^2}{g} + gX_2^2}$$

2.1.2 On déduit sans peine son expression numérique (en Nm) :

$$C_u(g) = \frac{9 \times 10^{-3} V^2}{2{,}96g + \frac{0{,}22}{g}}$$

2.1.3 Le couple est maximal lorsque les deux termes du dénominateur sont égaux : $g_M = \frac{R_2}{X_2} = 0{,}275$ ce qui correspond à $n_M = 1\,087$ tr/min.

2.1.4 Dans la partie utile de la caractéristique $C_u(g)$, $\frac{R_2}{X_2} \gg g$ on peut alors négliger le terme « en g » devant le terme « en $\frac{1}{g}$ » d'où

$$C_u(g)\,;\ \frac{9 \times 10^{-3} V^2}{0{,}22} g\,;\ 40 \times 10^{-3} V^2 g$$

2.2 Tracé de $C_u(g)$ pour $V = 220$ V puis $V = 90$ V :

– pour 220 V : $C_{uM} = 268$ Nm et $C_D = 137$ Nm ;

– pour 90 V : $C_{uM} = 45$ Nm et $C_D = 23$ Nm.

L'allure de $C_u(g)$ pour $V = 220$ V puis $V = 90$ V est représentée figure 8.40.

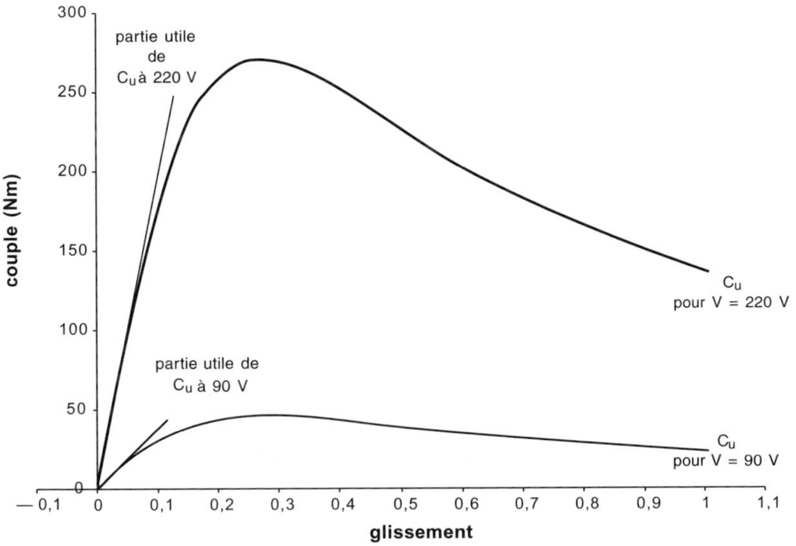

Figure 8.40

3. Association de la machine pilotée par un gradateur et d'une charge mécanique

3.1 La machine travaille à couple résistant constant (figure 8.41).

Le moment de ce couple est $C_r = 70$ Nm (1e moteur entraîne un treuil qui lève une charge).

3.1.1 En régime permanent $C_u = C_r$, on en déduit $g = \dfrac{R_2\Omega_S}{3V^2}C_r = 3{,}58$ % ce qui correspond à une vitesse $n = 1\,446$ tr/min.

3.1.2 Lorsque la tension est de 90 volts, le couple utile maximal est de 45 Nm seulement, la machine ne peut pas entraîner la charge considérée : elle cale.

3.1.3 Le gradateur est quasiment inutilisable sur charge à couple constant car les caractéristiques de la machine s'effondrent lorsqu'on diminue la tension seule.

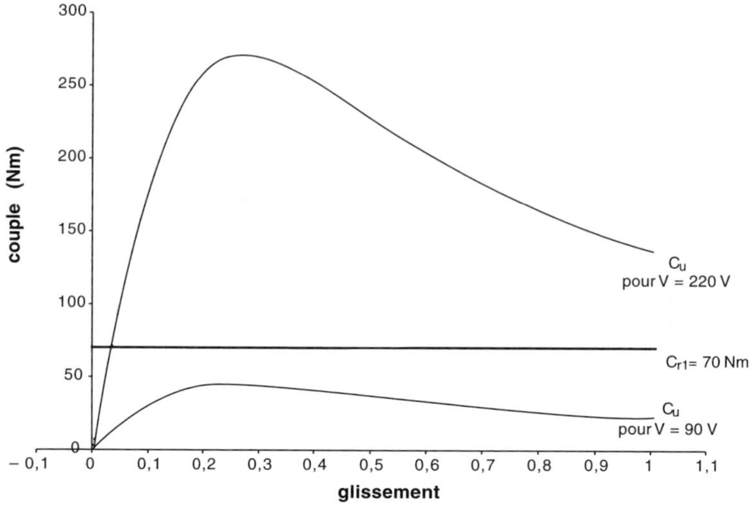

Figure 8.41

3.2 La machine travaille à couple résistant dépendant de la vitesse (figure 8.42).

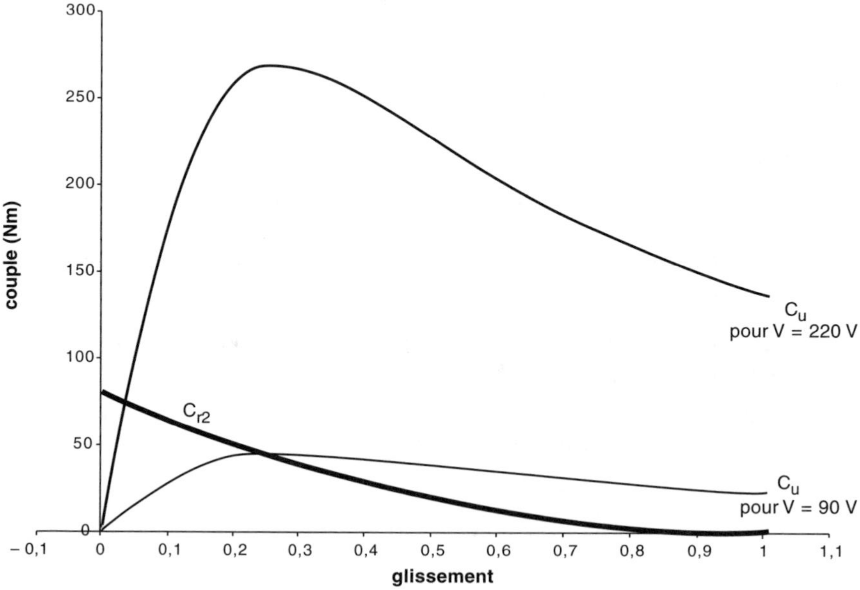

Figure 8.42

3.2.1 Le point de fonctionnement trouvé pour $V = 90$ V est stable.

3.2.2 On peut réaliser un démarrage avec le gradateur car le couple résistant augmente comme le carré de la vitesse : il n'est pas nécessaire d'avoir un fort couple au démarrage.

3.3 La machine a été modifiée de façon à avoir un rotor beaucoup plus résistant (figure 8.43) ce qui modifie la pente des caractéristiques dans leur partie utile.

3.3.1 Le point pour lequel le couple est maximal est obtenu pour $g = 1$, c'est-à-dire au démarrage.

3.3.2 Les points de fonctionnement obtenus sont stables.

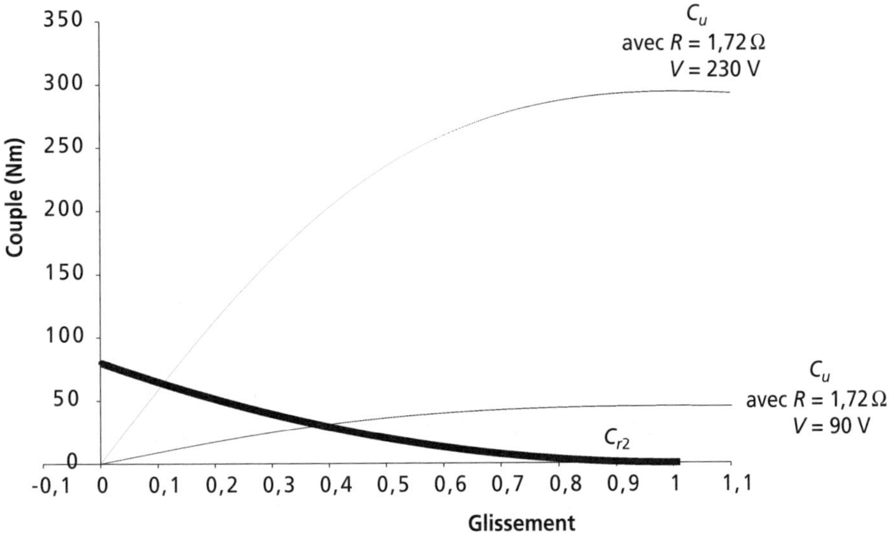

Figure 8.43

Bibliographie

J.-L. Dalmasso, *Cours d'électrotechnique, tome 1 : Machines tournantes à courant alternatif*, Belin, 1985.

J.-P. Hautier, J.-P. Caron, *Modélisation et commande de la machine asynchrone*, Technip, 2000.

J. Laroche, *Électronique de puissance – Convertisseurs*, Dunod, 2005.

M. Marty, D. Dixneuf, D. Garcia Gilabert, *Principes d'électrotechnique*, Dunod, 2005.

G. Séguier, F. Labrique, R. Bausière, *Électronique de puissance*, cours et exercices résolus, Dunod, 2004.

G. Séguier, F. Notelet, *Électrotechnique Industrielle*, troisième édition, Tec & Doc Lavoisier, 2005.

Collection « Techniques de l'ingénieur » Tomes D1, D2 I, D2 III et D3 « Génie Électrique ».

P. Brunet, *Introduction à la commande vectorielle des machines asynchrones*, Article publié sur internet sur le site Résélec : http://www.iufmrese.cict.fr/

A. Cunière, G. Feld, *Modélisation et commande d'une machine synchrone*, Article publié sur internet sur le site Résélec : http://www.iufmrese.cict.fr/

Ph. Ladoux, *Variation de vitesse des machines à courant alternatif*, Article publié sur internet sur le site Résélec : http://www.iufmrese.cict.fr/

Index

047616 - (I) - (2) - OSB 80 - LAS - MLN • Dépôt légal : janvier 2006

Achevé d'imprimer en Belgique sur les presses de SNEL Grafics sa
rue Saint-Vincent 12 – B-4020 Liège • Tél +32(0)4 344 65 60 - Fax +32(0)4 341 48 41 • décembre 2005 — 36066